全国高等职业教育地下与隧道工程技术(含基础工程技术)专业"十三五"规划教材

高等职业教育应用型人才培养规划教材

深基坑支护与加固技术

主　编　陈泰霖　田　玲

副主编　郏庆于　张艳奇　朱英明

　　　　赵海生　霍君华　乔雪垠

U0235187

黄河水利出版社

·郑州·

内 容 提 要

本书为全国高等职业教育地下与隧道工程技术(含基础工程技术)专业"十三五"规划教材,按照高等职业教育土建类专业的教学要求,以最新的建设工程标准、规范和规程为依据编写,主要内容包括绪论、基坑支护工程的设计原则与荷载、基坑支护工程中的地下水控制、水泥土墙基坑支护工程、土钉墙基坑支护工程、桩锚支护工程、内支撑支护工程、逆作法、基坑变形估算与环境保护技术、基坑支护工程中的监测技术。

本书具有较强的针对性、实用性,既可作为高等职业教育土建类专业的教学用书,也可供建筑施工企业各类人员学习参考。

图书在版编目(CIP)数据

深基坑支护与加固技术/陈泰霖,田玲主编. —郑州:黄河水利出版社,2018.7

全国高等职业教育地下与隧道工程技术(含基础工程技术)专业"十三五"规划教材 高等职业教育应用型人才培养规划教材

ISBN 978 - 7 - 5509 - 1352 - 3

Ⅰ.①深⋯ Ⅱ.①陈⋯ ②田⋯ Ⅲ.①深基坑支护 – 高等职业教育 – 教材 Ⅳ.①TU46

中国版本图书馆 CIP 数据核字(2017)第 069740 号

组稿编辑:陶金志 电话:0371 – 66025273 E-mail:838739632@qq.com

出 版 社:黄河水利出版社 网址:www.yrcp.com
  地址:河南省郑州市顺河路黄委会综合楼14层 邮政编码:450003
发行单位:黄河水利出版社
  发行部电话:0371 – 66026940、66020550、66028024、66022620(传真)
  E-mail:hhslcbs@126.com
承印单位:河南承创印务有限公司
开本:787 mm×1 092 mm 1/16
印张:18.5
字数:450 千字 印数:1—3 000
版次:2018 年 7 月第 1 版 印次:2018 年 7 月第 1 次印刷

定价:45.00 元

参 与 院 校

辽宁地质工程职业学院	云南国土资源职业学院
江西应用技术职业学院	兰州资源环境职业技术学院
湖南工程职业技术学院	甘肃工业职业技术学院
重庆工程职业技术学院	昆明冶金高等专科学校
湖北国土资源职业学院	河北地质职工大学
福建水利电力职业技术学院	安徽工业经济职业技术学院
河北工程技术高等专科学校	湖北水利水电职业技术学院
湖南安全技术职业学院	湖南有色金属职业技术学院
黄河水利职业技术学院	晋城职业技术学院
广东水利电力职业技术学院	杨凌职业技术学院
河南工业和信息化职业学院	河南建筑职业技术学院
辽源职业技术学院	江苏省南京工程高等职业学校
长江工程职业技术学院	安徽水利水电职业技术学院
内蒙古工程学校	山西煤炭职业技术学院
陕西能源职业技术学院	昆明理工大学
石家庄经济学院	河南水利与环境职业学院
山西水利职业技术学院	云南能源职业技术学院
郑州工业贸易学校	河南工程学院
山西工程技术学院	吉林大学应用技术学院
安徽矿业职业技术学院	辽宁交通高等专科学校

出 版 说 明

为更好地贯彻执行《教育部关于加强高职高专教育人才培养工作的意见》,切实做好高职高专教育教材的建设规划,我社以探索出版内容丰富实用、形式新颖活泼、符合高职高专教学特色的专业教材为己任,在充分吸收既有教材建设成果的基础上,通过大胆改革、积极创新,出版了一批特色鲜明的高职高专教材,得到了广大使用院校的一致好评。我们在走访高校过程中发现,有不少教师反映资源开发类专业教材相对缺乏,应广大师生要求,我社于2012 年开始着手该系列教材的前期调研工作。在这个过程中,我们深入走访全国 50 多座城市的近百所开设相关专业的高职院校,与近百位一线任课教师进行交谈,获得了大量的第一手资料,并最终确定了第一批拟编写的教材名称。当我们发出教材编写邀请函之后,得到了相关院校的积极响应,共有 200 多位教师提交了编写意愿。鉴于首批拟编写教材数量所限,此次我们只能邀请部分教师参与。在此,特向所有提交编写意愿的教师们表示深深的感谢,希望你们继续关心和支持我们的工作,争取在下一批教材出版中,能把更多专家和教师纳入我们的编写队伍中来。

经过前期的充分调研,2014 年 7 月,我社组织召开了全国高等职业教育资源开发类与基础工程技术专业"十三五"规划教材大纲研讨会,共有 30 多所高职高专院校教师及相关专家 100 余人参加会议。为确保教材的编写质量,参会教师分组对每种教材的编写大纲逐一进行了充分的研讨,有些讨论甚至持续到深夜,这种敬业精神深深地激励着我们,也为教材的高质量出版提供了保障。

本教材适合高、中等职业教育资源开发类专业教学使用。在形式上,采用项目化教学模式组织编写,突出实用性与新颖性。在内容上,尤其注重将新技术及新方法融入其中,使学生在课堂上就能接触到较前沿的信息,在保证学习理论知识的同时,提高实际动手能力和操作技能。

本教材的出版,得到了很多相关院校领导及专家的支持和帮助。为确保教材的编写质量,成立了由相关院校校级领导任主任委员的编审委员会。得益于各位委员的大力支持,以及各位审稿专家不辞辛劳、认真细致地审稿,本教材才得以顺利出版。在此,我们再次向所有给予我们指导和帮助的各位领导和专家表示感谢!

　　尽管我们付出了百分之百的努力,但受条件所限,教材在编写及出版过程中难免还会存在一些问题和不足,恳请广大读者批评指正,以便教材再版时完善。

　　本套教材均附带教学课件,任课教师如有需要,请联系黄河水利出版社陶金志(电话:0371 - 66025273;邮箱:838739632@ qq. com)。本套教材建有学术交流群,内有相关资料及信息以供分享,欢迎各位教师积极加入,QQ 交流群号:8690768。

黄河水利出版社

2015 年 10 月

前 言

随着我国建设事业的蓬勃发展和建设用地日益紧张,地下空间得到了越来越多的利用,从而基坑工程也越来越多,且基坑深度越来越深、规模越来越大,周边设施保护要求也越来越高,基坑支护技术也越来越复杂,熟悉和掌握深基坑支护技术的人才需求不断扩大,本书正是为了满足这种需求而编写的。

本书共分为 10 个项目,主要内容包括以下几个方面:

1.基坑支护主要解决的是基坑开挖后的水、土对坑壁的侧压力问题,而水是影响基坑安全的一个重要因素。作为施工技术人员,不但要掌握土压力的计算内容,还要掌握地下水的控制技术。项目一介绍了基坑支护工程的一般知识,项目二介绍了基坑支护工程的设计原则和土压力的计算,项目三介绍了地下水控制技术方面的内容。

2.基坑支护技术不但具有很强的理论性,还具有很强的经验性,同时基坑支护技术是一门集各种专业于一体的综合技术,不但涉及岩土、结构专业理论知识,还涉及施工、检验等技术,因此项目四至项目八主要从理论和经验两个方面介绍了常用支护形式的设计、施工、质量检测等方面的内容。项目四至项目七分别介绍了目前常用的水泥土墙、土钉墙、桩锚、内支撑支护技术。由于现场条件的限制和工期的原因,逆作法得到了越来越多的应用,为此,项目八对逆作法做了介绍。

3.基坑支护不但需要保证基坑内地下工程的安全施工,还需要对基坑周边的既有建筑、市政道路、地下管线、地铁隧道等各种设施进行保护。目前,保护要求越来越高,而基坑变形是周边环境设施保护最直接的指标,故将基坑变形估算与环境保护技术单独作为项目九。

4.由于现场条件和岩土工程的复杂性,基坑工程需要信息化动态设计、施工,基坑安全监测是关乎基坑安全非常重要的一项工作,因此项目十介绍了基坑安全监测方面的知识。

本书由来自学校、科研单位和施工单位富有教学经验和工程实践经验的人员编写,具体编写分工如下:项目一和项目五由河南水利与环境职业学院陈泰霖编写,项目二由云南国土资源职业学院张艳奇编写,项目三由河南省泰林地质工程有限公司陈泰霖、郑庆于编写,项目四和项目十由安徽水利水电职业技术学院朱英明编写,项目六由黄河水利职业技术学院田玲编写,项目七由河南省建筑科学研究院赵海生编写,项目八由河南建筑职业技术学院乔雪垠编写,项目九由辽宁交通高等专科学校霍君华编写。全书由陈泰霖和田玲统稿。

作为高等职业技术教育专业教材,本书的编写力求使读者对深基坑支护技术有一个快速的了解和入门,尽量做到通俗易懂,一些知识点可能涉及得不够深入和全面,可参考相应的专业书籍来进一步提高。

由于时间仓促及编者水平、能力有限,不足和疏漏之处在所难免,在此恳请读者不吝指正。

编 者
2018 年 5 月

目　录

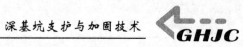

项目一　绪　论

一、基坑支护工程的发展趋势

随着现代建筑业、交通业等行业的迅猛发展,深基坑工程越来越显示出其应用的广泛性和重要性。由于基坑深度及周边环境对支护结构的要求不断提高,对支护结构的安全性和变形控制要求也在不断提高,进而形成对基坑支护技术及技术人才质量的高标准和严要求。

(1)支护结构。为满足不同条件的要求,支护结构包括单一型、复合型及联合型。单一型就是一种支护结构,即可满足基坑支护要求的支护形式,例如土钉墙支护、悬臂桩支护、锚杆支护、地下连续墙等。复合型是指一种支护形式不能满足多个条件要求而采用两种或两种以上复合支护的形式,例如桩锚支护、桩锚与土钉墙复合支护、微型桩与土钉墙复合支护(复合土钉墙)、止水帷幕与锚杆复合支护等。联合型指的是采用两种或两种以上不同支护形式联合支护的形式,例如桩锚与土钉墙联合支护、地下连续墙与内支撑联合支护等。

(2)计算方法。为满足设计应用计算或理论研究计算的不同要求,计算方法出现了规范法和有限元数值模拟法等。规范法主要用于设计应用计算,有限元数值模拟法主要用于理论研究。

(3)监测技术。监测技术不断地突显出创新与设备的自动化。精度要求在不断提高,监测难度在不断增大。

二、基坑支护工程的重要性

(一)安全方面

现代城市市区内建筑密度大、高度高,地下管线密布,地铁及地下空间建设发达,因此基坑安全问题不仅是基坑自身的问题,还关系到本工程相关单位和个人的人身、财产的安全,甚至影响到其他单位、公共设施及国家的安全。

基坑工程又是多学科综合性的工程,设计计算烦琐、地层复杂多变、参数选取富含经验性、失稳代价高等特点,无一不给基坑工程重要性和安全性增加不确定性因素。因此,安全性是基坑工程的重要特性。

(二)造价方面

根据现代人防、主体结构及使用的需要,基坑工程向着超大、超深、极险的方向不断发展,工程造价也随之不断增加。造价增加的原因主要有以下几项:

(1)基坑的水位降深、降水量不断增大,导致降水措施费显著增加,针对降水采取的截水、防渗措施费也随之增加。

(2)基坑支护结构从最初的土钉墙支护逐渐转变成桩锚支护、地下连续墙支护、内支撑支护,甚至两种及两种以上支护结构复合支护,支护结构的造价不断增加。

(3)对变形监测的方法与手段也在范围、种类、精度要求上不断提高,监测费用不断增加。

(4)对周边管线、交通道路及建(构)筑物采取的防护措施更复杂、更昂贵。

（5）基坑内上方开挖及外运的难度逐渐加大。

（6）为满足土压力及地下水的渗透压力，地下结构的防渗、抗压要求及施工难度也逐渐增大。

（7）对专业人才的需求量逐渐增大，施工技术及组织措施费逐渐增加。

三、基坑支护工程概论

深基坑工程稳定性是一个综合性很强的岩土工程问题，主要涉及土层性质、支护结构、支护形式、地基处理、地下水防治及环境影响等方面。从某种意义上来讲，深基坑工程又是复杂的系统工程：

（1）深基坑工程涉及面广，其影响因素多，如地质条件、场地环境、施工方法、监测手段等。深基坑工程离不开工程地质、水文地质、岩土力学、结构力学、材料力学、施工技术、工程经济等学科知识的指导。

（2）施工过程环节多。深基坑工程由支护结构、截水降水、土方开挖、桩基施工、工程监测、环境保护等环节构成，任何一个环节失控，都可能酿成工程事故。

（3）过程控制，即信息化施工动态设计。深基坑工程的支护设计不是一成不变的，要根据施工过程中变形监测数据，及时发现问题、解决问题。变形监测能及时发现理论和现实的差别，是及时调整支护与施工方案的依据，是基坑工程信息化施工的体现和基坑安全的保障。

（4）场地岩土性质和水文地质条件的复杂性、不确定性和非均匀性，以及基坑工程施工和运行期间内降雨、周边道路动荷载、施工质量缺陷等诸多不利因素的随机性和偶然性，都会影响基坑工程的正常施工与使用。因此，基坑工程事故的发生常常具有突发性。

我国幅员辽阔，深厚饱和软土、承压水头埋藏很浅的含水层，以及饱和无黏性土、湿陷性黄土、膨胀土等在全国均有分布，因此我国基坑工程分布范围广，支护类型多。

根据防护形式的不同，主要有以下支护形式，见图1-1。

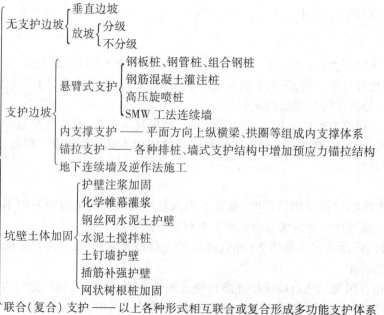

图1-1　主要支护形式分类

以上支护形式各有优、缺点和适用范围,应因地制宜,按需选择。

基坑支护设计理论主要有两种:强度(稳定性)控制设计和变形控制设计。强度(稳定性)控制设计,是基于经典力学计算,控制强度和稳定性的设计计算方法。变形控制理论是指支护结构在满足强度和稳定性的前提下,尚需满足其变形要求。即基坑在施工过程中要保证支护结构的安全和不失稳,也要确保对周边环境不造成破坏性影响。对于一类、二类基坑,一般采用变形控制理论。

四、基坑支护工程设计的基本规定

(一)设计原则

1. 基坑支护有效使用年限

基坑支护设计应规定其设计的有效使用年限,一般不小于1年,但不宜超过2年。

2. 基坑支护设计应满足的功能

应从稳定性、强度和变形三个方面满足设计要求。既保证基坑周边建(构)筑物、地下管线、道路的安全和正常使用,又满足基坑工程、基桩的安全和地下结构的施工要求。

3. 支护结构安全等级及结构重要性系数

设计时应综合考虑基坑周边环境、气候条件和地质条件的复杂程度,基坑深度等因素,按表1-1采用支护结构的安全等级和结构重要性系数 γ_0 ,对同一基坑的不同部位,可采用不同的安全等级。安全等级设计的区别主要体现在结构重要性等级及地下水控制的设计要求。支护结构按构件承载力极限状态设计时,作用基本组合的综合分项系数 γ_F 不应小于1.25。各类支护结构稳定性安全系数应按各章节的规定取值。

表1-1 支护结构安全等级及结构重要性系数

安全等级	破坏后果	结构重要性系数 γ_0
一级	有特殊安全要求,或支护结构失效、土体过大变形对基坑周边环境或主体结构施工安全的影响很严重	1.1
二级	重要的支护结构,或支护结构失效、土体过大变形对基坑周边环境或主体结构施工安全的影响严重	1.0
三级	一般的支护结构,或支护结构失效、土体过大变形对基坑周边环境或主体结构施工安全的影响不严重	0.9

注:基坑支护结构施工或使用期间可能遇到设计时无法预测的不利荷载条件,因此结构重要性系数的取值不宜小于1.0。

4. 支护结构设计时应采用极限状态的选择

承载力极限状态:适用于支护结构构件或连接的材料强度破坏;支护结构和土体整体滑动、坑底隆起、嵌固能力;锚杆或土钉锚固能力;抗倾覆或抗滑移能力;持力层承载能力及土体渗透破坏等计算。

正常使用极限状态:适用于造成周边建(构)筑物、地下管线、道路等损坏或影响其正常使用的支护位移和土体变形;影响主体地下结构正常施工的地下水渗流等计算。

5. 计算公式

支护结构、基坑周边建筑物和地面沉降计算和验算应采用下列设计表达式:

（1）支护结构构件或连接因超过材料强度或过度变形的承载能力极限状态设计，应满足：

$$\gamma_0 S_d \leqslant R_d \tag{1-1}$$

式中　γ_0——支护结构重要性系数；

　　　　S_d——作用基本组合的效应设计值；

　　　　R_d——结构构件的抗力设计值。

对于临时性支护结构，作用基本组合的效应设计值应按式（1-2）确定：

$$S_d = \gamma_F S_k \tag{1-2}$$

式中　γ_F——作用基本组合的综合分项系数；

　　　　S_k——作用标准组合的效应。

（2）整体滑动、基坑隆起失稳、挡土墙嵌固段推移、锚杆与土钉抗拔、支护结构倾覆与滑移、土体渗透破坏等稳定性计算和验算，均应满足式（1-3）的要求：

$$\frac{R_k}{S_k} \geqslant K \tag{1-3}$$

式中　R_k——抗滑力、抗滑力矩、抗倾覆力矩、锚杆和土钉的极限抗拔承载力等土的抗力标准值；

　　　　S_k——抗滑力、抗滑力矩、抗倾覆力矩、锚杆和土钉的拉力等作用标准值的效应；

　　　　K——安全系数。

由于支护结构水平位移、基坑周边建筑物和地面沉降等控制的正常使用极限状态设计，应满足式（1-4）的要求：

$$S_d \leqslant C \tag{1-4}$$

式中　S_d——作用标准组合的效用（位移、沉降）设计值；

　　　　C——支护结构水平位移、基坑周边建筑物和地面沉降的限值。

各类稳定性安全系数应按各章节的要求取值。

（3）支护结构重要性系数与作用基本组合的效应设计值的乘积，可采用下列内力设计值表达式：

弯矩设计值　　　　　　　　　　$M = \gamma_0 \gamma_F M_k \tag{1-5}$

剪力设计值　　　　　　　　　　$V = \gamma_0 \gamma_F V_k \tag{1-6}$

轴力设计值　　　　　　　　　　$N = \gamma_0 \gamma_F N_k \tag{1-7}$

式中　M——弯矩设计值，kN·m；

　　　　M_k——作用标准组合的弯矩值，kN·m；

　　　　V——剪力设计值，kN；

　　　　V_k——作用标准组合的剪力值，kN；

　　　　N——轴向拉力或压力设计值，kN；

　　　　N_k——作用标准组合的轴向拉力值或压力值，kN。

（二）支护结构选型

（1）支护结构选型时，应综合考虑基坑深度；土的性状及地下水条件；基坑周边环境条件；主体地下结构和基础形式及其施工方法、基坑平面尺寸及形状；支护结构施工工艺的可行性；施工场地条件及施工季节；经济指标、环保性能和施工工期等。支护结构应按表 1-2

选型。

（2）采用两种或两种以上支护结构形式时，其结合处应考虑相邻支护结构的相互影响，且应有可靠的过度连接措施。

（3）支护结构上部采用土钉墙或放坡、下部采用支挡结构时，上部土钉墙应符合土钉墙的相关规定，且高度不宜大于基坑深度的40%。

（4）当坑底以下为软土时，可采用水泥土搅拌桩、高压喷射注浆等方法对坑底土体进行局部或整体加固。加固体可采用格栅或实体形式。

（5）基坑开挖采用放坡或支护结构上部采用放坡时，应按相关规范验算边坡的滑动稳定性，边坡的圆弧滑动稳定安全系数不应小于1.2。放坡坡面应设置防护层，坡顶应硬化。

表1-2 常用支护结构的使用条件

结构类型		使用条件		
		安全等级	基坑深度、环境条件、土类和地下水条件	
支挡式结构	锚拉式结构	一级二级三级	适用于较深的基坑	1. 排桩适用于可采用降水或截水帷幕的基坑 2. 地下连续墙宜同时用作主体地下结构外墙，可同时用于截水 3. 锚杆不宜用在软土层和高水位的碎石土、砂土层中 4. 当临近基坑有建筑物地下室、地下结构物等，锚杆的有效锚固长度不足时，不应采用锚杆 5. 当锚杆施工会造成基坑周边建（构）筑物的损害或违反城市地下空间规划等规定时，不应采用锚杆
	支撑式结构		适用于较深的基坑	
	悬臂式结构		适用于较浅的基坑	
	双排桩		当锚拉式、支撑式和悬臂式结构适用时，可考虑采用双排桩	
	支护结构与主体结构结合的逆作法		适用于基坑周边环境条件很复杂的深基坑	
土钉墙	单一土钉墙	二级三级	适用于地下水位以上或降水的非软土基坑，且基坑深度不宜大于12 m	当基坑潜在滑动面内有建筑物、重要地下管线时，不应采用土钉墙
	预应力锚杆复合土钉墙		适用于地下水位以上或降水的非软土基坑，且基坑深度不宜大于15 m	
	水泥土桩复合土钉墙		用于非软土基坑时，基坑深度不宜大于12 m；用于淤泥质土基坑时，基坑深度不宜大于6 m；不宜用在高水位的碎石土、砂土层中	
	微型桩复合土钉墙		适用于地下水位以上或降水的基坑，用于非软土基坑时，基坑深度不宜大于12 m；用于淤泥质土基坑时，基坑深度不宜大于6.0 m	
重力式水泥土墙		二级三级	适用于淤泥质土、淤泥基坑，且基坑深度不宜大于7 m	
放坡		三级	1. 施工场地满足放坡条件 2. 放坡与上述支护结构形式结合	

注：1. 当基坑不同部位的周边环境条件、土层性状、基坑深度不同时，可在不同部位分别采用不同的支护形式。

2. 支护结构可采用上、下部以不同的结构类型组合的形式。

五、本课程的学习内容与学习方法

（一）学习内容

本课程的学习内容，主要由以下几个部分组成：各种荷载及土压力的计算，地下水计算与控制，各种支护结构设计、变形监测技术等。为满足以上要求，有关基坑工程的国家现行勘察、设计、施工、监测、验收等规范，也是本课程必须熟悉的内容。

（二）学习方法

理论与实践相结合是本课程学习的主要方法。我们在学习理论知识的同时，一定要结合实际工程环境、工程地质与水文地质条件、主体（基础）结构等条件，做到理论结合实际，做到安全性、经济性、合理性、规范性相统一。

项目二　基坑支护工程的设计原则与荷载

【学习目标】

通过学习本项目,应能掌握基坑支护工程的设计依据和内容、土压力的种类、计算方法及基坑周边其他荷载作用下的基坑支护设计的应力分析和计算。

【导入】

基坑支护工程设计前应进行现场踏勘并收集相应的资料,对资料进行分析后确定基坑开挖深度、周边环境条件及支护结构类型,进而依据现行的计算理论、规范规定等进行基坑稳定计算。

单元一　基坑支护工程的设计依据及内容

一、基坑支护工程的设计依据

(一)设计前应收集的资料

在基坑工程设计的前期工作中,应收集基坑内的主体建筑基础设计图纸、场地地质条件资料、周边环境资料、施工条件资料、设计规范等,以全面掌握设计依据。

1. 主体建筑基础设计图纸

该部分图纸包括附有坐标、地形图、用地红线、地下室轮廓线、设计标高(室外与室内±0.00设计标高)的总平面图;附有标高、层高、板厚和外墙轮廓线的每层地下建筑物的结构图;附有基础分布、基础标高、基础范围和厚度、垫层厚度、地下室外墙厚度的最底层地下室基础设计图;附有层高、标高的建筑剖面图等。

2. 工程地质与水文地质勘察报告

深基坑支护工程地质与水文地质勘察所提供的报告及资料,是做好深基坑支护设计与施工的重要依据之一。制订勘察任务书或编制勘察纲要时,应针对深基坑支护工程的设计、施工特点,对深基坑支护工程的工程地质、水文地质勘察工作提出专门要求。

基坑工程的工程地质、水文地质勘察应符合下列规定:

(1)勘探点分布范围应根据基坑开挖深度及场地的岩土工程条件确定。基坑外宜布置勘探点,其范围不宜小于基坑深度的1倍。当需要采用锚杆支护时,基坑外勘探点的范围不宜小于基坑深度的2倍。当基坑外无法布置勘探点时,应通过调查取得相关勘察资料并结合场地内的勘察资料进行综合分析。

(2)勘探点应沿基坑边布置,其间距宜取15～25 m。当场地存在软弱土层、暗沟或岩溶等复杂地质条件时,应加密勘探点并查明其分布和工程特性。

(3)基坑周边勘探孔的深度不宜小于基坑深度的2倍。基坑底面以下存在软弱土层或承压水时,勘探孔深度应穿透软弱土层或承压水含水层。

(4)应按现行国家标准《岩土工程勘察规范》(GB 50021)的规定进行原位测试和室内

试验并提出各层土的物理性质指标和力学指标;对主要土层和厚度大于 3 m 的素填土,应进行抗剪强度试验并提出相应的抗剪强度指标。

(5)当有地下水时,应查明含水层的埋深、厚度和分布,判断地下水的类型、补给和排泄条件;当有承压水时,应分层测量其水头高度。

(6)应对基坑开挖与支护结构使用期内地下水的变化幅度进行分析。

(7)当基坑需要降水时,宜采用抽水试验测定各含水层的渗透系数与影响半径,对基坑涌水量进行估算分析。勘察报告中应提出含水层的渗透系数。

(8)当建筑地质勘察资料不能满足基坑支护设计与施工要求时,应进行补充勘察。

3. 基坑周边环境勘察资料

在深基坑支护设计前,应对周围环境进行详细调查,查明影响范围内已有建筑物、地下结构物、道路及地下管线设施的位置、现状,并预测由于基坑开挖和降水对周围环境的影响,提出必要的预防、控制和监测措施。

基坑周边环境勘察应包括以下内容:

(1)查明用地红线与基坑开挖直面的距离,基坑支护结构不得超越红线。

(2)查明影响范围内建(构)筑物的结构类型、层数、基础类型、埋深、基础荷载大小及上部结构现状。

(3)查明基坑周边的各类地下设施,包括上水和下水、电缆、煤气、污水、雨水、热力等管线或管道的分布、埋深及性状。

(4)查明场地周围和邻近地区地表水汇流、排泄情况,地下水管渗漏情况以及对基坑开挖的影响程度。

(5)查明基坑四周道路的距离及车辆载重情况。

(6)了解基坑周边临时性施工场地分布范围和荷重、临时性施工道路的分布与车辆通行荷载。

(7)邻近地段已有的基坑支护资料。

(二)现行国家及地方规范、标准、技术规程

基坑工程的设计应遵守相关规范、标准、技术规程的规定,并根据本地区或类似土质条件下的工程经验因地制宜地进行设计。与基坑工程相关的规范、标准、技术规程有以下两类。

1. 国家及地方规范

如《建筑边坡工程技术规范》(GB 50330)、《建筑地基基础设计规范》(GB 50007)、《岩土锚杆与喷射混凝土支护工程技术规范》(GB 50086)、《建筑基坑工程监测技术规范》(GB 50497)、《建筑深基坑工程施工安全技术规范》(JGJ 311)、《建筑桩基技术规范》(JGJ 94)、《混凝土结构设计规范》(GB 50010)等。由于我国地质情况复杂,各省、市结合本区域地质资料和实际情况有针对性地进行了规范的细化规定,在此不作赘述。

2. 标准和技术规程

如《建筑基坑支护技术规程》(JGJ 120)、《建筑基坑工程技术规范》(YB 9258)、《基坑土钉支护技术规程》(CECS 96)及地方标准等。

使用上述规范、标准、技术规程时应注意以下问题:

(1)由于各个规范、标准、技术规程的编制时间和背景不同,相似的公式、土工参数、承载力限值、安全系数等可能有着截然不同的含义,基坑支护的设计计算应使用同一种标准的体系,不应几种标准体系混用。

（2）基坑支护设计应严格遵守规范、规程中的有关规定，当地方标准由于区域性特点所做出的规定要严、高于国家标准时，应首先满足地方标准的规定。

（3）规范中的规定一般都是在安全适用原则下的"最低"要求，设计人员应根据工程的实际需要，在设计中体现针对性的技术要求。

（4）条文说明是对标准中条文规定的解释，在运用规范时应从条文说明中充分理解其含义，做到灵活运用。

（5）应注意规范、规程、技术标准中的用词，例如表示很严格、非这样不可的用词为"必须"，其反面词为"严禁"。表示严格，在正常情况下均应这样做的用词为"应"，反面词为"不应"或"不得"。表示允许稍有选择，在有条件许可时应首先这样做的用词为"宜"，反面词为"不宜"。表示有选择，在一定条件下可以这样做的用词为"可"。

（三）合理化设计

基坑支护工程的设计首先要满足安全性要求，其次为技术经济性要求，再次为满足施工要求。

1. 安全性要求

基坑工程的设计涉及岩土工程、结构力学、工程结构、工程地质和施工技术等专业知识，是一门跨专业的综合性较强的学科。在基坑的设计中影响基坑安全的因素较多，基坑稳定理论分析方法也较多，其风险性较大，因此基坑支护体系、基坑周边环境、基坑内部作业施工的安全是基坑工程设计首先要保证的问题。设计时应确保满足规范与工程支护结构的承载能力、稳定性与变形计算的要求，并对施工工艺、挖土、降水等各个环节进行充分的研究和论证，选择工程所在地成熟、可靠的施工方案，降低基坑工程的风险。

2. 技术经济性要求

基坑支护结构为临时性支挡结构体系，在完成最终任务后一般需进行隐蔽处理，因此在基坑设计时确保基坑安全要求的前提下，应尽可能降低支护结构的造价。设计时应从工程量、工期、对主体建筑的影响等角度进行定性、定量的分析与对比，以确定最合适的支护方案。在工程量方面一般应综合比较支护结构的费用、土方开挖、降水与监测等工程费用及施工技术措施费；在工期方面应比较工期的长短及由其带来的经济差异；基坑支护设计方案对主体建筑结构的影响，主要为基坑围护结构的空间要求影响主体结构建筑面积，以及对主体结构的防水、承载能力等方面的影响。

3. 施工要求

基坑工程的设计应考虑场地施工条件、场地岩土层因素对护坡桩成孔、成（沉）桩工艺的影响、地下水对施工的影响、施工安全等多种因素，以确保基坑施工可行。

1）场地施工条件

场地施工条件包括围护结构距离邻近已有建（构）筑物是否满足施工作业空间要求，场地上空是否有障碍物分布（如架空电线），场地地下是否有需要保护的地下管网、管道及其他障碍物的分布，场地地表硬度是否满足施工设备的荷重等。

2）场地岩土层

场地岩土层对施工的影响主要为选用的成孔、成桩工艺能否顺利成孔、成桩，特殊的岩土体对成孔、成桩影响很大，在设计时应充分考虑成孔、成桩设备的能力，如设计时采用的成孔、成桩工艺不符合岩土体实际情况，将造成成孔、成桩难以实施或代价较高等问题。

3）地下水

地下水对基坑施工影响较大，在设计时应充分考虑地下水对施工的影响，如采取降水措

施等。此外,还应注意地下水对混凝土的离析作用,基坑支护设计或施工方案设计时应针对地下水对施工的影响做出分析并提出处理方案。

4)施工安全

基坑支护设计应充分考虑施工期间的安全问题。应从围护结构承载力、降水方案和效果、地基加固、超挖、超载、时空效应规律的利用、支撑/锚杆(索)、围檩、垫层、监测方案、周边环境保护、安全风险管理等各方面综合考虑。

围护体系自身强度应满足其承载力要求,如桩(板、墙)的强度应满足抗剪、抗弯强度要求,锚杆(索)及梁(板)强度能满足抗拉、抗压强度要求,整体稳定性、抗隆起能满足要求,每一道施工工序的土方开挖后能满足稳定要求等;设计的止水帷幕和采取的降水措施在施工后能达到要求的效果,如搅拌桩、高压旋喷桩、防渗墙等止水帷幕的搭接长度、厚度及桩身本身的渗透性能要满足要求等;合理的地基加固可有效控制基坑的稳定和变形,但须在加固费用和加固效果上取得平衡;设计时应明确基坑内土方分段开挖的长度、分层开挖的厚度及坡顶的允许荷载,避免施工过程中盲目施工导致工程事故。设计时应对基坑监测点进行布置,并明确监测的对象、监测频率、允许警戒值等;设计时应提出要求编制深基坑支护专项施工方案,并对施工过程中的安全问题提出应急预案。

二、基坑设计的内容

基坑设计是指在设计依据的基础上,根据现行规范、规程、技术标准和设计计算理论,提出围护结构、支撑/锚杆(索)、地基加固、基坑开挖方式、开挖支撑施工、施工监控以及施工场地总平面布置等各项设计。

在设计中应考虑如下几方面的问题:

(1)按场地的工程地质条件及水文地质条件和周边环境条件等,考虑基坑设计中的对策是否全面、合理。

(2)对地下室的层数、开挖深度、基坑面积及形状、施工方法、工程总造价、工期等主要技术、经济指标进行综合性对比分析,以评价基坑工程技术方案的经济合理性。

(3)研究基坑工程的围护结构是否可以兼作主体建筑的永久性结构,对其技术、经济效果进行评估。

(4)研究基坑工程的开挖方式的可行性和合理性。

(5)基坑支护临时性结构体系应与主体建筑物的永久性结构体系充分结合考虑,可使基坑支护成本降低。

(6)动态设计。由于设计依据的不准确性,如地质勘察报告不一定完全符合实际情况,设计计算理论的不完善等各方面的因素,支护结构的设计不一定完全符合工程实际要求,或者由于桩基施工工艺及降水影响等,存在一系列不确定性及不利影响,需要在施工过程中实时监测、分析、预测、反分析等,在施工过程中及时修改和完善设计,即"信息化施工,动态设计"。

单元二　土压力的种类与分析计算

基坑工程中土压力是指岩土层作用于基坑支护结构上的荷载。在基坑设计中,土压力值的合理选用是基坑支护结构设计首先要解决的关键问题。土压力值的大小和分布与土体的物理力学性质、地下水的分布、支护结构的位移、支撑结构的刚度等因素有关。

一、土压力的种类

在基坑支护设计中，人们常采用库仑土压力理论和朗肯土压力理论分析计算土压力值。根据库仑土压力理论或朗肯土压力理论计算得到的土压力均为支挡结构发生一定位移后的主动土压力和被动土压力。而在无侧向位移产生或侧向位移较小的支挡结构中，土的压力称为静止土压力。即土压力分为静止土压力、主动土压力和被动土压力三种不同极限状态下的土压力，如图 2-1 所示。

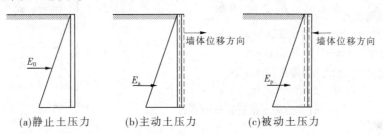

(a)静止土压力　　　　(b)主动土压力　　　　(c)被动土压力

图 2-1　三种不同极限状态的土压力

（一）静止土压力 E_0

《欧洲岩土工程设计规范 Eurocode7》（BS EN 1997-1:2004）规定当支挡结构的水平位移 $y_a \leqslant 0.05\% H_0$（H_0 为基坑开挖深度）时，土体作用于支挡结构的土压力称为静止土压力。在支挡结构无侧向位移或侧向位移较小的情况下，一般可以忽略不计，考虑支挡结构后土体的压力为静止土压力。如地下室外墙，由于受梁板支撑作用，其位移一般可以忽略，视墙后土压力为静止土压力 E_0。

（二）主动土压力 E_a

支挡结构向临空面方向发生位移或支挡结构绕前趾向临空面方向发生转动，使支挡结构后土体的应力状态达到主动极限平衡状态时，支挡结构后土体作用在支挡结构上的土压力称为主动土压力。

支挡结构在土压力的作用下，墙体受土体的推力作用产生位移，将向临空面一方发生位移或绕前趾向临空面方向发生转动，当位移产生时，土体内的剪阻力形成抗滑力。随着位移的变大，当抗滑力发展到土体的极限状态时（即主动极限平衡状态），处于产生滑动破坏的临界点，这时土压力为最小值，称为主动土压力 E_a。

（三）被动土压力 E_p

被动土压力为支挡结构在外力作用下，对支挡结构后的土体产生推力，使支挡结构向土体方向发生位移或转动，达到极限平衡状态时的最大土压力。

此类型土压力的极限平衡状态与主动土压力的极限平衡状态相反，指支挡结构受到外力作用时，其对支挡结构后土体产生推力，使土体产生变形。受到的外力越大，支挡结构对其后土体产生的推力也越大，当土体内抗滑力与支挡结构产生的推力之间达到极限平衡状态时，土体处于滑动破坏的临界点，这时土压力为最大值，称为被动土压力 E_p。

二、土压力计算的经典理论

土压力计算的经典理论主要有静止土压力理论、Rankine 土压力理论和 Coulomb 土压力理论,各种理论均有其假定条件,见表2-1。

表 2-1　土压力计算的经典理论

土压力理论	假定条件		计算公式	土压力分布图
静止土压力	地表面水平,墙背竖直、光滑		$P_0 = (\gamma z + q)K_0$ $E_0 = \dfrac{1}{2}\gamma H^2 K_0$ γ—土的重度,kN/m^2; z—计算点深度,m; q—地面均布荷载,kPa; H—支挡结构高度; K_0—计算点处土的静止压力系数	
Rankine土压力理论	地表面水平,墙背竖直、光滑	主动土压力	无黏性土：$P_a = \gamma z K_a$ $E_a = \dfrac{1}{2}\gamma H^2 K_a$ $K_a = \tan^2\left(45° - \dfrac{\varphi}{2}\right)$ K_a—计算点处的主动土压力系数; φ—土的内摩擦角,(°)	
			黏性土：$P_a = \gamma z K_a - 2c\sqrt{K_a}$ $E_a = \dfrac{1}{2}(H - z_0)^2 K_a$ $z_0 = \dfrac{2c}{\gamma}\dfrac{1}{\sqrt{K_a}}$ c—土的黏聚力,kPa	

续表 2-1

土压力理论	假定条件		计算公式	土压力分布图
Rankine 土压力理论	地表面水平，墙背竖直、光滑	被动土压力	无黏性土 $$P_p = \gamma z K_p$$ $$E_p = \frac{1}{2}\gamma H^2 K_p$$ $$K_p = \tan^2\left(45° + \frac{\varphi}{2}\right)$$ K_p—计算点处土的被动土压力系数	
			黏性土 $$P_p = \gamma z K_p + 2c\sqrt{K_p}$$ $$E_p = \frac{1}{2}\gamma H^2 K_p + 2cH\sqrt{K_p}$$	
Coulomb 土压力理论	墙背面土为无黏性土；滑动面为平面；滑裂面土体为刚体；滑动面上的摩擦力均匀分布	主动土压力	$$E_a = \frac{1}{2}\gamma H^2 K_a$$ $$K_a = \frac{\cos^2(\varphi - \varepsilon)}{\cos^2\varepsilon\cos(\varepsilon+\delta)(1+A)^2}$$ $$A = \sqrt{\frac{\sin(\varphi+\delta)\sin(\varphi-\alpha)}{\cos(\varepsilon+\delta)\cos(\varepsilon-\alpha)}}$$ ε—墙背与竖直线间的夹角，($°$)； α—地表面与水平面间的夹角，($°$)； δ—墙背与土间的摩擦角，($°$)	
		被动土压力	$$E_p = \frac{1}{2}\gamma H^2 K_p$$ $$K_p = \frac{\cos^2(\varphi+\varepsilon)}{\cos^2\varepsilon\cos(\varepsilon-\delta)(1-B)^2}$$ $$B = \sqrt{\frac{\sin(\varphi+\delta)\sin(\varphi+\alpha)}{\cos(\varepsilon-\delta)\cos(\varepsilon-\alpha)}}$$	

三、土压力与支挡结构位移关系

在一般的基坑工程中,主动土压力极限平衡状态比较容易达到,而被动土压力极限平衡状态需要较大的土体位移才会达到,如表 2-2 所示。在基坑工程的计算中,应根据支护结构和土体的位移情况及采取的施工措施等因素确定土压力的类型,选用相应的计算模型。对于无支护结构或采用土钉墙、锚杆、重力式挡土墙及板桩支护的基坑,土压力应采用极限平衡状态下的主动土压力计算;对基坑变形有严格控制要求的,基坑支护结构变形不允许超过允许值(警戒值),往往采用刚度较大的支护结构体系或本身刚度较大的圆形基坑支护结构等,此时的主动侧土压力值将高于主动土压力极限值,对此设计时宜提高主动土压力值,提高后的主动土压力值介于主动土压力值 E_a 和静止土压力值 E_0 之间。对环境位移限制非常严格或刚度很大的圆形基坑,可将主动侧土压力值取为静止土压力值。

《欧洲岩土工程设计规范 Eurocode7》(BS EN 1997-1:2004)及《加拿大基础工程手册》(1985)规定的达到极限土压力所需的支护结构位移见表 2-2 和表 2-3。

表 2-2　发挥主动土压力和被动土压力所需的位移(欧洲标准)

支护结构位移模式	达到主动土压力时的位移 y_a/h(%)		达到被动土压力时的位移 y_a/h(%)	
	松散土	密实土	松散土	密实土
	0.4 ~ 0.5	0.1 ~ 0.2	7 ~ 15	5 ~ 10
	0.2	0.05 ~ 0.1	5 ~ 10	3 ~ 6
	0.8 ~ 1.0	0.2 ~ 0.5	6 ~ 15	5 ~ 6

续表 2-2

支护结构位移模式	达到主动土压力时的位移 y_a/h(%)		达到被动土压力时的位移 y_a/h(%)	
	松散土	密实土	松散土	密实土
	0.4 ~ 0.5	0.1 ~ 0.2	—	—

注:支护结构位移模式中虚线为基坑变形前的支护结构,实线为变形后的支护结构。

表 2-3　发挥主动土压力和被动土压力所需的位移(加拿大标准)

极限状态	支护结构位移模式	土类	达到极限平衡状态时的位移 y_a/h(%)
主动状态		密实砂土	0.1
		松散砂土	0.5
		硬黏土	1
		软黏土	2
被动状态		密实砂土	2
		松散砂土	6
		硬黏土	2
		软黏土	4

注:支护结构位移模式中实线为变形前的支护结构,虚线为变形后的支护结构。

　　从表 2-2、表 2-3 中可以看出,松散土达到极限平衡状态时所需的位移比密实土要大。此外,达到被动土压力极限平衡状态所需的位移一般比达到主动土压力极限值所需的位移要大得多,前者可达后者的 15 ~ 50 倍。

　　一般基坑支护结构体系的刚度较小,支护结构在侧向土压力的作用下会产生明显挠曲变形,因此会影响土压力的大小和分布,对于这类支护体系,其受到的土压力呈曲线分布,计算时,在一定条件下可简化为直线分布。

四、土压力与水压力计算

(一)静止土压力系数 K_0 的确定

　　静止土压力系数是计算静止土压力的关键参数,通常采用室内试验测定。在无试验条件时,可按经验法确定。经验法中 Jaky 和 Brooker 关于砂性土和黏性土的经验估算公式在

实际应用中较为广泛,其公式为:

Jaky 关于砂性土的 K_0 计算公式为

$$K_0 = 1 - \sin\varphi'\tag{2-1}$$

Brooker 关于黏性土的 K_0 计算公式为

$$K_0 = 0.95 - \sin\varphi'\tag{2-2}$$

式中,φ' 为土的有效内摩擦角,通常采用三轴固结不排水剪切试验测定,也可采用三轴固结排水剪切试验测定。当无实测资料时,可根据三轴固结不排水剪切试验强度指标 c_{cu}、φ_{cu} 或直剪固结快剪指标 c、φ 由经验关系换算获得。

采用三轴固结不排水剪切试验 c_{cu}、φ_{cu} 指标估算 φ' 经验公式为

$$\varphi' = \sqrt{c_{cu}} + \varphi_{cu}\tag{2-3}$$

根据直剪固结快剪试验峰值强度 c、φ 指标估算 φ' 经验公式为

$$\varphi' = 0.7(c + \varphi)\tag{2-4}$$

式中　c——内黏聚力,kPa,

　　　φ——内摩擦角,(°)。

静止土压力系数 K_0 一般与土的类别、密实程度(软硬程度)有关。一般情况下,砂土 $K_0 = 0.35 \sim 0.50$,黏性土 $K_0 = 0.5 \sim 0.7$。初步计算时可采用表 2-4 中的经验值。

表 2-4　静止土压力系数 K_0 经验值

土名称及性质		K_0	土名称及性质		K_0
砾石土		0.17	壤土	$\omega = 25\% \sim 30\%$	$0.60 \sim 0.75$
砂土	$e = 0.50$	0.23	砂质黏土		$0.49 \sim 0.59$
	$e = 0.60$	0.34	黏土	硬塑	$0.11 \sim 0.25$
	$e = 0.70$	0.52		可塑	$0.33 \sim 0.45$
	$e = 0.80$	0.60		软塑	$0.61 \sim 0.82$
砂壤土		0.33	泥炭土	有机质含量高	$0.24 \sim 0.37$
壤土	$\omega = 15\% \sim 20\%$	$0.43 \sim 0.54$		有机质含量低	$0.40 \sim 0.65$

注:e 为天然孔隙比,ω 为天然含水量。

(二)土压力计算的水土合算和水土分算

水土合算与水土分算为地下水位以下土层侧压力计算的两种方法,适用于不同的土类型。水土合算认为土孔隙中的水为结合水,不存在自由的重力水,不传递静水压力,由土颗粒和孔隙水共同组成的土体作为对象,直接用土的饱和重度计算侧压力,适用于不透水层的黏性土;水土分算认为土体中的水是连续的、流动的,可以传递静水压力,需分别计算土压力和水压力,两者之和即为总的侧压力,适用于渗透性能较好的土层,一般适用于砂性土、粉性土。

1. 水土合算

对于基坑工程中的黏性土,适用于水土合算法,如图 2-2 所示。

地下水位以上的主动土压力计算公式为

$$P_a = \gamma z K_a\tag{2-5}$$

地下水位以下的主动土压力计算公式为

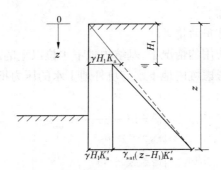

图 2-2　水土合算法简图

$$P_a = K_a'[\gamma H_1 + \gamma_{sat}(z - H_1)] \tag{2-6}$$

式中　γ_{sat}——土的饱和重度，kN/m^3；

　　　K_a'——土的水下主动土压力系数（计算时土体的强度指标应取总应力指标 c_{cu}、φ_{cu} 进行计算）；

　　　H_1——地面与地下水位之间的距离，m；

　　　z——计算点与地面之间的距离，m；

　　　γ——土的天然重度，kN/m^3；

K_a' 计算时应采用土的有效抗剪强度指标 c'、φ'，也可以采用总应力指标，即三轴固结不排水剪切试验强度指标 c_{cu}、φ_{cu}。

2. 水土分算

对于基坑工程中的砂性土和粉性土，一般采用水土分算法，如图 2-3 所示。

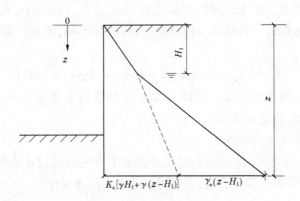

图 2-3　水土分算法计算简图

地下水位以上的主动土压力计算公式为

$$P_a = \gamma z K_a \tag{2-7}$$

地下水位以下的主动土压力计算公式为

$$P_a = K_a[\gamma H_1 + \gamma'(z - H_1)] + \gamma_w(z - H_1) \tag{2-8}$$

式中　γ'——土的浮重度，kN/m^3；

　　　γ_w——水的重度，kN/m^3。

（三）水压力分布与计算

1. 不考虑地下水渗流作用的情况

在不考虑地下水渗流作用的情况下，基坑内地下水位以上的水压力呈三角形分布，基坑内地下水位以下的水压力考虑坑内地下水与坑外地下水的压力抵消后，水压力呈矩形分布，如图2-4所示。

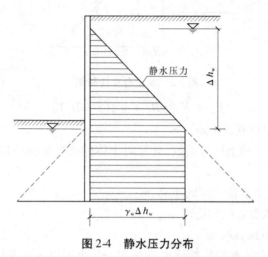

静水压力

Δh_w

$\gamma_w \Delta h_w$

图 2-4　静水压力分布

基坑支护结构体系内、外两侧的地下水压力，在侧压力中占很大的比例，特别是地下水位较高的软土地段，水侧压力比土侧压力大得多。事实表明，孔隙水压力和静水压力并不相等，在计算基坑工程水压力时可对静水压力进行一定的折减。根据日本资料介绍，在某一深度范围内的孔隙水压力为静水压力的65%左右，而且在此深度以下，水压力基本是常数，但也有减小的趋势。考虑到这种情况，可根据土的渗透性不同，考虑一部分水压力影响，计算公式为

$$P_a = K_a[\gamma H_1 + \gamma'(z - H_1)] + K_w \gamma_w(z - H_1) \tag{2-9}$$

式中　K_w——孔隙水压力的侧压力系数，可根据土体渗透系数取 0.5 ~ 0.7（渗透系数小的取小值，反之取大值）。

2. 考虑地下水渗流作用的情况

当基坑内外地下水形成水头差时，基坑外侧地下水一般通过止水帷幕底部绕流补给到基坑内，此时地下水位处于渗流状态，应当考虑地下水的渗流作用。

1）流网图计算方法

采用流网图法计算水压力时，应先根据基坑的渗流条件作出流网图，如图2-5所示。

作用于支护结构不同深度 z 位置处的渗透水压力 P_w 可用其压力水头差形式表示：

$$P_w = \gamma_w(\beta h_0 + h - z) \tag{2-10}$$

式中　β——计算点渗透水头和总压力水头 h_0 的比值，可从流网图中读取；

　　　h——基坑底水位高程。

对于有多层土的基坑工程，绘制流网图较为困难，其在实际工程中的适用性稍差。此外，在实际的基坑工程中，大部分基坑支护体系或止水帷幕均不是绝对隔水的，流网不能反映支护结构接缝处的渗透影响，此计算方法偏于安全。

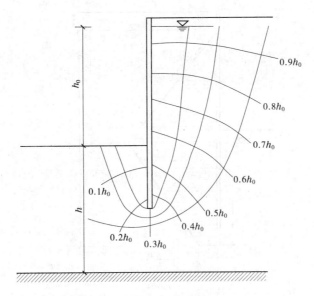

图 2-5　流网图

2）近似计算法

近似计算法也是一种考虑地下水渗流作用的水压力计算方法，应用于德国地基基础规范《地基、地压计算》（DIN 4085）中。如图 2-6 所示，基坑外的水压力，在坑内水位线处的修正值为 $-\Delta P_{w1}$，其值按下式计算：

$$\Delta P_{w1} = i_a \gamma_w \Delta h_w$$

$$i_\alpha = \frac{0.7 \Delta h_w}{h_{w1} + \sqrt{h_{w1} h_{w2}}} \tag{2-11}$$

式中　i_a——基坑外侧的近似水力坡降；

h_{w1}、h_{w2}——基坑外、内两侧地下水位线距离止水帷幕底部的垂直距离，m；

修正后，基坑内地下水位线处基坑外侧的水压力为

$$P_{w1} = \gamma_w \Delta h_w - \Delta P_{w1} = \gamma_w \Delta h_w - i_a \gamma_w \Delta h_w \tag{2-12}$$

同理，在主动侧帷幕底处的修正后的水压力为

$$P_{wa} = \gamma_w h_{w1} - i_a \gamma_w h_{w1}$$

在被动侧帷幕底处的水压力高于静水压力，修正后的水压力为

$$P_{wp} = \gamma_w h_{w2} + i_p \gamma_w h_{w2}$$

$$i_p = \frac{0.7 \Delta h_w}{h_{w2} + \sqrt{h_{w1} h_{w2}}} \tag{2-13}$$

式中　i_p——基坑内侧的近似水力坡降；

h_{w1}、h_{w2}——基坑外、内两侧地下水位线距离止水帷幕底部的垂直距离，m；

两侧水压力抵消后，可得基坑外侧帷幕底部的水压力为

$$P_{w2} = \gamma_w \Delta h_w - i_a \gamma_w h_{w1} - i_p \gamma_w h_{w2} \tag{2-14}$$

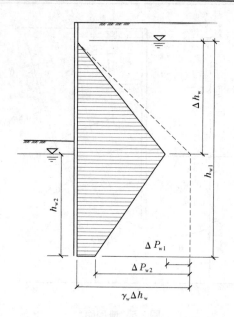

图 2-6　考虑渗流影响的水压力计算简图

五、成层土的土压力计算

（一）Rankine 土压力计算法

对于基坑支护结构后由多个土层组成的基坑侧壁土质,在计算各点的土压力时,可先计算该点以上各土层相应的自重应力 $\gamma_i h_i$,乘以各土层对应的土侧压力系数 K_{ai},再进行求和即可。

如图 2-7 所示,各点的土压力计算如下:

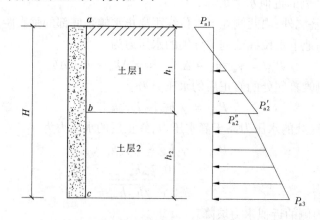

图 2-7　土压力分布图

a 点:
$$P_{a1} = -2c\sqrt{K_{a1}}$$

土层 1 中 b 点:
$$P'_{a2} = \gamma_1 h_1 K_{a1} - 2c_1\sqrt{K_{a1}}$$

土层 2 中 b 点:
$$P''_{a2} = \gamma_1 h_1 K_{a2} - 2c_2\sqrt{K_{a2}}$$

c 点:
$$P_{a3} = (\gamma_1 h_1 + \gamma_2 h_2)K_{a2} - 2c_2\sqrt{K_{a2}}$$

$$K_{a1} = \tan^2\left(45° - \frac{\varphi_1}{2}\right); K_{a2} = \tan^2\left(45° - \frac{\varphi_2}{2}\right)$$

式中　c、φ——对应的第 1 层、第 2 层土层的黏聚力和内摩擦角。

（二）Coulomb 土压力计算法

采用支护结构后各土层加权平均重度 γ_m、φ_m 值近似计算其库仑土压力：

$$\gamma_m = \frac{\sum \gamma_i h_i}{\sum h_i} \qquad (2-15)$$

$$\varphi_m = \frac{\sum \varphi_i h_i}{\sum h_i} \qquad (2-16)$$

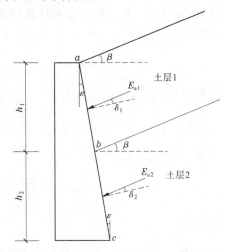

图 2-8　库仑土压力

当地面与水平面呈一定夹角，且各土层分界线与地面线近似平行时，按自上而下分别计算土压力，求下层土的土压力可将上面各层土的重量当作均布荷载考虑，如图 2-8 所示。

a 点：
$$P_{a0} = 0$$

土层 1 中 b 点：
$$P_{a1} = \gamma_1 h_1 K_{a1}$$

土层 2 中 b 点：将上部第 1 层土重换算成土层 2 中的当量厚度：

$$h' = \frac{\gamma_1 h_1}{\gamma_2} \cdot \frac{\cos\varepsilon\cos\beta}{\cos(\varepsilon - \beta)}$$

因此，土层 2 中 b 点的土侧压力为

$$P'_{a2} = \gamma_2 h' K_{a2}$$

c 点：
$$P''_{a2} = \gamma_2 (h' + h_2) K_{a2}$$

每层土的总压力 E_{a1}、E_{a2} 的大小等于土压力分布图面积，作用方向为与 ac 点连线的方向呈 δ_1、δ_2（δ_1、δ_2 分别为土层 1、土层 2 与支挡结构面之间的摩擦角）夹角，作用点位于各土层压力分布图的形心高度处。

六、黏性土中 Coulomb 土压力计算

在工程应用中，为了利用 Coulomb 土压力计算公式进行计算，一般采用等效内摩擦角 φ_d 来综合考虑 c、φ 值对土压力的影响，即适当增大内摩擦角来反映黏聚力的影响，再按砂性土进行土压力计算。

等效内摩擦角 φ_d 根据经验确定，地下水位以上的黏性土 $\varphi_d = 30° \sim 35°$，地下水位以下的黏性土 $\varphi_d = 25° \sim 30°$。在实际工程中，也有总结出的一些经验公式。

（1）根据抗剪强度相等的原理，等效内摩擦角 φ_d 可从土的抗剪强度曲线上通过作用在基坑底面标高上的土中垂直应力 σ_t 求得：

$$\varphi_d = \arctan\left(\tan\varphi + \frac{c}{\sigma_t}\right) \qquad (2-17)$$

当无地面荷载时，$\sigma_t = \gamma h$，代入式（2-17）后可得：

$$\varphi_d = \arctan(\tan\varphi + \frac{c}{\gamma h}) \tag{2-18}$$

（2）根据土压力相等的概念来计算等效内摩擦角 φ_d，为了使问题简化，假定墙背光滑、竖直，墙厚填土与墙高度一致。黏性土的土压力经验计算公式为

$$E_{a1} = \frac{1}{2}\gamma H^2 \tan^2(45° - \frac{\varphi}{2}) - 2cH\tan(45° - \frac{\varphi}{2}) + \frac{2c^2}{\gamma} \tag{2-19}$$

按等效内摩擦角计算土压力为

$$E_{a2} = \frac{1}{2}\gamma H^2 \tan^2(45° - \frac{\varphi_d}{2})$$

令 $E_{a1} = E_{a2}$ 可求得：

$$\tan(45° - \frac{\varphi_d}{2}) = \tan(45° - \frac{\varphi}{2}) - \frac{2c}{\gamma H}$$

最终求得：

$$\varphi_d = \frac{\pi}{2} - 2\arctan\left[\tan(\frac{\pi}{4} - \frac{\varphi}{2}) - \frac{2c}{\gamma H}\right] \tag{2-20}$$

由上述计算结果可以看出，等效内摩擦角 φ_d 和支护结构高度 h 有一定的关系，这可能导致土压力计算值出现较大的误差，通常在支护结构高度小时偏于安全，而在支护结构高度大时偏于危险。具体计算中应根据地层和支护结构的高度确定。

（3）当考虑支护结构和其后土层之间的内摩擦角 ε 和地基土黏聚力 c 时，在采用 Coulomb 被动土压力计算的工程中对 Rankine 土压力公式进行了改良。由土体本身产生的被动土压力强度计算公式为

$$P_p = \sum \gamma_i h_i K_p + 2c\sqrt{K_{ph}} \tag{2-21}$$

式中 P_p——计算点处的被动土压力强度，kPa；

K_p、K_{ph}——计算点处的被动土压力系数。

$$K_p = \frac{\cos^2\varphi}{\left[1 - \sqrt{\dfrac{\sin(\varphi + \varepsilon)\sin\varphi}{\cos\varepsilon}}\right]^2} \tag{2-22}$$

$$K_{ph} = \frac{\cos^2\varphi\cos^2\varepsilon}{[1 - \sin(\varphi + \varepsilon)]^2} \tag{2-23}$$

支护结构和其后土层之间的内摩擦角 ε 的取值与土的性质、支护结构面粗糙程度及降排水条件等相关。对于板式支护体系，$\varepsilon = 2\varphi/3 \sim 3\varphi/4$，且 $\varepsilon \leq 20°$，地基土较软时取大值，反之取小值；对于钻孔灌注桩、现浇地下连续墙、混凝土板墙和型钢水泥土搅拌墙，可取 $\varepsilon = 3\varphi/4$；对于水泥土墙可取 $\varepsilon = \varphi/2$。当坑内不降水时，可取 $\varepsilon = 0$。

以上关于被动土压力的计算中，当 $c = 0$ 时，公式即为库仑土压力计算公式；当 $\varepsilon = 0$ 时，公式即为 Rankine 土压力计算公式。

单元三 基坑支护工程中其他荷载的分析与计算

一、地面超载作用下的土压力计算

(一)局部均布荷载作用下的 Rankine 土压力计算

当基坑坡顶外地面分布有局部荷载时,如图 2-9 所示。计算时从荷载的起止两点 A 和 B 作两条辅助线,以 $45° + \varphi/2$ 的夹角向支护结构延伸,与支护结构相交于 C、D 两点。在 C 点以上、D 点以下的土体不受荷载作用的影响,其土压力分布为正常分布,在 C、D 之间的土压力按有分布荷载考虑计算。

(二)超载作用下侧压力计算的弹性力学法

1. 地面有局部均布荷载作用影响

当基坑坡顶地面分布有局部均布荷载时,附加的侧向土压力按弹性理论近似计算方法可导出如下计算公式:

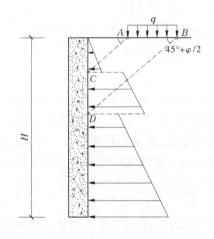

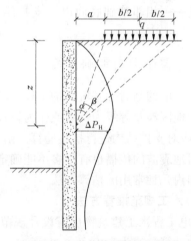

图 2-9 局部荷载作用下的土压力分布图   图 2-10 地面局部均布荷载引起的附加侧压力分布

$$\Delta P_H = \frac{2q}{\pi}(\beta - \sin\beta\cos2\alpha) \tag{2-24}$$

式中 ΔP_H——附加侧向土压力,kPa;

$\quad q$——地表局部均布荷载,kPa;

$\quad \alpha$、β——见图 2-10,以弧度(rad)计;

α、β 值可参考图 2-10 由如下两式联合求解:

$$\tan\left(\alpha + \frac{\beta}{2}\right) \approx \frac{a + b}{z} \tag{2-25}$$

$$\tan\left(\alpha - \frac{\beta}{2}\right) \approx \frac{a}{z} \tag{2-26}$$

本近似求解 α、β 值的方法前提假设条件为支护结构无位移产生,而实际工程中支护结构是有位移的,该方法求解得到的 ΔP_H 偏于保守。

2.相邻基础荷载作用影响

当基坑外侧有相邻的建筑物时,考虑其基础埋深、基础荷载等,如图 2-11 所示,附加的侧压力计算如下:

设定基础荷载为 q_L,计算公式为

当 $m \leqslant 0.4$ 时

$$\Delta P_H = \frac{q_L}{H_s} \cdot \frac{0.203n}{(0.16 + n^2)^2} \quad (2\text{-}27)$$

当 $m > 0.4$ 时

$$\Delta P_H = \frac{4q_L}{\pi H_s} \cdot \frac{m^2 n}{(m^2 + n^2)^2} \quad (2\text{-}28)$$

式中　q_L——相邻条形基础底面处的线均布荷载,kN/m;

m、n——a/H_s、z/H_s 的比值,a 和 z 见图 2-11;

H_s——相邻基础底面以下支护结构高度,m。

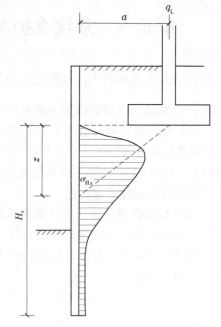

图 2-11　相邻建筑基础荷载引起的侧向土压力分布

二、地震作用力影响计算

对于一般的临时性基坑支护工程,不考虑地震力的影响。但对于地震设防烈度在 7 度及以上的地区涉及等级为一级或作为较长时间使用的基坑支护工程,应考虑地震力的影响。设计时,应对支护结构进行抗震验算。由于地震的震源深度、震中心距离等存在不确定性,岩土层对地震波的传播也有很多不能确定的因素,目前尚无适合实际的理论计算方法。以下介绍国内几种常用的估算方法。

(一)水工规范推荐方法

《水电工程水工建筑物抗震设计规范》(NB 35047—2015)中关于水平向地震作用下的总土压力计算公式为

$$E'_a = E_a(1 + K_h C_z C_e \tan\varphi) \quad (2\text{-}29)$$

$$E'_p = E_p(1 - K_h C_z C_e \tan\varphi) \quad (2\text{-}30)$$

式中　E'_a、E'_p——地震作用下的主动土压力和被动土压力;

E_a、E_p——土体主动土压力和被动土压力;

K_h——水平向地震系数(见表 2-5);

C_z——综合影响系数,取 0.25;

表 2-5　水平向地震系数 K_h

设防烈度(度)	7	8	9
K_h	0.1	0.2	0.4
$K_h C_z$	0.025	0.05	0.1

C_e——地震动土压力系数(见表2-6);

φ——土的内摩擦角。

表2-6　地震动土压力系数 C_e

动土压力	填土坡度	内摩擦角 φ				
		21°~25°	26°~30°	31°~35°	36°~40°	41°~45°
主动土压力	0°	4.0	3.5	3.0	2.5	2.0
	10°	5.0	4.0	3.5	3.0	2.5
	20°	—	5.0	4.0	3.5	3.0
	30°	—	—	—	4.0	3.5
被动土压力	0°~20°	3.0	2.5	2.0	1.5	1.0

注:填土坡度介于表中数值时可采用内插法确定。

(二)考虑地震角度时的土压力系数

1. Rankine 土压力理论

地震作用下土的主动、被动土压力系数 K'_a、K'_p 计算公式为

$$K'_a = \tan\left(45° - \frac{\varphi - \eta}{2}\right) \tag{2-31}$$

$$K'_p = \tan\left(45° + \frac{\varphi - \eta}{2}\right) \tag{2-32}$$

式中　η——地震角度,可按表2-7取值。

表2-7　地震角度 η 取值

地震设防烈度(度)	7	8	9
水上	1°30′	3°	6°
水下	2°30′	5°	10°

注:表中数值引自《公路工程抗震规范》(JJG B02—2013)。

2. Coulomb 土压力理论

地震作用下土的主动、被动土压力系数 K'_a、K'_p 计算公式为

$$K'_a = \frac{\cos^2(\varphi - \varepsilon - \eta)}{\cos\eta \cos^2\alpha \cos(\delta + \varepsilon + \eta)\left[1 + \sqrt{\frac{\sin(\varphi + \delta)\sin(\varphi - \beta - \eta)}{\cos(\varepsilon + \delta + \eta)\cos(\varepsilon - \beta)}}\right]^2} \tag{2-33}$$

$$K'_p = \frac{\cos^2(\varphi + \alpha + \eta)}{\cos\eta \cos^2\alpha \cos(\varepsilon - \delta - \eta)\left[1 - \sqrt{\frac{\sin(\varphi + \delta)\sin(\varphi + \beta + \eta)}{\cos(\varepsilon - \delta - \eta)\cos(\varepsilon - \beta)}}\right]^2} \tag{2-34}$$

(三)板桩墙地震土压力计算

如图2-12所示,当基坑坡顶地面存在均布荷载 q 时,板桩墙上 A、B、C、D、E 点处的地震土压力强度可近似按下列公式计算。

(1)荷载及地震作用下 A 点处附加土压力强度:

$$P_A = q(K_a + K_H \sqrt{K_a}) \tag{2-35}$$

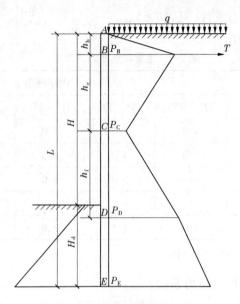

图 2-12　板桩墙地震土压力计算

式中　q——地表的均布荷载,kN/m;

　　　K_a——主动土压力系数;

　　　K_H——水平地震系数,考虑综合影响时为0.25,当地震设防烈度为7、8、9度时,K_H值分别为0.025、0.05、0.1。

(2)荷载及地震作用下 B 点处土压力强度:

$$P_B = \sigma_B(1 - \alpha) + \alpha(q + \gamma h_b)(K_a + K_H \sqrt{K_a}) \tag{2-36}$$

$$\sigma_B = q + \gamma h_b \tag{2-37}$$

式中　σ_B——板桩墙因跨中弯曲变形而对 B 点产生的土压力强度,kPa;

　　　h_b——B 点的计算深度,m,当锚定点在土面以下$(0.2 \sim 0.35)H$ 范围内时,则 h_b 等于锚定点深度,当锚定点在土面以下深度小于 $0.2H$ 时,取 B 点的计算深度 $h_b = 0.2H$;

　　　α——考虑板桩 AB 段变化对 B 点土压力影响的系数,根据试验资料,可按表2-8取值。

表 2-8　α 取值

h_b/H	0.20	0.25	0.30	0.35
α	0.2	0.3	0.4	0.5

(3)荷载及地震作用下 C 点处土压力强度:

$$P_C = [q + \gamma(h_b + h_c)](K_a + K_H \sqrt{K_a})\eta \tag{2-38}$$

式中　η——考虑 BD 段挠曲影响的土压力折减系数,主要取决于板桩的柔度和振动的水平加速度,一般取 $\eta = 0.3 \sim 0.4$,当板桩柔度和振动的水平加速度较大时取小值,反之取大值。

(4)荷载及地震作用下 D、E 点处土压力强度:

$$P_{D,E} = (q + \sum \gamma_i h_i)(K_a + K_H \sqrt{K_a})$$ (2-39)

习 题

1. 基坑周边环境勘查应包括哪些内容?

2. 在基坑支护方案设计中,应考虑的问题有哪些?

3. 某挡土墙,墙背竖直光滑,墙后填土面水平,上层填中砂厚 3 m,重度为 18 kN/m³,内摩擦角 30°;下层填粗砂厚 5 m,重度为 19 kN/m³,内摩擦角 32°。计算 5 m 砂层作用在挡土墙上的总主动土压力值及作用的位置。

4. 如图 2-13 所示某浆砌石挡土墙重度 22 kN/m³,墙后填土重度 19 kN/m³,黏聚力 20 kPa,内摩擦角 15°,忽略墙背与填土的摩阻力,地表均布荷载 25 kPa,计算该挡土墙的抗倾覆安全系数。

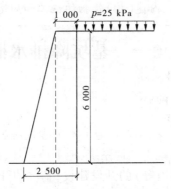

图 2-13 习题 4 图

项目三　基坑支护工程中的地下水控制

【学习目标】

通过学习本项目,应能根据建设场地工程地质条件和水文地质条件,结合建筑物基础埋置深度等资料确定地下水的降排方案,并能对降排水引起的周边环境变化进行预测及提出应对预案。

【导入】

在基坑开挖过程中,由于坑内土体被挖除,在地下水的作用下坑底、坑壁土体可能产生流砂、管涌、突涌的问题,对基坑内建(构)筑物的施工和周边环境的安全产生不利影响。

单元一　基坑降排水概述

一、基坑降排水的研究现状

在我国经济飞速发展的大背景下,各地土木工程发展如日中天。随着各种建设项目的开发建设,特别是地下建筑(如地下交通系统、地下停车场、地下商场及人防工程、特殊机械设备机库房、地下管道、海底隧道等)的开发建设,基坑的开挖深度也在朝着越来越深的方向发展,随之带来的地质问题也变得越来越复杂。影响基坑支护工程的地质复杂程度的因素中,地下水的作用最为复杂,而地下工程施工期间地下水对施工安全的影响又最为重要,因此在基坑设计时分析对地下水的降排水方案是不可缺少的重要环节。

在历史上第一个有记载的降水工程是英国伦敦伯明翰铁路 Kilsby 隧道施工,当时采用竖井将地下水抽去。在 1896 年德国建设柏林地下铁路工程时,首次使用了深井降水方法。降水工程发展至今,已有 100 多年的历史,世界各国在各种土木工程建设中采用的降水方法也日益多样化、成熟化,目前发展较为成熟的降排水方法有集水明排、轻型井点、多级轻型井点、喷射井点、砂(砾)渗井、电渗井点、管井(深井)降排水等。但在实际施工过程中,地质条件的复杂性、降排水方法的局限性及采用不当的降水方法引起的工程事故仍有发生,为保护地下建(构)筑物施工和周边环境的安全及地下水资源合理开采,我们仍需要对现有的降排水技术进行不断的改善和革新。

二、地下水引起的基坑工程问题

(一)流砂、管涌

实际工程中由于地层的各向异性,地层本身并不一定为均质连续体,局部实测的地层渗透系数和基坑涌水量难以准确地反映整个场地的实际情况,这就给理论研究带来了一定的复杂性。1856 年法国工程师达西(H. Darcy)通过试验对砂土渗流总结得到了达西定律(Darcy's law),描述了饱和土孔隙中水在压力作用下的渗流速度与水力坡降之间的线性关系的规律,又称为线性渗流定律。理论认为,在大多数情况下水在土体孔隙中的流速受土体阻力影响较小,认为属于层流(即水在土层中呈互相平行的流线流动),它符合层流渗透定律(水在土体孔隙中的渗透速度与水力梯度成正比),即

$$V = KI \tag{3-1}$$

或

$$q = KIF \tag{3-2}$$

式中　V——渗透系数,m/s;

　　　I——水力梯度,即沿着水流方向单位长度上的水力差;

　　　K——渗透系数,m/s,通过试验获得,无试验数据时可根据经验确定;

　　　q——渗透流量,m^3/s,即单位时间内流过土截面面积 F 的水量。

如图 3-1 中 1、2 两平面之间的水力梯度 I 计算公式为

$$I = \frac{\Delta h}{l} = \frac{h_1 - h_2}{l} \tag{3-3}$$

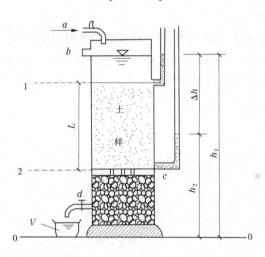

图 3-1　达西渗透试验模型图

由此可得出动水力的计算公式为

$$G_D = \gamma_w I \tag{3-4}$$

当地下水的渗流方式是自下而上时,动水力与土体重力方向相反,若动水力和土体重度相等,土粒间的压力减小为零,土粒处于悬浮状态,则可能产生流砂、管涌问题,如图 3-2 所示。

发生流砂的临界条件为动水力和土体重度相等,即

$$G_D = \gamma' = \gamma_{sat} - \gamma_w \tag{a}$$

$$G_D = \gamma_w I \tag{b}$$

式中　γ_{sat}——土的饱和重度,kN/m^3。

处于临界条件下的水力梯度为临界水力梯度 I_{cr},式(a)、(b)相等的情况下,可求得 I_{cr} 为

$$I_{cr} = \frac{\gamma'}{\gamma_w} = \frac{\gamma_{sat}}{\gamma_w} - 1 = \frac{G - 1}{1 + e} \tag{3-5}$$

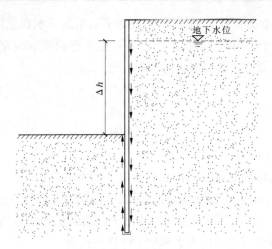

图 3-2　流砂、管涌产生原理

式中　G——土粒比重；

　　　e——土的孔隙比。

水在砂性土体中孔隙渗流时，土中的一些细颗粒在水渗流动力的作用下，可能通过粗颗粒间的动水力孔隙被带走，这种现象叫管涌。管涌经常发生于基坑的局部范围，若未及时采取处理措施，会扩大发展，最后导致土体边坡失稳破坏。发生管涌时的临界水力梯度与土体的颗粒级配及颗粒大小有关，如图 3-3 所示。

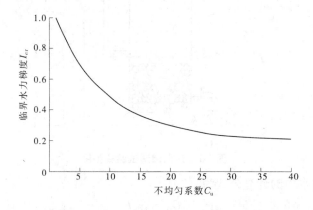

图 3-3　不均匀系数与临界水力梯度的关系

从图 3-3 中可以看出，土的不均匀系数 C_u 越大，管涌需要的临界水力梯度 I_{cr} 就越小，即越易发生管涌。管涌产生于土体内部，通过水的渗流动力从土体表面带出，如不及时处理，会逐步形成土体内部被"掏空"的危险。

流砂多发生于粉砂、细砂、粉土等土层的表面，粗颗粒土层不易发生流砂现象。

（二）基坑突涌

当基坑下有承压水存在，开挖基坑减小了含水层上覆不透水层的厚度，在厚度减小到一定程度时，承压水的水头压力能顶裂或冲毁基坑底板，造成基坑突涌现象。基坑突涌会破坏地基土强度，同时给施工带来很大困难，如图 3-4 所示。

基坑突涌现有的研究理论主要有传统 Terzaghi 压力平衡理论、土体剪切破坏理论、土体

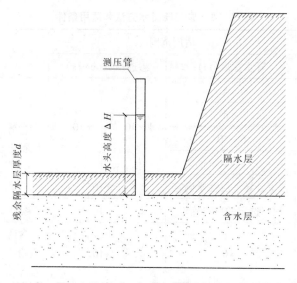

图3-4　基坑突涌

挠曲破坏理论、综合考虑土体强度和刚度理论。上述各种理论由于对基坑突涌的机制研究得并不清楚,各种抗突涌计算方法并不完善,有待进一步改善。

传统 Terzaghi 压力平衡理论认为承压水的水头压力 $\gamma_w \Delta H$ 和残余隔水层土体的自重应力 γd 相等的情况下,处于突涌的临界点。公式表达为

$$F_s \geq \frac{\gamma d}{\gamma_w \Delta H} \tag{3-6}$$

式中　F_s——安全储备系数,对于大面积开挖的基坑底面不小于1.2,对于局部小范围开挖的底面小于1.0;

　　　γ——基坑底面以下隔水层的加权平均重度,kN/m³;

　　　d——基坑底面以下隔水层的厚度,m;

　　　γ_w——水的重度,一般取 10 kN/m³;

　　　ΔH——承压水水头,m。

该理论忽略了坑底隔水土层强度的抗突涌作用,更没有考虑到基坑平面尺寸对突涌的影响,因而得到的结果跟现场实际情况偏差较大且明显偏于保守。

三、基坑降排水措施

在基坑施工前应进行基坑工程的勘察与设计工作,基坑工程的勘察应提出场地内地下水的埋藏条件和补给条件以及主要的水文地质参数等,分析预测其对基坑工程的影响及建议采取的对应措施,在基坑设计时根据地下水的分布情况和水文参数结合工程特征确定采取哪种降排水处理措施,超前解决地下水可能引起的基坑工程问题。

目前,基坑降排水的主要方法为集水明排、轻型井点降水、多级轻型井点降水、喷射井点降水、砂(砾)渗井降水、电渗井点降水、管井(深井)降排水等。其适用条件不一,具体见表3-1。

表 3-1　常见降排水方法和适用条件

降水方法	适用范围		适用地层
	降水深度(m)	渗透系数(cm/s)	
集水明排	<5	$1 \times 10^{-7} \sim 1 \times 10^{-4}$	含薄层粉砂的粉质黏土、黏质粉土、砂质粉土、粉细砂
轻型井点	<6		
多级轻型井点	6~10		
喷射井点	8~20		
砂(砾)渗井	按下卧导水层性质确定	$>5 \times 10^{-7}$	
电渗井点	根据选定的井点确定	$<1 \times 10^{-7}$	黏土、淤泥质黏土、粉质黏土
管井(深井)	>6	$<1 \times 10^{-6}$	含薄层粉砂的粉质黏土、砂质粉土、各类砂土、砾石、碎卵石等

单元二　集水明排和导渗法

一、集水明排

(一)适用范围

(1)地下水涌水量不大,含水层渗透系数较小。

(2)基坑深度不大或降水深度不大,地下水位高于基坑底部不超过 2 m。

(3)场地周边无地下水补给来源。

(4)不会产生流砂、管涌的基坑。

(二)集水明排措施

集水明排的主要作用是将基坑侧壁土层内水导入明沟内加以排出,同时对雨季形成的地表水进行引导排出基坑。主要采取的措施有:

(1)在基坑坡顶外侧约 1.0 m 处设置挡水墙,其主要作用是防止坡顶汇水排入基坑坡面对基坑坡面造成冲刷引起基坑失稳。

(2)在基坑坡底内侧约 0.5 m 处设置排水沟,其主要作用是收集坡面汇水。

(3)在坡体设置泄水管,其主要作用是将坡体含水层内地下水通过泄水管导入排水沟。

(4)在设置有坡腰平台的基坑侧壁,在平台上可设置截水沟。

(5)在截水沟、排水沟每隔一段距离设置一口集水井(尽可能设置于基坑阴角位置处),将收集的汇水通过集水井采用潜水泵抽走。

二、导渗法

导渗法即引渗法,指在基坑内或周边设置竖向排水井,用以收集排水井周边的地表水、上层滞水、浅层孔隙潜水等,收集的汇水通过渗流进入下部地层或采用潜水泵抽出排出基坑场地。最终稳定水位须不高于基底以下 0.5 m,如图 3-5 所示。

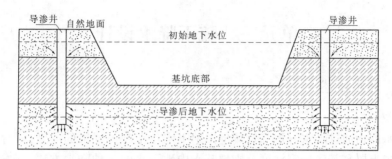

图 3-5　导渗法

(一)导渗法适用范围

(1)上层含水层(导渗层)的水量不大却难以排出,下部含水层水位可通过自排或抽降使其低于基坑施工要求的控制水位。

(2)适用导渗层为低渗透性的粉质黏土、黏质粉土、砂质粉土、粉土、粉细砂等。

(3)当兼有疏干要求时,导渗井还需按排水固结要求加密导渗井距离。

(4)导渗水质应符合下层含水层中的水质标准,并应预防有害水质污染下部含水层。

(5)由于导渗井较易淤塞,导渗法适用于排水时间不长的基坑工程降水。

(6)导渗法在上层滞水分布较为普遍的地区应用较多。

(二)导渗设施及导渗井布置

导渗井包括导渗钻孔、导渗砂(砾)井、导渗管井等,适用条件不一。

(1)导渗钻孔:成孔后基本无坍塌、自立性较好的地层可以使用。

(2)导渗砂(砾)井:在自立性一般、有缩颈或局部坍塌的地层预钻直径为 300～600 mm 的孔,回填黏粒含量不超过 0.5% 的粗砂、砾砂、砂卵石或碎卵石等透水性较好的材料形成盲井。

(3)导渗管井:适用于永久性降排水工程,宜采用不需要进行泥浆护壁成孔作业的地层,成孔后下入包有滤网或土工布的钢筋笼、钢滤管或无砂混凝土滤管,滤管与孔壁之间回填滤料。

(三)导渗井设计计算

导渗井群的总流量应满足基坑设计所需的排水量和疏干排水量的要求。

$$Q = nq \tag{3-7}$$
$$q = k'FI \tag{3-8}$$

式中　Q——导渗井群的总流量,m^3/d;

　　q——导渗井的流量,m^3/d;

　　n——导渗井总数量;

　　k'——导渗井的垂直渗透系数,m/d;

　　F——导渗井的水平截面面积,m^2;

　　I——水力梯度,对于均质材料 I 取 1.0。

导渗井完成降排水任务后应及时采取有效措施予以封闭,阻断上下含水层之间的联系通道,恢复或保持自然环境下的水文地质条件。

单元三　疏干降水设计

一、疏干降水概述

(一)定义

疏干降水即指通过降水井群降低场地内地下水位至施工要求的高度,同时疏干基坑周边一定范围内土层和基底一定深度范围地基土内地下水的一种降水方法,该方法可以在满足干作业施工要求的同时,降低基坑侧壁土层和基坑底部地基土含水量而达到提高其固结强度的目的,主要适用于疏干基坑开挖深度范围内的上层滞水、潜水。当基坑开挖深度较大时,该方法涉及微承压水和承压含水层上段的局部疏干降水。

疏干降水按照地下水补给边界条件可分为封闭式疏干降水(见图 3-6(a))、半封闭式疏干降水(见图 3-6(b))和敞开式疏干降水(见图 3-6(c))。

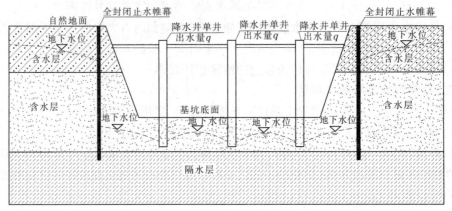

(a)封闭式疏干降水

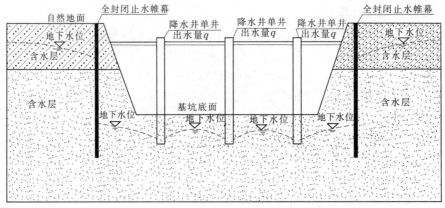

(b)半封闭式疏干降水

图 3-6　疏干降水分类

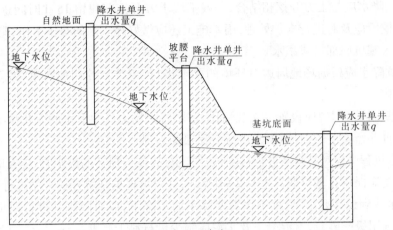

(c)敞开式疏干降水

续图3-6

　　封闭式疏干降水即采用止水帷幕将基坑内地下水与周边地下水进行隔离,切断基坑内外地下水的水力联系,然后在隔离区域内采用降水井将基坑开挖影响深度范围内的地下水抽干;当基坑周边隔水的止水帷幕深度不足时,仅能部分隔离基坑内地下水与周边的地下水水力联系,而在基坑内采用降水井降水的为半封闭式疏干降水;当基坑周边未设置止水帷幕时,基坑周边地下水与基坑内部地下水的水力联系密切,而采用基坑内与基坑外同时进行降水的为敞开式疏干降水。

　　可根据场地的工程地质条件、水文地质条件及基坑工程特点等,选择针对性较强的疏干降水方法,以获得较为理想的降水效果。

(二)疏干降水控制方法

1.效果检验

疏干降水效果主要从以下两个方面检验:

　　(1)观测坑内地下水位是否已达到设计或施工要求的深度。

　　(2)通过观测疏干降水的总排水量或其他测试手段,判别被开挖土体含水量是否下降到有效范围内。

　　上述两个方面均满足时,方可保证基坑疏干降水效果。

　　疏干降水对基坑周围土体和基底地基土起到一定的疏干效果,但难以达到完全疏干的程度。为保证含水层疏干效果,对于淤泥质黏土、黏性土的含水量,疏干效果应降低不小于8%;对于砂性土或夹砂层黏性土、粉土的含水量,疏干效果应降低不小于10%。

2.施工中需注意的问题

疏干降水施工应注意以下技术环节问题:

　　(1)测定降水井内稳定水位、井口标高并做好记录,检查用电线路、潜水泵及排水管道是否完好,选择典型地段进行试抽水,分析降水效果,确定降水施工参数。

　　(2)从降水井内抽出的地下水应排入场地周边的市政排水管道中,避免排入工程场地造成入渗地下形成循环。

（3）基坑降水应与土方开挖相结合，一般基坑土方开挖前应留 15 d 时间进行预降水施工。土方开挖后应及时进行支护处理，雨季施工还应做好地表水的疏排工作，避免地表水冲刷坡面及流入基坑底部形成积水。

（4）基坑降水应根据场地周边对环境的要求进行，应严格控制抽水量，做到按需抽水、抽水量最小化。

（5）在基坑内及周边应设置水文观测孔，密切监测场地内地下水的变化情况，必要时采用地下水位自动监控手段，对地下水进行全程跟踪监测。

（6）降水过程中应对潜水泵进行检测，如发现有故障或损坏的潜水泵，应及时进行更换。疏干井管长度应保持在基坑底以上 $0.2 \sim 0.5$ m，井管可根据基坑开挖工序进行逐层割除。

（7）降水达到设计要求，后续不再需要降水的情况下，应对降水井进行回填封闭处理，回填材料可选用级配砂石、素混凝土及水泥搅制少量石料干屑等。

二、疏干降水设计

（一）基坑涌水量估算

封闭式疏干降水基坑涌水量可用以下经验公式进行估算：

$$Q = \mu A s \tag{3-9}$$

式中　Q——基坑涌水量（设计疏干降水总排水量），m^3；

　　　　μ——疏干含水层的给水度；

　　　　A——基坑开挖面积，m^2；

　　　　s——设计最终降水水位的平均降深，m。

半封闭或敞开式疏干降水基坑涌水量可按大井法进行估算。

潜水含水层中的地下水：

$$Q = \frac{1.366k(2H_0 - s)s}{\lg \dfrac{R + r_0}{r_0}} \tag{3-10}$$

式中　Q——基坑涌水量（设计疏干降水总排水量），m^3/d；

　　　　r_0——假想半径，与基坑形状及开挖面积相关，可按下式计算：

圆形基坑　　　　　　$r_0 = \sqrt{\dfrac{A}{\pi}} \tag{3-11}$

矩形基坑　　　　　　$r_0 = \dfrac{\xi(l + b)}{4} \tag{3-12}$

　　　　l——基坑长度，m；

　　　　b——基坑宽度，m；

　　　　ξ——基坑形状修正系数，可按表 3-2 取值；

　　　　s——设计最终降水水位的平均降深，m；

　　　　k——含水层渗透系数，m/d；

　　　　H_0——潜水含水层底面至水位的高度，m；

　　　　R——降水影响半径，m。

表3-2　基坑形状修正系数 ξ

b/l	0	0.2	0.4	0.6	0.8	1.0
ξ	1.0	1.12	1.16	1.18	1.18	1.18

承压水含水层中的地下水：

$$Q = \frac{2.73kM_s}{\lg \dfrac{R + r_0}{r_0}} \tag{3-13}$$

式中　M_s——承压水含水层厚度，m；

　　　R——影响半径，m；

　　　其余符号意义同前。

渗透系数 k 一般在勘察阶段通过现场抽(注、压)水试验和室内土工试验确定，如无实测资料，可结合邻近场地工程经验按表3-3 取值。

表3-3　土渗透系数 k 的经验值

土的名称	渗透系数 k		土名称	渗透系数 k	
	cm/s	m/d		cm/s	m/d
裂隙发育的岩石	$>7 \times 10^{-2}$	>60	中砂	$1 \times 10^{-2} \sim 2 \times 10^{-2}$	$10 \sim 20$
裂隙稍发育的岩石	$2 \times 10^{-2} \sim 7 \times 10^{-2}$	$20 \sim 60$	细砂	$6 \times 10^{-3} \sim 1 \times 10^{-2}$	$5 \sim 10$
无充填物卵石	$6 \times 10^{-1} \sim 1 \times 10$	$500 \sim 1\,000$	粉砂	$1 \times 10^{-3} \sim 6 \times 10^{-3}$	$1 \sim 5$
卵石	$1 \times 10^{-1} \sim 6 \times 10^{-1}$	$100 \sim 500$	粉土	$6 \times 10^{-4} \sim 1 \times 10^{-3}$	$0.50 \sim 1.0$
圆砾	$6 \times 10^{-2} \sim 1 \times 10^{-1}$	$50 \sim 100$	黄土	$3 \times 10^{-4} \sim 6 \times 10^{-4}$	$0.25 \sim 0.50$
均质粗砂	$7 \times 10^{-2} \sim 8 \times 10^{-2}$	$60 \sim 75$	黏质粉土	$1 \times 10^{-4} \sim 6 \times 10^{-4}$	$0.10 \sim 0.50$
粗砂	$2 \times 10^{-2} \sim 6 \times 10^{-2}$	$20 \sim 50$	粉质黏土	$6 \times 10^{-6} \sim 1 \times 10^{-4}$	$0.005 \sim 0.10$
均质中砂	$4 \times 10^{-2} \sim 6 \times 10^{-2}$	$35 \sim 50$	黏土	$<6 \times 10^{-6}$	<0.005

抽水影响半径 R 是指抽水形成的降水漏斗曲线稳定时的影响半径，为水泵持续 $1 \sim 5$ d 稳定出水量后的影响半径。影响半径 R 一般通过现场抽水试验通过水文观测孔测量计算确定，即通过圆心为抽水试验孔的同一条直径上的若干水文观测孔观测到的水位变化数值，采用绘制水位曲线形成降水漏斗曲线，降水漏斗曲线与抽水前的静止水位延伸相交后形成的水平方向的半径 R，即为影响半径。也可根据测得的流量 Q 与降深 s 值通过完整潜水(承压水)涌水量计算公式求得：

$$\lg R = \frac{1.336k(2H - s)s}{Q} + \lg r \tag{3-14}$$

当基坑安全等级为二、三级时，可采用以下公式计算：

(1)潜水含水层：

$$R = 2s\sqrt{kH} \tag{3-15}$$

(2)承压含水层：

$$R = 10s\sqrt{k} \tag{3-16}$$

此外,根据工程经验,一些土层的影响半径 R 取值经验数据见表3-4。

表3-4 影响半径 R 取值经验数据

土种类	极细砂	细砂	中砂	粗砂	极粗砂	小砾石	中砾石	大砾石
粒径 (mm)	0.05~0.1	0.1~0.25	0.25~0.5	0.5~1	1~2	2~3	3~5	5~10
所占质量 (%)	>70	>70	>50	>50	>50			
影响半径 R(m)	25~50	50~100	100~200	200~400	400~500	500~600	600~1 500	1 500~3 000

(二)裂隙水降排水设计

裂隙水主要分布于风化基岩的裂隙、网状裂隙、夹层土层的孔隙中,其水量的大小与裂隙发育程度有关系,基岩内的疏干降排水可将裂隙水降至边坡最危险滑移面及基坑底部以下一定深度,从而改善边坡稳定性和建筑物基底底板抗浮稳定性。岩层内的疏干降排水包括浅层排水孔、深层排水孔、减压排水孔,岩质基坑降排水系统由截水沟、排水沟、集水井及岩层内的降排水系统组成。

1. 浅层排水孔

浅层排水孔适用于引排、疏干水平裂隙内承压水及坡面附近的裂隙水,布置方式为沿岩层裂隙在地下水位以下、隔水顶板以上按照2.0~4.0 m的间距布置(岩层透水性小的取小值),孔深为1.5~3.0 m(风化程度愈强烈取小值),排水孔倾角为顺坡向5°~10°,排水孔直径为45~75 mm。

2. 深层排水孔

深层排水孔适用于降低岩层内裂隙水压,布置方法为按4~6 m间距(风化程度弱且裂隙不发育、排水速度较慢的取小值,反之取大值)布置,孔深宜穿透潜在最危险滑动面,且长度不小于边坡高度的一半,倾角方向以穿透断层、破碎带、裂隙发育最多的地段并与主要发育的裂隙倾向呈较大角度相交为宜,排水孔直径为60~120 mm(完整—较完整基岩取小值,易坍塌和堵塞的地段取大值,排水滤管应设置滤层或采用透水软管)。

3. 减压排水孔

当基底位于基岩面或基岩内时,为确保基底抗渗稳定,可在岩体内断层破碎段、软弱夹层及节理裂隙发育的部位设置减压排水孔,通过减压排水孔的泄排或抽排,降低岩体内承压水的压力,确保基底岩层稳定和建(构)筑物基底抗浮稳定。减压排水管的结构见图3-7。布置方式为垂直于基坑底面进入基岩以下4~10 m,当基坑尚未开挖至基岩面时,可内置潜水泵抽水;当基坑开挖至基岩面时,可拆除基岩面以上的护孔管。

4. 裂隙水降排水设计原则

(1)排水孔应穿越潜在滑移面,并通过岩体内节理裂隙发育、断层破碎带及透水夹层地带才能发挥其疏排效果。

(2)在易塌孔和堵塞的地段排水滤管应设置滤层或采用透水软管,避免细小颗粒通过水流排出岩体造成裂隙变大,并应严格控制滤层质量。

(3)应保证排水孔成孔质量,避免排水孔内出现凹槽和排水管出现扭曲。

（4）围护结构和基坑底面以下的溶洞、土洞应进行超前处理或布设排水孔引流。

（三）轻型井点降水设计

1. 降水设计

（1）单井最大允许出水量 q_{max} 计算公式为

$$q_{max} = 120 \cdot r_w \cdot L \cdot \sqrt[3]{k} \quad (3\text{-}17)$$

式中　q_{max}——单根井点管的最大允许出水量，m^3/d；

r_w——滤水管的半径，m；

L——滤水管的长度，m；

k——疏干层的渗透系数，m/d。

（2）井点管设计数量 n 计算公式为

$$n \geq \frac{Q}{q_{max}} \quad (3\text{-}18)$$

（3）井点管长度 L 计算公式为

$$L = D + h_w + s + l_w + \frac{1}{\alpha}r_q \quad (3\text{-}19)$$

式中　D——地面以上井点管长度，m；

h_w——初始地下水位埋深，m；

l_w——滤水管总长度，m；

r_q——井点管间距，m；

α——单排井点取 4，双排或环形井点取 10。

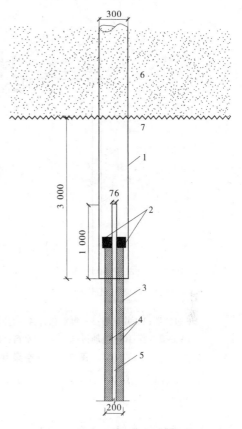

1—护孔管（可内置潜水泵）；2—封口板；3—钻孔；
4—多孔聚氨酯泡沫透水塑料滤层；5—减压排水管
（外包 60 目尼龙网）；6—基底以上需挖除的砂土层；
7—基底以下风化基岩

图 3-7　减压排水管结构示意图

2. 轻型井点设备系统

轻型井点设备包括抽水设备、集水总管、井点管（含过滤器）等，具体如下：

（1）抽水设备：由真空泵（或射流泵）、离心泵和集水箱组成，见图 3-8。

（2）集水总管：采用长度为 50～80 m、内径为 100～127 mm 的钢管制作而成，分节制作（每节长度 4～6 m），每条集水总管与 40～60 个井点管连接，连接方式为软管连接。

（3）井点管：采用长度为 5～9 m、内径为 38～50 mm 的钢管制作而成，整根或分节制作。

（4）过滤器：采用与井点管相同规格的钢管制作而成，一般长度为 0.8～1.5 m。

（四）喷射井点降水设计

喷射井点降水适用于含水层渗透系数较小、要求降深较大（8～20 m）的降水工程。该降水方法优点是降深大，但由于喷射器设在井孔底部，需要双层井点管，有两根总管与各井点相连，地面管网铺设复杂、成本高且工作效率低、管理要求高。

1. 降水设计

喷射井点降水设计与轻型井点降水设计基本相同。喷射井管间距一般为 3～5 m。基坑底面面积较大时，井点采用环形布置；基坑宽度小于 10 m 时采用单排线形布置；基坑宽度

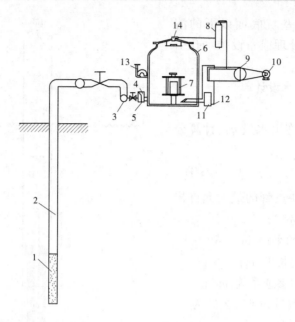

1—过滤器；2—井点管；3—集水总管；4—滤网；5—过滤室；6—深水管；7—浮筒；8—分水室；
9—真空管；10—电动机；11—冷却水箱；12—冷却循环水泵；13—离心泵；14—真空计

图 3-8　真空泵井点降水工作原理图

大于 10 m 时采用双排布置。当采用环形布置时，进出口（道路）处的井点间距可扩大为 5 ~ 7 m。

2. 喷射井点设备系统

喷射井点设备系统包括循环水箱、排水总管、井点管、供水总管、高压水泵等，见图 3-9。

（五）降水管井设计

管井降水适用于渗透系数 $k > 10^{-4}$ cm/s 的地层，如地下水丰富的砂土、砂质粉土、粉土与碎石土等。管井井点一般沿基坑周边或基坑内部（对结构施工无影响的区域）按一定的间距布置。其工作原理为利用施工的管井孔汇集周边地层中的地下水，采用潜水泵将管井内汇水抽走以降低地下水。其优点是排水量大、排水效果较好、设备简单、易于维护等，降深为 3 ~ 5 m。

1. 管井数量

含水层为松散弱含水层黏性土的地段，基坑内疏干降水管井的数量 n 约为基坑开挖面积除以单井有效疏干降水面积。根据地区经验确定单井有效疏干降水面积后（如上海、天津地区的单井有效疏干面积为 200 ~ 300 m²），对降水管井数量进行估算。

对于含水层为中等—强透水层的砂性土、粉土地段，由于砂性土、粉土渗透系数相对较大，给水能力较高，管井间距宜适当减小，以提高降水效果，砂性土、粉土的单井有效疏干降水面积一般以 120 ~ 180 m² 为宜。

除根据地区经验确定降水灌浆的数量外，还可以根据经验公式确定：

封闭式管井降水

$$n = \frac{Q}{q_w t} \tag{3-20}$$

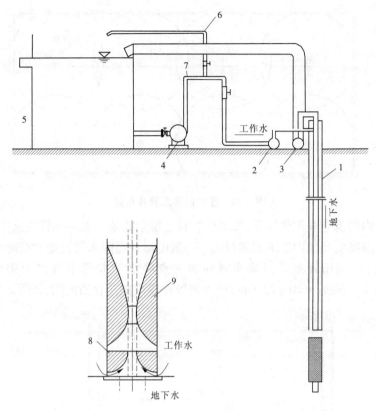

1—井点管;2—供水总管;3—排水总管;4—高压水泵;5—循环水箱;
6—调压水管;7—压力表;8—喷管;9—混合室

图 3-9　喷射井点设备系统

半封闭式或敞开式管井降水

$$n = \frac{Q}{q_w} \tag{3-21}$$

式中　q_w——单井流量,m^3/d;

　　　　t——基坑开挖前预留降水时间,d。

2. 管井间距

采用基坑外降水时,应根据基坑平面形状,沿基坑外围周边呈环形布置或沿基坑两侧呈直线形布置。管井的深度和间距应根据降水范围、深度和土层渗透性能确定。在管井间距为 10~50 m、埋深为 6~10 m 的情况下,降深可达 5 m。当在基坑内部布置管井时,应根据单井涌水量、影响半径、降深确定管井间距,采用矩形或梅花形布置,如图 3-10 所示。管井间距 D 应能使基坑范围内地下水整体下降,不应小于 $\sqrt{2R}$,一般取 10~15 m。

3. 管井深度

管井深度和场地水文地质条件、基坑开挖深度及基坑围护结构特点有关,一般管井底部埋深应在基坑底面以下 6~10 m。

(六)电渗井点降水设计

电渗井点降水即在轻型井点或喷射井点内置阴极与阳极电极,通过直流电使带负电荷的土颗粒向阳极方向移动、带正电荷的土颗粒集中向阴极方向移动,从而产生电渗现象,在

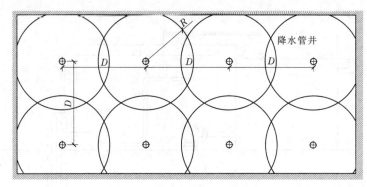

图 3-10　基坑内降水管井布置

电渗和井点管内的真空双重作用下,强制细颗粒土层中的地下水由井管快速排出,通过井点管抽水实现逐渐降低场地内地下水的目的。一般电渗井点降水与轻型井点降水或喷射井点降水结合使用,即利用轻型井点降水或喷射井点降水的井管本身作为阴极,以金属棒($\phi 50 \sim 75$ mm)或钢筋($\phi 20 \sim 25$ mm)作为阳极并埋设在井管的内侧,如图 3-11 所示。

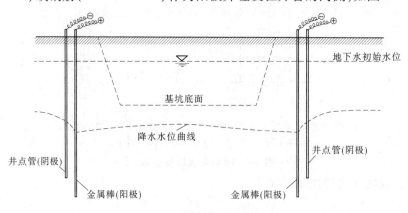

图 3-11　电渗井点工作原理

对于采用降水系统真空泵吸难以达到降水效果的渗透系数较小的细颗粒粉质黏土、黏土、淤泥及淤泥质黏土含水层(一般渗透系数 $k < 10^{-6}$ cm/s),采用电渗井点降水效果较好,既可达到对上述含水层的降水效果,又兼有加速土体的固结作用,提高土体固结强度。

电渗作用是一个很复杂的过程,在电渗井点设计前应了解场地含水层的渗透性能和导电性能,方可达到合理的降水设计和预期的降水效果。

1. 基坑涌水量计算和井点布置

基坑电渗井点结合轻型井点或喷射井点进行布置,其涌水量计算与轻型井点降水或喷射井点降水相同。

2. 电极间距

电极间距即井点管(阴极)和金属棒(阳极)之间的距离,计算方法如下:

$$L = \frac{1\,000V}{I\rho\varphi} \tag{3-22}$$

式中　　L——井点管与金属棒的间距;

　　　　V——工作电压,一般为 $40 \sim 110$ V;

I——电极深度内含水层单位面积上的电流,一般为 $1 \sim 2$ A/m²;

ρ——土的比电阻($\Omega \cdot$ cm),根据土电阻率试验确定;

φ——电极系数,一般取 $2 \sim 3$。

3. 电渗功率

电渗功率可按下式计算:

$$N = \frac{VIF}{1\ 000} \tag{3-23}$$

$$F = L_0 h \tag{3-24}$$

式中　N——电渗功率,kW;

　　　F——电渗幕墙面积,m²;

　　　L_0——井点系统周长,m;

　　　h——阳极深度,m。

(七)真空管井降水设计

真空管井降水适用于以渗透性系数较小的黏性土为主的弱含水层的降水工程,一般利用降水管井采用真空降水,可提高含水层中地下水的水力梯度,促进地下水重力渗排。在降水过程中,为达到含水层一定的疏干效果及排水速度,一般要求真空管内的真空度不小于65 kPa。

(八)深井井点降水设计

深井井点降水由钻孔、滤水管、吸水管及沉砂管四部分组成,可用混凝土管、钢筋笼或钢管制成,内径宜大于潜水泵外径50 mm。深井井点降水可采用基坑外降水或基坑内降水的方法。若采用基坑外降水,其井点布置应根据基坑的平面形状及降深要求在基坑四周呈环形或直线形布置,井点宜布置于基坑周围基坑边坡坡顶以外0.5 ~ 1.5 m,井距一般为30 m左右;当采用基坑内布置的方式时,应根据单井涌水量、降深及影响半径等确定井距,在基坑内采用矩形或梅花形布置,井距一般为10 ~ 30 m,可按图3-10所示方式布置。井点宜深入到透水层以下6 ~ 9 m,还应比降深深6 ~ 8 m。

单元四　承压水降水设计

一、概述

承压水普遍分布于具有上、下两层隔水层的含水层中,含水层的厚度起伏引起内部地下水具有一定的压力水头。在天然状态下,如承压水含水层以上的地层的自重应力大于承压水压力,则处于稳定状态;反之,则产生喷水(喷泉)、喷砂或涌土等现象。在工程建设中,大部分场地内承压水压力与上部自重应力处于稳定平衡状态,当人为地对场地进行开挖,减小了上部土体自重应力后,承压水压力可能大于上部土体的自重应力,从而引起承压水冲破开挖残余的隔水层,引起突水、涌砂或涌土,即形成所谓的基坑突涌。

突涌具有突发性,在工程建设中应提前采取措施进行预防,如未采取有效的处理措施,可能导致基坑围护结构损害甚至导致失效,从而引起基坑周边地面沉陷,危及周边已有建(构)筑物、地下管网的安全,甚至造成人员伤亡等。由于基坑突涌现象是由承压水的水头浮力引起的,在工程建设中经常采用封闭式或半封闭式的承压水减压降水方法,以减小承压

水头压力。

承压水降水设计应根据场地工程地质条件、承压水埋藏条件(埋深、厚度、水头、补给和排泄方式)、基坑支护结构类型、周边环境条件、基坑尺寸等因素综合考虑降水方案。

(一)承压水减压降水定义及适用条件

1.坑内减压降水

坑内减压降水即在基坑内部进行的减压降水,应保证降水井滤水段高于止水帷幕底部,降水井降水后基坑周边地下水通过止水帷幕底部绕流补给基坑内部,同时下部地下水通过垂直补给至降水井底部。通过降水井持续抽水,基坑内部地下水位下降,基坑外地下水下降幅度较小,基坑周边因降水产生的地面沉降也就较小;相反,如果降水井滤水段低于止水帷幕底部较多,在抽水过程中,基坑外的承压水通过水平径流补给到基坑内,抽取的地下水多为基坑周边补给的承压水,则可能引起较大的周边地面变形。

坑内减压降水适用于以下情况:

(1)止水帷幕进入承压水含水层的深度 L 不小于承压水含水层厚度 M 的 0.5 倍(见图 3-12(a)),或承压水含水层厚度太大时,止水帷幕进入承压水含水层的深度不小于 10 m(见图 3-12(b)),止水帷幕能发挥较大的止水效应。

(2)止水帷幕穿透了承压水含水层并进入下部不透水隔水层一定深度,止水帷幕起全封闭效果(见图 3-12(c))。

2.坑外减压降水

坑外减压降水与坑内减压降水相反,即在基坑止水帷幕外设置降水井,且降水井滤水段超过止水帷幕底部一定深度。如降水井滤水段高于止水帷幕底部,则基坑内地下水需经止水帷幕底部绕行至降水井位置处,而基坑外侧地下水通过水平径流补给到降水井位置,使得抽取的地下水多为基坑外侧地下水,降水效果差,而且容易引起基坑外围地面沉降变形。

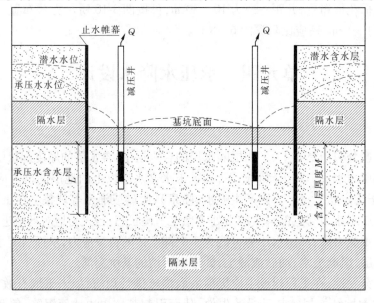

(a)

图 3-12　坑内减压降水

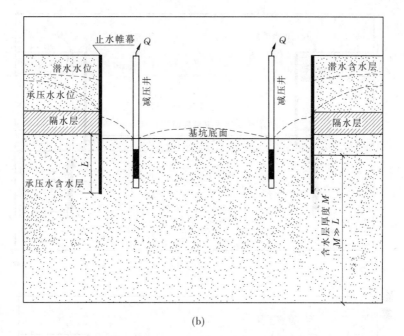

(b)

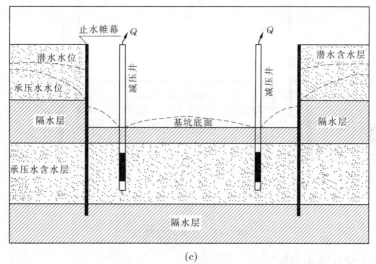

(c)

续图 3-12

坑外减压降水适用于以下情况：

（1）止水帷幕进入承压水含水层的深度 L 符合图 3-13（a）所示的长度。

（2）止水帷幕进入承压水含水层的深度 L 远小于承压水含水层厚度 M，且不超过 5 m，如图 3-13（b）所示。

3. 坑内外联合减压降水

由于实际工程场地条件一般较为复杂，不一定能满足上述所列的坑内减压降水或坑外减压降水的条件，此时，应综合考虑场地工程地质条件、水文地质条件、基坑支护类型、周边环境条件等，选择坑内与坑外联合的减压降水方案。

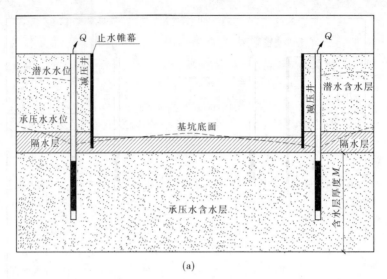

(a)

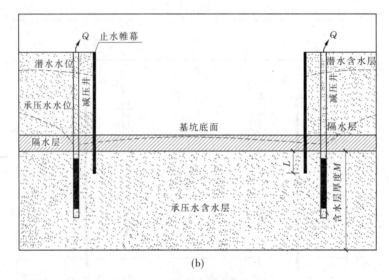

(b)

图 3-13 坑外减压降水

（二）承压水减压降水控制

承压水减压降水控制主要是地下水位控制与周边环境变形控制。地下水位控制应保持地下水位满足工程安全施工要求；周边环境变形控制即控制因降水引起的基坑周边地面和建（构）筑物、地下管网等的变形，保证工程施工期间周边环境安全稳定。主要控制方法如下：

（1）确定合理的承压水降水深度控制值，并制订详细的减压降水运行方案，预测降水施工期间可能产生的问题并制订相应的应急预案。

（2）严格执行减压降水运行方案。

（3）充分考虑井群出水量，保证井群在全部启用时最大出水量能正常排出场地。同时，还应在每口井出水口设置水量计算仪器和单向阀，抽取的地下水应通过场地排水系统排入周边市政管道，避免排入场地。

（4）在正式降水施工前,应进行一次井群试抽,以确定线路系统、水泵、排水系统、量测系统及监控系统正常运行,并确定降水施工参数。

（5）降水施工期间应对场地地下水变化情况进行不间断持续监测,对于重大深基坑工程,应考虑采用自动监测系统对承压水变化进行全程跟踪监测。

（6）降水过程中应加强对场地周边环境、支护结构、承压水变化等的监测。在降水施工前,应预置周边已有建(构)筑物、地下管网、支护结构和承压水情况为初始值,在降水期间根据监测频率进行监测,并及时整理监测资料,绘制相关曲线图,预测可能发生的问题并及时采取处理措施。

（7）当降水引起周边环境及支护结构变形超出控制警戒值时,可采取控制水位降幅、地下水回灌等措施。

二、承压水减压降水设计

（一）坑内承压水水位安全埋深

基坑内承压水水位安全埋深即保证基底抗渗稳定和基底突涌稳定要求的承压水水位,计算公式为

$$D \geqslant H_0 - \frac{H_0 - h}{f_w} \cdot \frac{\gamma_s}{\gamma_w} \quad \begin{cases} h \leqslant H_d \\ H_0 - h > 1.5 \text{ m} \end{cases} \quad (3\text{-}25)$$

或

$$D \geqslant h + 1.0, H_0 - h \leqslant 1.5 \text{ m} \quad (3\text{-}26)$$

式中　D——基坑内承压水安全埋深,m;

H_0——承压水含水层顶板埋深的最小值,m;

h——基坑开挖面深度,m;

H_d——基坑开挖深度设计值,m;

f_w——承压水分项安全系数,取值为 1.05～1.20;

γ_s——基坑底面至承压水含水层顶板之间土层的天然重度的层厚加权平均值,kN/m³;

γ_w——地下水重度,一般取 10.0 kN/m³。

（二）单井最大允许出水量

单井最大允许出水量与场地水文地质条件、设备性能、过滤器的结构、成井工艺等有关,承压水减压降水井的单井最大允许出水量可按下式估算:

$$Q = 130 \pi r_w l^3 \cdot \sqrt{k} \quad (3\text{-}27)$$

式中　r_w——过滤管半径,m;

l——过滤管长度,m;

k——承压水含水层的渗透系数,m/d。

（三）渗流解析法设计计算

可根据场地设计总涌水量和单井最大允许出水量初步计算出井数量,根据井数量和间距进行布置,在初步布置完成之后,可根据下式预测基坑内井群降水影响最小处的水位降深值:

$$s = \frac{0.366Q}{kM} \left[\lg R - \frac{1}{n} \lg(x_1 x_2 \cdots x_n) \right] \quad (3\text{-}28)$$

式中　　Q——基坑涌水量,m^3/d;

　　　　n——井数量,口;

　　　　x_n——计算点到各井中心点的距离,m。

(四)渗流数值法设计计算

在实际工程中,岩土层分布的厚度总是变化的,含水层厚度也不是均匀的,岩土体本身也并非均匀连续的介质体,承压水也可能存在水文地质天窗,这些都使得地下水分析计算较为复杂,虽然数值法只能求得某个时刻在某个区域内有限个点的近似解,但已能满足工程精度的要求。渗流数值法采用有限差分法、有限单元法综合进行求解,其求解的过程如下。

(1)建立降水影响范围内的三维非稳地下水渗流数学模型,其通式如下:

$$
\begin{cases}
\dfrac{\partial}{\partial x}\left(k_{xx}\dfrac{\partial h}{\partial x}\right) + \dfrac{\partial}{\partial y}\left(k_{yy}\dfrac{\partial h}{\partial y}\right) + \dfrac{\partial}{\partial z}\left(k_{zz}\dfrac{\partial h}{\partial z}\right) - W = \dfrac{E}{T}\dfrac{\partial h}{\partial t}, & (x,y,z) \in \Omega \\[2mm]
h(x,y,z,t)\,\big|_{t=0} = h_0(x,y,z), & (x,y,z) \in \Omega \\[2mm]
h(x,y,z,t)\,\big|_{\tau_1} = h_1(x,y,z,t), & (x,y,z) \in \tau_1 \\[2mm]
\dfrac{\partial h}{\partial n}\,\big|_{\tau_2} = \varphi(x,y,z,t), & (x,y,z) \in \tau_2 \\[2mm]
\dfrac{\partial h}{\partial n} + \alpha h\,\big|_{\tau_3} = \beta, & (x,y,z) \in \tau_3
\end{cases}
$$

$$
E = \begin{cases} S & 承压水含水层 \\ S_y & 潜水含水层 \end{cases}; \quad
T = \begin{cases} M & 承压水含水层 \\ B & 潜水含水层 \end{cases} \quad
S_s = \dfrac{s}{M}
$$

式中　　S——储水系数;

　　　　S_y——给水度;

　　　　M——承压水含水层厚度,m;

　　　　B——潜水含水层的地下水饱和厚度,m;

　　　　k_{xx}、k_{yy}、k_{zz}——各向异性主方向渗透系数;

　　　　h——点(x,y,z)处t时刻的水位值,m;

　　　　W——源汇项,$1/d$;

　　　　h_0——计算域初始水位值,m;

　　　　h_1——第一类边界的水位值,m;

　　　　S_s——储水率,$1/m$;

　　　　t——抽水累计时间,d;

　　　　φ、α、β——已知函数;

　　　　Ω——计算域;

　　　　τ_1、τ_2、τ_3——第一类、第二类、第三类渗流边界。

(2)采用有限差分法或有限单元法将上述渗流数学模型转换为渗流数值模型,并作为计算依据,编制计算程序,计算、预测降水引起的地下水位时空分布。

(3)对整个场地渗流区进行离散分析,即建立降水影响区域的物理模型。

(4)应用渗流数值分析计算程序,对所建立的研究区域的物理模型进行渗流计算、分析,并进行预测。

单元五　基坑降水井施工

一、轻型井点降水井施工

轻型井点降水系统即在基坑坡顶周边一定范围内按一定间距埋置井点管(下端为滤管),通过地面上水平铺设的集水总管将其连接起来形成连通的水管网路,通过设置在集水总管一定位置的真空泵和离心泵将井点管下部滤管内的渗水吸至管井及集水总管,再排入指定的排水通道,如图3-14所示。

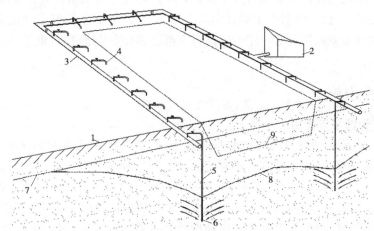

1—地面;2—水泵房;3—集水总管;4—弯联管;5—井点管;6—滤管;
7—初始地下水位;8—降水漏斗曲线;9—基坑开挖线
图3-14　轻型井点降水系统示意图

(一)井点孔施工

(1)钻孔成孔:适用于坚硬、密实地层或井点孔邻近地段存在已有建筑物,施工可采用地质钻、长螺旋钻等钻孔机械。

(2)水冲法成孔:即利用高压水的冲击力将地层冲开后,冲孔管依靠自重力跟进,砂性土层中冲孔水压力为0.4～0.5 MPa,黏性土层中冲孔水压力为0.6～0.7 MPa。

(3)钻孔直径不宜小于250 mm,孔径一般为300 mm,成孔深度宜达到滤水管底部以下不小于0.5 m。

(二)埋设井点管

(1)钻孔施工成孔的若未采用泥浆护壁施工,成孔后应立即安置井点管和滤管,并在井点管、滤管与钻孔孔壁之间回填滤料(如中粗砂、砾砂等),如采用泥浆护壁作业成孔,成孔后应进行洗孔,洗孔后及时按上述方法安装;水冲法成孔后,应及时减小水压至零,拔出冲水管,并按上述方法安装。

(2)井点管安装及滤料回填完成后,应对井点管上部与周边土体之间的空隙进行封堵,以免漏气,封堵方法为在地面以下1.0 m深度范围,自下而上在井点管周边与钻孔孔壁之间采用黏土分层捣实回填至自然地面。

（3）井点管与集水总管、集水总管与水泵采用弯联管进行连接。

（三）轻型井点降水运行

（1）为保证轻型井点降水的连续工作，施工期间应留有备用电机。井管内真空度要求一般不低于 55.3 ~ 66.7 kPa，如真空度不够，应检查管路是否漏气，及时修复处理。

（2）降水运行期间应加强监测，如对地下水位观测、孔隙水压力观测、流量观测及周边地面沉降观测等。

（四）井点拆除

在完成降水任务，后续不需要继续降水的情况下，应对井点进行拆除处理。井点管多采用倒链、起重机等设备进行拔管，拔管后遗留的孔洞采用砂或土填塞。当地下室底板对基底土层有抗渗要求时，地面以下 2 m 深度范围内可采用黏土分层回填并捣实至地面。

为防止因地下水沿拔管后产生的孔洞向上渗流，对地下室底板产生浮托力而造成底板破坏，拔管应在地下室底板具有一定的强度且上部已建建（构）筑物自重能和承压水水头平衡的情况下进行。

二、喷射井点施工

（一）井点管埋设与使用

（1）喷射井点管的埋设方法与轻型井点管相同，其成孔直径为 400 ~ 600 mm。为保证喷射井点管埋设质量，孔内泥浆宜采用套管法冲孔加水和压实空气排出。当套管内泥浆含泥量低于 5% 时，可下入井点管及滤料，后再拔出套管。喷射井点降水的井点管长度一般较大，对于长度超过 10 m 的井点管，宜采用吊车安放。为保证每根井点管与总管的连通，下入井点管时应保证水泵运转，并及时进行试抽排放井点管内的泥浆，测定井点管内的真空度，待井管出水变清后地面测定真空度不宜低于 93.3 kPa。

（2）在全部井点安装完成后，接通回水总管进行系统试抽，使工作水循环后再进行正式降水施工。

（3）安装前应对喷射井点管进行逐根清洗，吸水泵启动时吸水压力不宜大于 0.3 MPa，后再逐渐增加吸水压力至设计要求。降水过程中如发现个别井点管有翻砂、冒水现象，应立即关闭井管进行检修。

（4）工作水应保持清洁干净，试抽两天后应更换工作水，并视工作水水质污浊程度定期更换清水，以减少对喷嘴和水泵叶轮的磨损。

（二）喷射井点降水运行

喷射井点降水系统较为复杂，在井点安装完成后，应及时进行试抽，以便能提前发现和消除漏气、"死井"。在运行期间常遇到各种问题，需要对其进行监测以了解设备性能，并及时观测地下水位变化和井点出水量，通过对地下水位和井点出水量的观测，分析降水效果和降水过程中可能出现的问题，每隔一段时间测定井管的真空度，检查井点是否正常工作。此外，还应通过听、摸、看等方法来检查：

（1）听——井内水声音，无声音则可能已发生堵塞。

（2）摸——通过震动和温度感觉，有震动和能感觉因水温引起的井点管温度变化的为正常工作的井点。

（3）看——井点管在夏天为潮湿、冬天为干燥的为正常工作的井点。

（三）喷射井点常遇到的问题

（1）真空管内无真空度，可能的主要原因是井点芯管被泥沙堵住，其次可能是异物堵住喷嘴。

（2）真空管内无真空度，但井点内抽水顺畅，是由真空管本身堵塞和地下水位高于喷射器引起的。

（3）真空管内出现正压（工作水流出）或井管周围翻砂，这表明工作水倒灌，应及时关闭阀门，进行维修，可提起内管上下左右晃动，观测真空度的变化情况，真空度恢复则正常。

（4）滤管、芯管堵塞，可通过内管反水疏通，但反水时间不宜过长。

（5）喷嘴磨损和喷嘴夹板焊缝裂开，可将内管拔出更换喷嘴，重新安装内管。

三、电渗井点施工

（一）井点埋设

（1）在埋设轻型井点管或喷射井点管后，预留出布置电渗井点阴极的位置，待轻型井点或喷射井点降水不能满足要求时，再埋设金属棒作为阳极，形成电渗降水井，以改善降水效果。如阳极要求埋深不大，金属棒长度要求不大，可采用锤击法将金属棒打入地面以下。如金属棒要求埋置较深，金属棒孔可采用 75 mm 的旋叶式电钻钻孔，钻进时加水和高压空气循环排浆，成孔后插入金属棒，利用下一钻孔排出泥浆倒灌填孔，使金属棒与周边土壤电通性良好，减小电阻以利于电渗。阳极埋设须垂直，严禁与相邻阴极相接触，以免造成线路短路及设备损坏。

（2）阳极埋设于内侧并成并列交错排列。阴阳极数量宜相等，必要时阳极数量可多于阴极数量。阳极和阴极之间的间距：当阴极采用轻型井点管时宜为 0.8 ~ 1.0 m，当阴极采用喷射井点管时宜为 1.2 ~ 1.5 m。阳极露出地面高度为 0.2 ~ 0.4 m，为保证水位能降到设计要求深度，阳极入土深度比井点管底部深 0.5 m 左右。

（3）阴极采用扁钢、阳极采用 Φ 10 钢筋或电线连成通路，与直流发电机或直流电焊机的相应电极相连。

（二）降水施工运行

（1）工作电压不宜超过 60 V，电压梯度可采用 50 V/m，土中通电的电流密度宜为 0.5 ~ 1.0 A/m^2。通电前应清除阴极与阳极间地面上的导电物质，使地面保持干燥，可涂一层沥青绝缘，以避免大部分电流从地表通过而降低电渗效果。

（2）降水过程中宜采用间隔通电方法（即每通电 22 h，停电 2 h 再通电，以此类推），可消除因为电解作用而产生的气体积聚于电极附近，使土体电阻增大进而造成电能消耗。

（3）在降水施工过程中，应对电压、电流、电流密度、耗电量及水位、水量进行观测并做好记录。

四、管井降水施工

管井降水施工的总体程序包括成孔施工、成井施工、降水运行等，具体为：场地平整、放样→设备安装准备就位→复核定位→开孔→下护口管→钻进→终孔后冲孔换浆→安装井管→稀释泥浆→填滤料→止水封孔→洗井→合理安排排水管线路及电缆线路→试抽水→正式抽水→水位与流量观测并记录等。

（一）成孔

管井成孔施工一般采用冲击钻进、回转钻进、潜孔锤钻进、反循环钻进、空气钻进等方法成孔。钻进方法的选择应根据场地工程地质条件及设备能力确定，如卵石、漂石地层宜采用冲击钻或潜孔锤钻进，其他第四系松散地层宜采用回转钻进。成孔直径一般为 400 mm 以上。

管井施工过程中，可能会产生井壁坍塌、缩孔、掉块甚至是井壁失稳等问题，需对井壁采取以下护壁措施：

（1）保持井内泥浆压力与地层侧压力之间的平衡关系，保持井孔内泥浆高度高于地下水静止水位 3～5 m。同时，应注意提钻、下钻的垂直度，避免与井壁发生碰撞。对于易产生塌孔、缩颈的位置，采用泥浆护壁时应在该位置有足够的回转时间以保证泥浆护壁效果。

（2）对于遇水易产生坍塌的地层段，应选用合适的冲洗介质类型和性能，避免水对地层产生不利影响。

（3）在必要时可采用套管跟进的方式进行护壁。

（4）冲洗介质即钻进时采用的用于挟带钻进产生的岩屑、清洗井底残渣、冷却和润滑钻具及保护井壁的物质。常用的冲洗介质有清水、泥浆、空气、泡沫等。

（二）成井

管井成孔施工完成后，需安置井内装置，成井包括探井、换浆、安装井管、填滤料、止水、洗井、试抽水等。而每个工序的完成质量都影响成井效果、质量能否达到设计要求的各项指标。

1. 探井

探井即采用探井器检查井深、井径、垂直度等的工序，检查目的是保证井管顺利安装和滤料厚度均匀，探井器规格应大于管井直径、小于孔径 25 mm，长度宜为 20～30 倍孔径。检查的方法为在井孔内任意深度处探井器均应能自由灵活转动，如发现不符合要求，应立即修正井孔。

2. 换浆

换浆即对成孔泥浆进行更换的工序，成孔泥浆内多含有岩屑、残渣等，泥浆浓度较大，对井管安放产生不利影响，换浆的目的是稀释成孔泥浆，以保证井管顺利下置到预定深度和位置。稀释后泥浆的黏度一般为 16～18 s，密度为 1.05～1.10 g/cm³。

3. 安装井管

安装井管前应根据井管结构的设计进行配管，并检查井管质量是否满足要求。井管下置的方法跟管材强度、下置深度及起重机设备能力有关，并应符合下列条件：

（1）井管自重（或浮重）小于井管允许抗拉力和起重的安全负荷，可采用提吊下管法。

（2）井管自重（或浮重）超过井管允许抗拉力和起重的安全负荷，可采用托盘（或浮板）下管法。

（3）井管结构复杂和下置深度过大时，可采用多级下管法。

4. 填滤料

滤料回填前应确认完成了以下工作：井内泥浆已完成更换并符合要求、滤料的规格和数量符合要求、备齐了测量滤料回填深度的测绳和测锤等工具、井口已清理并加盖了井口盖和挖好了排水沟。

滤料质量应符合要求,滤料应按设计规格进行了筛分,不符合规格要求的滤料不得超过15%。滤料的磨圆度要好,角砾含量不能过多,严禁采用碎石作为滤料;滤料要干净,不能含有杂质和泥土,宜采用硅质砾石。

回填滤料的数量可按下式计算:

$$V = 0.785(D^2 - d^2)\alpha L \tag{3-29}$$

式中　V——滤料数量,m^3;

　　　　D——填滤料段井径,m;

　　　　d——过滤段外径,m;

　　　　L——填滤料段长度,m;

　　　　α——超径系数,一般为1.2~1.5。

填滤料的方法应根据冲洗介质的类型、井壁的稳定性和管井的结构等综合确定,常用的方法包括静水填料法、动水填料法和抽水填料法。

5.洗井

为防止井壁护壁泥浆硬化,堵塞渗水,在滤料回填完成后应及时进行洗井。洗井应根据含水层特征、管井结构及强度等因素选用合适的洗井方法。洗井方法常见的有水泵洗井、活塞洗井、化学洗井和二氧化碳洗井、空压机洗井等,简述如下:

(1)在井管强度允许时,松散含水层中的管井宜采用活塞洗井和空压机联合洗井的方法。

(2)泥浆护壁成井工艺的井壁宜采用化学洗井与其他洗井工艺相结合的方法。

(3)碳酸盐岩层地区的管井宜采用二氧化碳配合六偏磷酸钠或验算联合洗井。

(4)碎屑岩、岩浆岩地区的管井宜采用活塞、空气压缩机或液态二氧化碳等方法联合洗井。

6.试抽水

管井施工阶段试抽水的目的是检查管井出水量的大小,获取抽水施工参数(如出水量和水位变化)。试抽水采用稳定抽试验模型计算,降深为一次降深,抽水量不小于管井设计出水量,稳定抽水时间为6~8 h,抽水稳定标准为在一定时间内的出水量和水位基本处于稳定状态。

7.管井竣工验收质量标准

降水管井施工完毕后,应对管井的质量进行逐井检查和验收,并填写和签写"管井验收单"。管井的质量验收参照《管井技术规范》(GB 50296—2014)关于供水管井竣工验收的质量标准规定,其质量标准主要应有下述四个方面的内容:

(1)实测管井在设计降深时的出水量应不小于管井设计出水量,当管井设计出水量超过设备能力时,应按单位出水量检查。当邻近地段已存在处于同一种地质单元上的且管井结构基本相同的管井时,新建管井的单位出水量应与其接近。

(2)管井抽水稳定后,井水含砂量应不超过1/20 000~1/10 000(体积比)。

(3)井垂直度偏差不应大于1°。

(4)井内沉淀物的高度应小于井深的5%。

8.管井拆除

同轻型井点拆除。

五、真空管井施工

真空管井施工与降水管井的施工方法基本相同,此外,真空管井施工还应满足以下要求:

(1)集水宜采用真空泵抽气的方法,排水采用深井泵或潜水泵。

(2)井管与真空泵吸气管应严密密封相连。

(3)在单井出水口和排水总管连接位置处设计单向阀。

(4)对分段设置的真空降水管井,在基坑开挖后暴露的井管、滤管、填料层等应采取有效的封闭措施。

(5)井管内真空度不宜低于 65 kPa,宜在井管与真空泵吸气管的连接位置处安装高敏的真空压力表进行真空度监测。

六、深井井点施工

深井施工与管井施工方法基本相同。深井井管直径应大于深井泵且不小于 50 mm,钻孔孔径应大于井管直径 300 mm 以上。

单元六　基坑降水对周围环境的影响及其防范措施

一、概述

基坑开挖降水期间,由于基坑周边含水层中地下水不断向降水点渗流,在降水点附近形成降水漏斗曲线,经过长时间的抽水,降水漏斗曲线稳定之后,在降水漏斗曲线以上的含水层因土体有效应力增加,而产生不均匀固结沉降(从降水点至降水漏斗曲线边缘沉降量由大变小),引起地面不均匀沉降(见图 3-15),进而造成区间内已有的建(构)筑物产生不均匀沉降变形,甚至发生破坏,严重时可能引起重大伤亡事故。因此,对基坑降水引起的地面沉降必须采取有效措施进行控制。

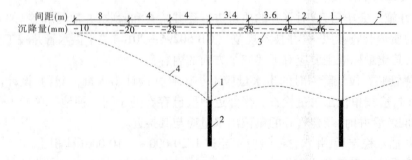

1—井点管;2—滤管;3—初始地下水位;4—降水漏斗曲线;5—地面线

图 3-15　降水引起地面沉降示意图

二、降水影响范围及地面沉降

(一)降水影响范围

降水影响范围即降水影响半径,可按下式计算:

$$\lg R = \frac{1.366k(2H - s)s}{Q} + \lg r \tag{3-30}$$

当基坑安全等级为二、三级时,可采用以下公式计算:

潜水含水层

$$R = 2s\sqrt{kH} \tag{3-31}$$

承压水含水层

$$R = 10s\sqrt{k} \tag{3-32}$$

式中符号意义同前。

(二)降水引起的地面沉降

降水引起的地面沉降可用分层总和法进行估算:

$$s = \sum_{i=1}^{n} \frac{a_{i(1-2)}}{1 + e_{0i}}\Delta p_i \Delta h_i \tag{3-33}$$

式中　　s——地面最终沉降量,mm;

$a_{i(1-2)}$——第 i 层土 100 ~ 200 kPa 的压缩系数,kPa^{-1};

e_{0i}——第 i 层土的起始孔隙比;

Δp_i——第 i 层土因降水产生的附加应力,kPa;

Δh_i——第 i 层土的厚度,m。

此外,还有其他一些理论可对降水引起的地面沉降进行计算,见表3-5。

三、井点降水对周边环境影响的防范措施

在基坑降水过程中,为防范周边已有建(构)筑物、地下管网等受到不利影响,应采取以下措施进行防范:

(1)在勘察阶段,应查明场地地下水的埋藏条件、补给与排泄的方式、场地周边地表水的分布,以及含水层的主要特征和水文地质参数等;在降水设计阶段应做好对周边环境的调查工作,综合考虑周边已有建(构)筑物及地下管网等的分布情况、基础形式和埋置情况、与基坑开挖的距离等关系、场地工程地质条件和基坑特征等,选用合理的降水方式,并分析降水对建(构)筑物、地下管网的影响,并采取一定的安全处理措施。

(2)抽水前应进行井群试抽,将出水量、降深、影响半径与周边地面沉降之间建立关系,方便以后在正式抽水过程中有效控制沉降。

(3)井点降水不能急于求成,应保持井点出水量均匀,持续缓慢抽水,防止抽水带走土层中的细颗粒。降水时要随时观察抽出的地下水是否有浑浊现象,如出现浑浊现象,则有细颗粒土被带出,会增加周围地面沉降,还会造成抽水设备堵塞、井点失效等。

(4)抽水过程应连续运行,避免间歇性抽水和反复抽水,间歇性抽水和反复抽水会引起

地面沉降量反复增加,虽然增加趋势逐步减小为零,但反复抽水引起的总的沉降量仍然会对周边环境造成危害。

表 3-5 降水引起的地面沉降计算方法

分类	特点	计算方法	说明
简化计算方法	常用综合水力参数描述各向异性的土体,忽略了真实地下水渗透流的运动规律;该方法计算较简单,误差较大	含水层 $$s = \Delta h E \gamma_w H$$ 隔水层 $$s = \sum s_i = \sum \frac{a_{vi}}{2(1+e_{0i})} \gamma_w \Delta h H_i$$	s—土体沉降量,m; Δh—含水层水位变幅,m; E—含水层压缩模量或回弹模量; H—含水层的初始厚度,m; H_i—第 i 层土的厚度,m; e_{0i}—第 i 层土的初始孔隙比; a_{vi}—第 i 层土的压缩系数, MPa^{-1};
贮水系数估算法	将抽水试验所得的 s—t 曲线用配线法求解 S_s,预测地面沉降	$$S = S_e + S_y$$ $$s(t) = U(t)s_\infty = U(t)S\Delta h$$	S—储水系数; S_e—弹性储水系数; S_y—滞后储水系数; $U(t)$—t 时刻地基土的固结度; s_∞—土体最终沉降量,m;
基于经典弹性理论的计算方法	基于 Terzaghi – Jacob 理论,假定含水层土体骨架变形与孔隙水压力变化成正比,忽略次固结作用;不考虑固结过程中含水层水力参数变化	$$s = H r_w m_v \Delta h$$ 或 $$s = H \frac{\Delta \sigma'}{\gamma_w} S_s$$	m_v—压缩层的体积压缩系数, kPa^{-1}; $\Delta \sigma'$—有效应力增量,kPa; S_s—压缩层的储水率, m^{-1}; Δh—含水层水位降深,m;
考虑含水层组参数变化的计算方法	土层压密变形与孔隙水压力变化成正比;考虑土体固结过程中的水力参数变化,更符合土体不能完全恢复非弹性变形的实际	$$k = k_0 \left[\frac{n(1-n)}{n_0(1-n)^2} \right]^m$$ $$S_s = \rho g [\alpha + n\beta]$$ 或 $$S_s = 0.434\rho g \frac{C}{\sigma'(1+e)}$$ $$a = \frac{0.434C}{(1+e)\sigma'} = \frac{0.434C(1-n)}{\sigma'}$$	k_0、n_0—含水层初始渗透系数、初始孔隙率; σ'—有效应力,kPa; $C = \begin{cases} C_c, & \sigma' \geqslant P_c \\ C_s, & \sigma' < P_c \end{cases}$ C_c、C_s—压缩指数、回弹指数; a—土体骨架的弹性压缩系数; β—水的弹性压缩系数, kPa^{-1}; m—与土有关的幂指数

(5)降水漏斗曲线越平缓,降水影响的范围就越大,而产生的不均匀沉降就越小。在降水过程中可将降水滤管布置在水平向连续分布的砂层中,或可得较平缓的降水漏斗曲线,从而减小对周边环境的影响。

(6)基坑降水应综合考虑地下水的类型、埋藏条件、补给与排泄方式等选择合理的降水方式,避免出现坑底涌砂、突涌、管涌等问题。如应对工程影响较大的基坑底部以下一定深度范围内的承压水进行抽水,以降低水头,防止基坑底部出现涌砂、突涌;若场地周边有地表水补给来源或地下水侧向渗透补给,应根据工程地质条件采用止水帷幕切断坑内、外之间的水力联系。

(7)在周边分布有对地面沉降变形控制要求较为严格的建(构)筑物、地下管网等的基坑工程,基坑降水应尽量采用止水帷幕和坑内降水相结合的降水方法,可减少因降水对周边环境的影响。

(8)降水场地外周边设置地下水回灌系统,保持需要保护地段的地下水位,可消除因降水对周边环境的影响。地下水回灌系统包括回灌井、回灌砂沟、砂井等。

四、地下水回灌技术

(一)回灌砂沟、砂井

在降水井点与需要保护的区域之间距离抽水井点≥6 m 位置处设置砂沟、砂井,砂沟宜设置在透水性较好的土层内,砂井深度应控制在稳定降水漏斗曲线以下 1 m,砂沟深度应根据降水水位曲线和土层渗透系数确定。将井点内抽水按一定时间和水量排入砂沟内,再经砂井渗透进入降水区域,可保证被保护区域内地下水位基本稳定,达到保护环境的目的。

(二)回灌井点

在降水井点与需要保护的区域之间设置一排回灌井点,回灌井点的布置和管路设备与抽水井点相似,仅增加了回灌水箱、水表和阀门等少量设备。抽水井点内抽出的地下水通过贮水箱,采用低压泵将水注入送水总管,通过送水总管注入回灌井点,抽出的多余的地下水则排入邻近市政排水管道。回灌井点的滤管长度应大于抽水井点的滤管长度 2.0~2.5 m,井管与井壁之间回填中粗砂滤料。通过回灌井点的地下水回灌,保证被保护区域内的地下水的基本稳定,从而达到保护环境的目的。

此外,回灌地下水时会产生 $Fe(OH)_2$ 沉淀物、活动性的锈蚀及不溶解的物质积聚在主水管内,注水期间应不断增加注水压力,才能保证稳定的注水量,为防止主水管被堵塞,对注水期较长的工程可采用涂料加阴极的方法,在贮水箱进出口处设置滤网,同时应保证回灌过程中回灌水清洁。

(三)回灌管井

回灌管井的回灌方法主要有真空回灌和压力回灌(常压回灌和高压回灌)两种,不同的回灌方法其适用条件、地表设备、作用原理及操作方法均有区别。

1. 真空回灌

真空回灌适用于地下水位较深(静止水位 >10 m)、渗透性能良好、滤网结构耐压和耐冲击强度较差及使用年限较长的老井、对回灌水量要求不大的井。

2. 压力回灌

常压回灌可利用0.1~0.2 MPa 的水头压力进行地下水回灌(如自来水的管网压力差产生的水头差),压力较小。高压回灌在常压回灌装置的基础上使用加压机械设备(如离心泵)加压,使回灌水产生较大的水头压力(压力可根据注水情况进行调整)。采用压力回灌对滤管网眼和含水层的冲击力较大,适用于滤网强度较高的深井。压力回灌适用范围较广,特别是地下水位较高和透水性较差的含水层,压力回灌的效果较好。

为防止地下水受污染及注水井结构腐蚀,在选择回灌水源时必须慎重考虑地下水的水质。回灌水源的水质要比原地下水的水质好,尤其是水中 Cl^-、SO_4^{2-} 等对建筑材料腐蚀性的矿物质含量要低,pH 最好在 7.0 左右,采用江河或工业排放废水应经过净化和预处理,矿物质含量要达标。

单元七　基坑降水工程案例分析

案例一　××主楼基坑降水工程

一、工程概况

××主楼位于××东路圆明园路口,地处黄浦江苏州河口交汇处。北距苏州河 60 m,东离黄浦江 120 m 左右。该拟建建筑物为长 82 m、宽 34 m、高 33 m 的六层升板结构建筑物。

基础形式采用片筏,设有半地下室车库。基础埋置深度为天然地面以下 3.40 ~ 4.20 m。该拟建建筑物东侧 10 m 处为上海人民广播电台大楼(6 层框架结构,高度 30 m,基础形式为无桩支撑的片筏基础,基础埋深 1.50 m),南侧 20 m 及西侧 16 m 处均为 4 ~ 5 层混合结构建筑物。地下水位埋深 1.5 m 左右。

因此,在基础施工时必须采取开挖支护和降水措施,并采取地下水回灌措施等,以保证电台大楼和居民房屋及该拟建建筑物基础施工安全。

二、工程地质条件

除场地表层分布的填土外,其余对基坑开挖有影响的地层的主要分布特征和物理力学指标见表 3-6。

表 3-6　工程地质条件

地层序号	土名称	颜色	厚度(m)	含水量 ω(%)	重度 γ(kN/m³)	孔隙比 e	压缩系数 a_{v1-2}(MPa⁻¹)	压缩模量 E_s(MPa)	黏聚力 C(kPa)	内摩擦角 φ(°)
②	粉土	褐黄	1.0	35.0	18.8	0.946	0.024	7.8	8	22.3
③₁	砂质粉土	灰色	6.0	38.3	18.2	1.052	0.030	6.5	8	23.0
③₂	淤泥质黏土	灰色	—	48.0	17.4	1.399	0.100	2.2	9	10.45

在基坑开挖深度范围内,主要含水层为粉土②及砂质粉土③₁,为弱—中等透水含水层,基坑涌水量一般较大,且有产生流砂的可能,基坑开挖需采取降排水措施。

三、降水井点的设计

综合考虑含水层的渗透性能、降深要求等,拟采用轻型井点降水方案。由于拟建建筑物距离东侧、西侧及南侧已有建筑物距离较近,降水必然对周边已有建筑产生影响。故在采用轻型井点降水方案的同时,考虑地下水回灌措施。

(一)降水井点的布置

主楼半地下室的平面尺寸为 34 m×82 m,挖土深度为 3.4 m,局部为 4.2 m,东侧靠近电台建筑物,受场地施工条件影响,该侧基坑侧壁限制采用 1:0.5 坡度,其余各侧采用

1:0.75的坡度,基坑开挖上口平面尺寸为 44 m×85 m。降水井点埋设剖面图如图 3-16 所示。

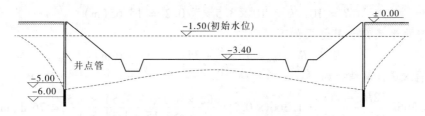

图 3-16　降水井点埋设剖面图

为尽量减小井点降水的影响范围,在提高井点管埋设质量确保降水效果的情况下,适当减小井管长度,采用 6 m 长井管(含滤水段 1.0 m)。

(二)基坑涌水量计算

地下水类型为潜水,井管未穿透含水层,故采用潜水非完整井计算公式:

$$Q = 1.366k \frac{(2H_0 - s)s}{\lg R' - \lg r_0}$$

$$R' = R + r_0$$

$$r_0 = \sqrt{\frac{F}{\pi}}$$

$$R = 10s\sqrt{k}$$

式中　R'——井群的影响半径,m;

　　　r_0——假想计算半径,m;

　　　F——降水面积,m^2;

　　　R——影响半径,m;

　　　H_0——有效深度,按表 3-7 取值。

表 3-7　不同降深时的有效深度

$\dfrac{s}{s+l}$	0.2	0.3	0.5	0.8
H_0	$1.3(s+l)$	$1.5(s+l)$	$1.7(s+l)$	$1.85(s+l)$

注:s 为降水深度(原始水位至滤水段顶部之间的高度,m);l 为滤水段长度,m。

根据地下水动力学,在不完整井中抽水时,滤水段底部以下的含水层中的地下水不全部受降水的干扰,而只影响一部分,此部分称为有效深度,有效深度以下的地下水处于不受干扰状态。

H_0 计算如下:

降深 $s=3.5$ m,滤水段 $l=1.0$ m,则

$$\frac{s}{s+l} = 0.78$$

根据表 3-7 采用内插法计算得 $H_0=8.235$ m。

$$r_0 = \sqrt{\frac{F}{\pi}} = \sqrt{\frac{44 \times 85}{\pi}} = 34.5 (m)$$

渗透系数 $k = 0.2$ m/d(根据勘察报告实测结果,如无测试资料,在初步设计阶段可采用经验值),则影响半径 R 计算结果为

$$R = 10s\sqrt{k} = 10 \times 3.5 \times \sqrt{0.2} = 15.65(\mathrm{m})$$

井群影响半径 R' 计算结果如下:

$$R' = R + r_0 = 15.65 + 34.5 = 50.15(\mathrm{m})$$

基坑涌水量计算结果如下:

$$Q = 1.366k\frac{(2H_0 - s)s}{\lg R' - \lg r_0} = 1.366 \times 0.2 \times \frac{(2 \times 8.235 - 3.5) \times 3.5}{\lg 50.15 - \lg 34.5} = 76.1(\mathrm{m^3/d})$$

基坑开挖上口线全长 258 m,布置三套轻型井点,真空泵型号为 w4 – 1。

为保证东侧电台建筑物的安全,在降水井点与电台建筑物之间布设回灌井点。南侧和西侧由于距离现有建筑物 16 m,采取适当减少井管数量和管距的措施(管距放大为 3 m)。井点布置平面图如图 3-17 所示。

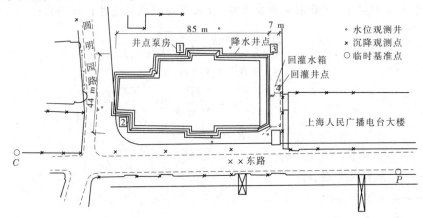

图 3-17　井点布置平面图

四、回灌井点设计

在基坑东侧与电台大楼之间设置一排回灌井点,回灌井点与降水井点相距 7 m,局部因场地条件限制,间距缩小到 3 m。回灌井点的布置平面见图 3-17,剖面见图 3-18。

回灌水量按潜水井公式计算:

$$Q = 1.366k\frac{h^2 - H^2}{\lg R - \lg r}$$

式中　Q——回灌水量,$\mathrm{m^3}$;

　　　k——渗透系数,m/d;

　　　R——影响半径,m;

　　　r——回灌井点计算半径,m;

　　　h——要求回灌后达到的动水位,m;

　　　H——不回灌时的静水位,m。

回灌井点为条形布置,影响半径计算公式为

$$R = \sqrt{\frac{3ktH_0}{u}}$$

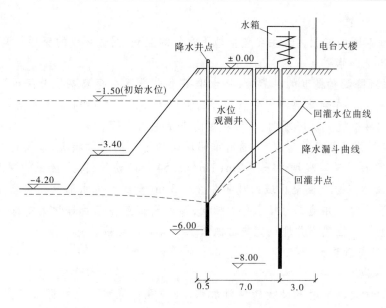

图 3-18　回灌井点剖面图

式中　　H_0——含水层厚度,m;

　　　　t——降水天数,d;

　　　　u——给水度。

计算参数选定:渗透系数 $k=0.2$ m/d,含水层厚度 H_0 取 6.5 m,降水天数 t 取 5 d,给水度 u 取 0.05,计算影响半径 R 为

$$R = \sqrt{\frac{3ktH_0}{u}} = \sqrt{\frac{3 \times 0.2 \times 5 \times 6.5}{0.05}} = 19.75(\text{m})$$

按含水层厚度 6.5 m 来计算,回灌处预计降低水位约 3 m,则静止水位 H 为 3.5 m,要求回灌后保持原地下水位的高度,即自然地面以下 1.5 m,则动水位高度 $h=6.5$ m。回灌井点的直线长度约为 30 m,作条形井点计算,则计算半径 r 为

$$r = \frac{L}{4} = \frac{30}{4} = 7.5(\text{m})$$

$$Q = 1.366k\frac{h^2 - H^2}{\lg R - \lg r} = 1.366 \times 0.2 \times \frac{6.5^2 - 3.5^2}{\lg 19.75 - \lg 7.5} = 19.49(\text{m}^3/\text{d})$$

如果使地下水回灌水位升至地面以下 -1.0 m,则动水位高度 $h=7$ m,回灌量同上可计算为

$$Q = 1.366 \times 0.2 \times \frac{7^2 - 3.5^2}{\lg 19.75 - \lg 7.5} = 23.876(\text{m}^3/\text{d})$$

回灌井点按条形布置,条形布置长度为 38 m,支管间距 3 m,数量为 13 根,井管长度为 8 m(含 1 m 滤管长度),埋置粉土层底部。支管位置装有阀门,以调节注水水量。回灌水源采用自来水,在回灌井点系统中部设置一个架空的贮水箱,这样可使回灌水具有一定的压力,以利于灌入土中。进水口设在总管中段,回灌水依靠水位差重力自流灌入土中。在水箱与总管的连接管上设置流量表、闸阀、压力表作测试用。

五、监测系统布置

降水和回灌期间的监测内容主要包括地下水位的监测、周边环境的变形监测,因此需布置水位监测孔和变形监测点。

(1)为确保沉降测量精度的可靠性,将水准基准点设置在距离基坑及降水影响范围以外的 C、P 点位置处。在南侧离降水井点较近的围墙上埋设三个临时沉降观测点,观测降水后地面沉降的发展情况。沉降观测、水位观测的布置见图 3-17。

(2)水位观测井必须灵敏可靠,能随时准确反映地下水的实际状况,以便根据地下水位的变化来调节回灌水量。观测井采用 2in(1in = 2.54 cm)铁管,降水区域的观测井管长 6 m,下部 3 m 为透水部分。回灌区域的观测井管长 3 m,全部为透水部分。观测井透水部分的制作方法及景观的砂井施工与降水井管相同,其埋设位置在基坑每边的中部剖面上及回灌井点的沿线上。水位观测井埋设完成后做渗水试验进行检验。

六、井点施工与管理

(一)井点的施工

抽水井管的埋设均采用电动旋转钻机加水、气冲孔。降水井点和回灌井点从 1981 年 12 月 17 日开始施工至 1982 年 1 月 1 日全部埋设完毕,共埋设 109 根降水井点。回灌井埋设 13 根。滤料层采用中粗砂,部分井管及观测井的滤层采用 0~3 的石屑。

降水井点按施工的先后顺序,在埋设好非回灌区域的一套井点后,于 12 月 28 日开始逐步降水,东侧回灌区的井点在回灌井点向地下水灌水一天后再开启降水。回灌井点于 1 月 2 日开始灌水,回灌区降水井于 1 月 3 日开始降水。确保了电台大楼的地下水不流失,保持原地下水的水位高度。

(二)回灌管理

回灌井点的灌水量根据地下水位的变化调节,当地下水位高时通过闸阀降低回灌水量,当地下水位低时通过闸阀加大回灌水量。由于地下渗透情况复杂、差异较大,每根回灌井都要通过闸阀调节灌水量,使整个回灌地段的地下水位基本保持一致。各回灌井回灌水量不能过大,以防回灌水从砂井中溢出。

(三)观测、记录

井点开动后即对地下水位、灌抽水量、灌水压力和降水真空度进行了全面的观测记录。

初始阶段每 2 h 记录 1 次,一周后每 4 h 记录一次,水位稳定后每 8 h 记录一次,后期则每天记录 2 次。

沉降观测在降水前即开始,开始时每天测量 1 次,水位稳定后改为每 2~3 天观测 1 次,挖土结束后改为每周 1~2 次,沉降观测以 C、P 点为基准,从 C 点到 P 点一个环路的闭合差控制在 2 mm 以内,实际测量时一般都能控制在 0~1 mm。

(四)施工过程中采取的措施

(1)因施工场地的限制,东侧的边坡坡度改小到 1:0.5 后仍不能满足悬臂梁部分和基础一起挖土及同时浇捣混凝土的要求,但挖土后由于井点降水及回灌效果都较好,坡脚地下水位一直保持在 4.5~5.5 m,边坡稳定。故采取油布保护土坡的措施后,将坡底改陡到 1:0.15 使基坑底部放大,这样满足了一次浇捣的需要。一直到施工结束边坡都没出现什么问题。

(2)回灌井处的地下水位通过调节回灌水量来控制,使其保持在 1.5 m 左右的深度。

（3）挖土结束后，基坑干燥，边坡稳定。为了减少降水对电台大楼的影响，采取了井点间断降水的措施，即根据边坡、地下水位及天气情况，每天适当停抽一定时间，停抽时灌水井点也相应暂停。停抽时加强了对地下水位及边坡的监测。

（4）在降水期间，有的水位观测井管曾出现被泥浆堵塞的情况，经采取措施疏通后，一直工作到施工结束。

七、数据整理与分析

（一）井点降水

1. 涌水量变化

井点从 1981 年 12 月 28 日起相继启动降水，1 个月左右，基坑涌水量区域稳定。前 45 d 的日平均涌水量为 70 m^3，以后稳定在 60 m^3/d 左右。

井点降水涌水量与时间关系（$Q-t$）曲线见图 3-19。

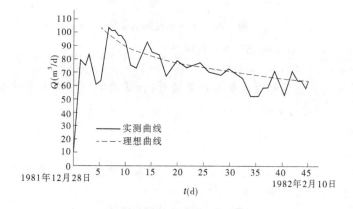

图 3-19　井点降水 $Q-t$ 曲线

2. 水位变化

降水区域的水位变化可根据观测井观测取得，见表 3-8。

地下水位降落曲线如图 3-20 所示。

表 3-8　水位观测记录

观测井号	1981 年			1982 年				
	12 月			1 月				
	28 日	29 日	30 日	1 日	3 日	8 日	15 日	18 日
1	1.20	3.35	3.75	4.99	5.21	5.74		
2	1.09	1.82	2.35	2.84	3.12	5.70		
3	1.14	1.99	2.49	2.87	3.04	3.97		
12						1.70	3.59	3.73
13						1.71	2.11	3.16

注：水位自自然地面算起。

3. 渗透系数

根据实测资料计算渗透系数：

$$k = \frac{Q(\lg R' - \lg r_0)}{1.366(2H_0 - s)s}$$

计算参数取值如下:降深 $s = 4.0$ m,H_0 根据表 3-8 内插取 9.25 m,流量 Q 取 70 m³/d,影响半径 R 根据图 3-20 取 18 m,则 $R' = 34.5 + 18 = 52.5$ (m)。

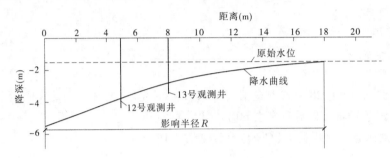

图 3-20 地下水位降落曲线

$$k = \frac{70 \times (\lg 52.5 - \lg 34.5)}{1.366 \times (2 \times 9.25 - 4) \times 4} = 1.84 \times 10^{-4} \text{(cm/s)}$$

从以上计算可以看出实际涌水量与计算接近,计算的渗透系数与原选取的渗透系数亦接近,这一数值符合场地的实际情况。

(二)回灌井

1. 水位变化

由于回灌井点提前一天回灌,所以灌水区域的地下水位基本一直保持在原有水位 1.5 m 左右。会馆区域地下水位变化见表 3-9。

表 3-9 地下水位变化情况   (单位:m)

观测井号	1982 年 1 月									4 月					5 月				
	7 日	8 日	9 日	10 日	11 日	12 日	13 日	14 日	15 日	23 日	24 日	25 日	26 日	27 日	3 日	4 日	5 日	6 日	7 日
6	1.03	0.92	1.12	1.15	1.61	1.85	1.32	1.85	2.00	1.15	1.20	1.30	1.18	1.18	1.15	1.55	1.60	1.57	1.85
7	1.04	1.15	1.18	1.21	1.56	1.13	1.26	1.25	1.25	1.41	1.46	1.41	1.41	1.41	1.41	1.42	1.41	1.42	1.41
8	1.27	1.36	0.59	0.81	0.66	0.56	1.27	1.24	1.43	1.34	1.34	1.39	1.34	1.34	1.34	1.29	1.29	1.29	1.34

注:水位自自然地面算起。

2. 沉降观测结果

为了摸清在采用回灌井进行回灌时基坑降水对周边建筑物的影响程度,在整个降水期间对各沉降观测点进行了 37 次观测,停滞降水半月后又做了一次沉降观测。

沉降观测曲线如图 3-21 所示。

观测结果表明,虽然井点降水历时 4 个半月,但由于采取了回灌措施,距降水井点仅 10 m 的电台大楼上的各观测点只有少量的沉降,对整个建筑物的结构没有产生不良影响。沉降量最大处(图 3-21 中 19 号观测点)仅为 5 mm,为电台大楼距离基坑最近的一个观测点,其沉降量发展最快的时间是土方挖到电台大楼附近的那一天,这一天的沉降量为 3 mm,这一沉降的产生是由大楼附近的土方开挖引起的,土方开挖破坏了原有土体的平衡,从而使大楼下面的土体向开挖的基坑方向产生侧向位移,造成一天下沉 3 mm,而挖土方结束后的 3

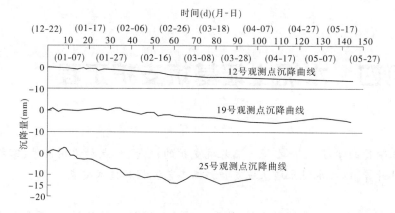

图 3-21　沉降量与时间关系曲线

个半月内,该观测点只下沉了 2 mm。电台大楼其余的观测点沉降量为 1~2 mm。而不设回灌井点的背面的几个测点(如图 3-21 中的 25 号观测点),虽然距离抽水井点较远(约 20 m),但沉降量却比较大,达到 12 mm。由此可以看出,由于采取了回灌措施,井点降水对周边既有建筑物的影响很小。

习　题

1. 基坑降水的方法有哪些,各自的适用条件是什么?

2. 疏干降水施工应注意哪些技术环节?

3. 某基坑开挖深度 10 m,地面以下 2 m 为人工填土,以下为 18 m 厚中、细砂,平均渗透系数 $k = 1.0$ m/d,砂层以下为黏土层,地下水位在地表以下 2 m。已知基坑等效半径 $r_0 = 10$ m,降水影响半径 $R = 76$ m,降水井深 20 m,不考虑周边水体影响。计算该基坑的基坑用水量。

4. 某近似方形基坑,基坑边长为 75 m(一角缺 20 m×30 m)。基坑开挖深度 8.0 m,基坑周边无重要建(构)筑物及管线。第一层为黏土,厚 4.0 m;第二层为粉质黏土,厚度 6.0 m;第三层为粉细砂层,厚度为 12.0 m,渗透系数为 1.5×10^{-2} cm/s,远离边界;以下为泥岩。地下水位埋深为 0.5 m。采用完整井降水措施,降水井管过滤器半径为 0.15 m,过滤器长度同含水层厚度。计算该基坑所需降水井的数量。

项目四　水泥土墙基坑支护工程

【学习目标】

通过对本项目的学习,了解水泥土墙基坑支护的概念、特点和适用条件,掌握水泥土墙基坑支护设计计算,以及水泥土墙基坑支护施工工艺流程和技术要点。

【导入】

实际工程中,由于地下水的影响,经常要求对基坑进行支护的同时,还要防止地下水入侵,水泥土墙兼作止水帷幕效果较好,强度不够时,可采用 SWM 工法,也可配合锚杆和内支撑等联合支护,是常用的支护结构类型。

重力式土墙支护结构适用于安全等级为二、三级的基坑,淤泥质土、淤泥基坑且基坑深度不宜大于 7 m。当与其他支护形式复合或联合支护时,也可用于一类基坑。

单元一　水泥土墙基坑支护工程的概念

水泥土墙是利用水泥材料为固化剂,采用特殊的拌和机械(深层搅拌机或高压喷射)在地基土中就地将原状土和固化剂强制拌和,经过一系列的物理化学反应,形成具有一定强度、整体性和水稳定性的加固土圆柱体(水泥土桩),由这些水泥土桩两两相互搭接而形成的连续壁状的加固体。

重力式水泥土墙宜采用水泥土搅拌桩相互搭接成格栅状的结构形式,也可以采用水泥土搅拌桩相互搭接成实体的结构形式。搅拌桩的施工工艺可采用喷浆搅拌法。

一、水泥土搅拌桩

水泥土搅拌桩法是以水泥等材料作为固化剂,通过特制的深层搅拌机械,将固化剂(浆体或粉体)和地基土强制搅拌,使软土硬结成具有整体性、水稳定性和一定强度的桩体的地基处理方法。适用于正常固结的淤泥与淤泥质土、粉土、饱和黄土、素填土、黏性土以及无流动地下水的饱和松散砂土地基。水泥土搅拌桩法分为深层搅拌法(简称湿法)和粉体喷搅法(简称干法)。其中,深层搅拌法是利用水泥(或石灰)作为固化剂,通过特制的深层搅拌机械,在一定的深度范围内把地基土与水泥(或其他固化剂)强行搅拌,固化后形成具有水稳定性和足够强度的水泥土,制成桩体、块体和墙体等加固体,并与地基土共同作用,提高地基的承载力,改善地基变形特性的一种地基处理方法,简称为 CDM 法。深层搅拌法在 20 世纪 40 年代首创于美国,国内于 1977 年由冶金部建筑研究总院和交通部水运规划设计院研制,1978 年生产出第一台深层搅拌机,于 1980 年在上海宝山钢铁总厂软基加固中获得成功。多轴深层搅拌机见图 4-1。

粉体喷射搅拌法(DJM)简称为粉喷(干喷)法,这是在软土地基中,通过粉喷机械把加固材料(石灰或水泥)的粉料,用气体喷射到地基中并与土搅拌混合,使粉喷料与地基土发

图4-1　多轴深层搅拌机

生化学作用,形成具有一定强度、水稳定性的加固体,应用于地基加固。但是当地基土的天然含水量小于30%(黄土含水量小于25%)、大于70%或地下水的pH小于4时,不宜采用该法。水泥土搅拌桩法形成的水泥土加固体,可作为基坑工程围护挡墙,还可以作为竖向承载的复合地基、被动区加固、防渗帷幕、大体积水泥稳定土等。深层搅拌桩施工现场见图4-2。

图4-2　深层搅拌桩施工现场

以粉体作为主要加固料,不需向地基注入水分,因此加固后地基土初期强度高,可以根据不同土的特性、含水量、设计要求合理选择加固材料及配合比。对于含水量较大的软土,加固效果更为显著。施工时不需高压设备,安全可靠,如严格遵守操作规程,可避免对周围环境产生污染、振动等不良影响。但由于目前施工工艺的限制,加固深度不能过深,一般为8～15 m。

（一）水泥土搅拌桩的加固机制

水泥土搅拌法加固机制包括对天然地基土的加固硬化机制（微观机制）和形成复合地基以加固地基土、提高地基土强度、减少沉降量的机制（宏观机制）。

1. 水泥土硬化机制（微观机制）

当水泥浆与土搅拌后，水泥颗粒表面的矿物很快与黏土中的水发生水解和水化反应，在颗粒间形成各种水化物。这些水化物有的继续硬化，形成水泥石骨料；有的则与周围具有一定活性的黏土颗粒发生反应，通过离子交换和团粒化作用使较小的土颗粒形成较大的土团粒；通过硬凝反应，逐渐生成不溶于水的稳定的结晶化合物，从而使土的强度提高。此外，水泥水化物中的游离 $Ca(OH)_2$ 能吸收水中和空气中的 CO_2，发生碳酸化反应，生成不溶于水的 $CaCO_3$，这种碳酸化反应也能使水泥土增加强度。通过以上反应，使软土硬结成具有一定整体性、水稳性和一定强度的水泥加固土。

2. 复合地基加固机制（宏观机制）

通过特制的施工机械，在土中形成一定直径的桩体，与桩间土形成复合地基，承担基础传来的荷载，可提高地基承载力和改善地基变形特性。有时，当地基土较软弱、地基承载力和变形要求较高时，也采用壁式加固，形成纵横交错的水泥土墙，形成格栅形复合地基；甚至直接将拟加固范围内土体全部进行处理，形成块式加固实体。

（二）水泥土搅拌桩的特点

（1）在地基加固过程中无振动、无噪声，对周围环境无污染，对软土无侧向挤压，对邻近建筑物影响很小。

（2）可根据上部结构需要灵活采用柱状、壁状、格栅状和块状等多种加固形状。

（3）可有效提高地基强度（当水泥掺量为 8% 和 10% 时，加固体强度分别为 0.24 MPa和 0.65 MPa，而天然软土地基强度仅 0.006 MPa）。

（4）施工机具比较简单，施工期较短，造价低廉，效益显著。

（三）水泥土搅拌桩施工概要

1. 粉体喷射搅拌法（粉喷桩法）

1）施工方法

通过专用的施工机械，将搅拌钻头下沉到预计孔底后，用压缩空气将固化剂（生石灰或水泥粉体材料）以雾状喷入加固部位的地基土，凭借钻头和叶片旋转使粉体加固料与软土原位搅拌混合，自下而上边搅拌边喷粉，直到设计停灰标高。为保证质量，可再次将搅拌钻头下沉至孔底，重复搅拌。

2）施工作业顺序

粉体喷射搅拌法施工工艺如图 4-3 所示。

2. 深层水泥搅拌法

1）施工方法

用回转的搅拌叶将压入软土内的水泥浆与周围软土强制拌和形成水泥加固体。搅拌机由电动机、中心管、输浆管、搅拌轴和搅拌头组成，并有灰浆搅拌机、灰浆泵等配套设备。

我国生产的搅拌机现有单搅头和双搅头两种，加固深度为 30 m，形成的桩柱体直径为60 ~ 80 cm。

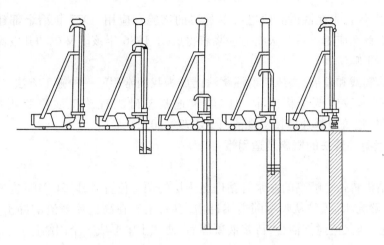

(a)搅拌机　(b)下钻　(c)钻进结束　(d)提升喷　(e)提升结束
对准桩位　　　　　　　　　　　　射搅拌

图4-3　粉体喷射搅拌法施工作业顺序

2）施工工艺

深层搅拌法施工工艺如图4-4所示。

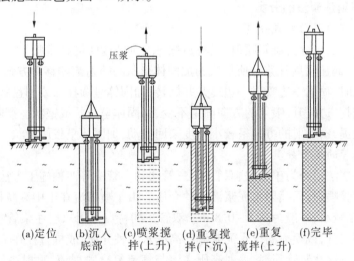

(a)定位　(b)沉入　(c)喷浆搅　(d)重复搅　(e)重复　(f)完毕
　　　　底部　　拌(上升)　拌(下沉)　搅拌(上升)

图4-4　深层搅拌法施工工艺

深层搅拌法与粉体喷射搅拌法相比有其独特的优点：

(1)加固深度加深。

(2)由于将固化剂和原地基软土就地搅拌，因而最大限度地利用了原土。

(3)搅拌时不会侧向挤土，环境效应较小。

二、高压喷射注浆法

（一）高压喷射注浆法概况

高压喷射注浆法在20世纪60年代末期创始于日本，它是将高压水泥浆通过钻杆由水平方向的喷嘴喷出，形成喷射流，以此切削土体并与土拌和形成水泥土加固体的地基处理方

法。我国于 1975 年首先在铁道部门进行单管法的试验和应用,1977 年冶金部建筑研究总院在宝钢工程中首次应用三重管法喷射注浆获得成功,1986 年该院又成功开发高压喷射注浆的新工艺——干喷法。

经过多年的实践和发展,高压喷射注浆法已成为我国常用的一种施工方法,这种地基处理方法已分别列入我国两个标准中,即《建筑地基基础工程施工质量验收规范》(GB 50202—2002)和《建筑地基处理技术规范》(JGJ 79—2012)。

(二)高压喷射注浆法的概念及适用性

1. 概念

它是利用钻机将带有喷嘴的注浆管钻进至土层的预定位置后,以 20 MPa 左右的高压将加固用浆液(一般为水泥浆)从喷嘴喷射出冲击土层,土层在高压喷射流的冲击力、离心力和重力等作用下,与浆液搅拌混合,待浆液凝固后,便在土中形成一个固结体。

2. 适用性

高压喷射注浆法适用于砂类土、黏性土、湿陷性黄土、淤泥和人工填土等多种土类,加固直径(厚度)为 0.5 ~ 1.5 m,固结体抗压强度(32.5 级水泥 3 个月龄期):加固软土为 5 ~ 10 MPa,加固砂类土为 1 020 MPa。对于砾石粒径过大,含腐殖质过多的土,加固效果较差;地下水流较大,对水泥有严重腐蚀的地基土也不宜采用。

(三)高压喷射注浆法的分类

1. 根据喷射流的移动方式分类

高压喷射注浆法可分为旋转喷射(简称旋喷)、定向喷射(简称定喷)和摆动喷射(简称摆喷)三种类别。高压喷射注浆法所形成的加固体形状与喷射流的移动方式有关。

旋喷法施工时,喷嘴一边喷射一边提升并旋转,加固体呈圆柱状或圆盘状。定喷法施工时,喷嘴一边喷射一边提升,喷射的方向固定不变,加固体呈板状或壁状。摆喷法施工时,喷嘴一边喷射一边提升,喷射的方向呈较小角度来回摆动,加固体呈较厚墙状。

2. 根据注浆管的类型分类

高压喷射注浆法可分为单管法、双管法、三管法和多管法等四种施工方法。单管法的特点是用单层注浆管喷射,只喷射水泥浆液一种介质。由于喷射流在土中衰减快,破碎土的射程较短,成桩直径较小,一般为 0.3 ~ 0.8 m。双管法的特点是用双层注浆管喷射,喷射高压水泥浆液和压缩空气,或喷射高压水泥浆液和高压水两种介质,成桩直径在 1.0 m 左右。三管法的特点是用三层注浆管喷射,喷射高压水流与气流复合喷射流,喷射高压水、压缩空气及高压水泥浆液三种介质。由于高压水流和气流的作用,地基中一部分土粒随着水、气排出地面,高压水泥浆流随之填充空隙。这种方法成桩直径较大,一般为 1.0 ~ 2.0 m,但成桩强度较低。多管法的特点是用多重管喷射,喷射超高压力水射流,切削破坏四周的土体,经高压水冲击下来的土和石成为泥浆后,立即用真空泵从多重管中抽出。装在喷嘴附近的超声波传感器及时测出空间的直径和形状,最后根据工程要求选用浆液、砂浆、砾石等材料进行填充。这种方法成桩直径可达 4 m。

(四)高压喷射注浆法的特征

(1)适用范围较广。可用于既有建筑和新建建筑的地基加固,深基坑、地铁等工程的土层加固或防水。

(2)适用土层较多。从淤泥、淤泥质土到碎石土,均有良好的加固效果。

（3）施工简便灵活。设备较简单、轻便，机械化程度高，全套设备紧凑、体积小，机动性强，占地少，能在狭窄场地施工；操作容易，管理方便，速度快、效率高，用途广泛，成本低。

（4）可控制加固体的形状和加固范围。

（5）耐久性好。可用于永久性工程中。

（6）环保效果好。用于已有建筑物地基加固而不扰动附近土体，施工噪声低，振动小。

（五）加固机制及其性质

1. 高压喷射流对土体的破坏作用

破坏土体结构强度的最主要因素是喷射压力，为了取得更大的破坏力，需要增加平均流速，也就是需要增加旋喷压力。一般要求高压脉冲泵的工作压力在 20 MPa 以上，这样就使射流像刚体一样冲击破坏土体，使土与浆液搅拌混合，凝固成圆柱状的固结体。喷射流在终期区域能量衰减很大，不能直接冲击土体使土颗粒剥落，但能对有效射程的边界土产生挤压力，对四周土有压密作用，并使部分浆液进入土粒之间的空隙里，使固结体与四周土紧密相依，不产生脱离现象。

2. 泥与土的固结机制

水泥与水拌和后，首先产生铝酸三钙水化物和氢氧化钙，它们可溶于水中，但溶解度不高，很快就达到饱和，这种化学反应连续不断地进行，就析出一种胶质物体。这种胶质物体有一部分混在水中悬浮，后来就包围在水泥微粒的表面，形成一层胶凝薄膜。所生成的硅酸二钙水化物几乎不溶于水，只能以无定形体的胶质包围在水泥微粒的表层，另一部分渗入水中。由水泥各种成分所生成的胶凝膜，逐渐发展成为胶凝体，此时表现为水泥的初凝状态，开始有胶黏的性质。此后，水泥各成分在不缺水、不干涸的情况下，继续按上述水化程序发展、增强和扩大。

3. 影响水泥土强度的主要因素

深层搅拌法所形成的固化土称为水泥土（水泥加固土），影响水泥土强度的主要因素有以下几项：

（1）水泥掺入比。

$$a_w = \frac{水泥掺入质量}{被加固的软土质量} \times 100\%$$

水泥土的无侧限抗压强度随水泥掺入比的增大而增大。工程上常用的 a_w 为 7% ~ 25%。水泥土的强度增长率在不同的掺入量区域、不同的龄期时段内是不相同的，而且原状土不同，水泥土的强度增长率也不同。

（2）龄期。水泥土的无侧限抗压强度随着龄期的增长而增大，其强度增长规律不同于混凝土，一般在 $T > 28$ d 后强度仍有较大增长。直到 90 d 后其强度增长率逐渐变缓。所以，以龄期 90 d 作为标准强度。

（3）地基土的含水量。当水泥掺入比相同时，水泥土的无侧限抗压强度随着含水量的降低而增大。含水量的降低使水泥土的密实性得到增强，从而提高了强度。

（4）水泥强度等级。水泥土的强度随水泥强度等级的提高而增大。在水泥掺入比相同的条件下，水泥强度等级每提高一个等级，水泥土的无侧限抗压强度增大20% ~30%。

（5）添加剂。不同的添加剂对水泥土强度有着不同的影响，选用合适的添加剂可以提高水泥土强度或节省水泥用量。在水泥深层搅拌法中，常选用木质素磺酸钙、石膏和三乙醇

胺等添加剂。添加剂对水泥土强度的影响程度可通过试验来确定。

（6）土中的有机质含量。有机质使土壤具有较大的水容量和塑性、较大的膨胀性和低渗透性，并使土壤具有酸性，这些因素都会阻碍水泥水化反应进行，影响水泥土的固化，从而降低水泥土的强度。因此，有机质含量的增高会明显降低水泥土的强度。

单元二　水泥土墙基坑支护工程的设计

一、深层搅拌水泥土墙基坑支护

深层搅拌水泥土墙是用特制的进入土深层的深层搅拌机将喷出的水泥浆固化剂与地基土进行原位强制搅拌制成水泥土桩，相互搭接，硬化后即形成具有一定强度的壁状挡墙，既可挡土又可形成隔水帷幕，见图 4-5。

图 4-5　水泥土墙基坑支护

二、水泥土搅拌桩围护结构的设计

水泥土搅拌桩由具有一定刚性的脆性材料构成，抗压强度远大于抗拉强度。一般采用水泥土搅拌桩作围护结构以重力式挡墙为宜。

（一）布置形式

常用的布置形式如图 4-6 所示。

（二）构造规定

（1）水泥土桩搭接宽度按照挡土和截水的要求确定，考虑截水要求时，搭接宽度 ≥150 mm；不考虑截水要求时，搭接宽度 ≥100 mm。

（2）变形不能满足要求时，采取基坑内侧土体加固或水泥土墙插筋加混凝土面板及加大墙体深度和宽度等措施。

（3）采取切割搭接法施工，在前桩未固化时进行搭接桩的施工；施工开始和结束的头尾搭接，应采取加强措施，消除搭接勾缝。

（4）施工前进行成桩工艺、水泥掺入量或水泥浆配合比试验，确定工艺和配比。浆喷深层搅拌桩水泥掺入量为被加固土体质量的 15% ~18%，粉喷深层搅拌桩水泥掺入量为被加

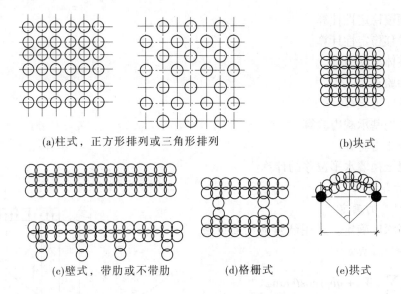

(a)柱式，正方形排列或三角形排列　　　　　　(b)块式

(c)壁式，带肋或不带肋　　　(d)格栅式　　　(e)拱式

图 4-6　水泥土搅拌桩布置形式

固土体质量的 13% ~ 16%。

（5）高压喷射注浆施工前进行试喷，确定不同土层旋喷固结体的最小直径、高压喷射注浆施工技术参数等，水灰比宜为 1 ~ 1.5。旋喷固结体的搭接宽度≥150 mm，摆喷固结体的搭接宽度≥150 mm，定喷固结体的搭接宽度≥200 mm。

（6）桩位偏差≤50 mm，垂直度偏差 ≤0.5%。插筋应在桩体施工后及时进行，插筋材料、长度、出露长度根据计算和构造要求确定。

三、水泥搅拌桩基坑支护结构计算

支护结构可分为两类：重力式支护结构与非重力式支护结构。深基坑支护以重力式支护机构为主。重力式支护结构宜采用深层搅拌水泥土桩挡墙和旋喷桩帷幕墙。非重力式支护结构一般包括钢板桩、钢筋混凝土预制桩、钻孔灌注桩挡墙、地下连续墙等。

（一）重力式水泥土墙支护结构的破坏形式

重力式支护结构的破坏包括强度破坏和稳定性破坏。强度破坏主要是水泥土抗剪强度不足，产生剪切破坏，为此需验算最大剪应力处的墙身应力。重力式支护结构的稳定性破坏包括倾覆、滑移、土体整体滑动失稳、坑底隆起与管涌等。

（二）重力式支护结构计算

1. 原理

重力式支护结构是依靠结构自身重力来维持极限平衡状态的。

2. 荷载组合

（1）土压力。

（2）重力式结构自重。

（3）地面超载包括永久荷载、道路荷载、可变地下水位和施工荷载（施工机械荷载、材料堆放荷载）以及偶然荷载（地震荷载、人防荷载）。

3. 水泥土挡墙的设计计算内容

（1）墙体尺寸的确定。

（2）抗倾覆稳定性计算。

（3）抗滑移稳定性计算。

（4）抗整体滑动验算。

（5）抗渗验算。

（6）墙体应力验算。

（7）基底地基承载力验算。

（8）格仓压力验算。

（9）水泥土挡墙水平位移的计算。

4. 具体计算步骤

1）挡墙尺寸的确定

（1）嵌固深度确定。采用圆弧滑动简单条分法（见图4-7）计算。

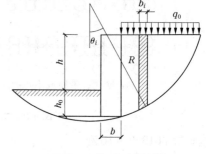

$$\frac{\sum_{i=1}^{n} c_i l_i + \sum_{i=1}^{n} (W_i + qb_i)\cos\theta_i\tan\varphi_i}{\sum_{i=1}^{n} (W_i + qb_i)\sin\theta_i} \geqslant 1.3$$

(4-1)

图4-7　嵌固深度计算

（2）墙体厚度确定。当水泥土墙底部位于碎石土或砂土时，墙体厚度设计值宜按下式确定：

$$b \geqslant \sqrt{\frac{10 \times (1.2\gamma_0 h_a \sum E_{ai} - h_p \sum E_{pj})}{5\gamma_{cs}(h + h_d) - 2\gamma_0\gamma_w(2h + 3h_d - h_{wp} - 2h_{wa})}}$$

(4-2)

当水泥土墙底部位于黏性土或粉土中时，墙体厚度设计值宜按下列经验公式确定：

$$b \geqslant \sqrt{\frac{2 \times (1.2\gamma_0 h_a \sum E_{ai} - h_p \sum E_{pj})}{\gamma_{cs}(h + h_d)}}$$

(4-3)

当按上述规定确定的水泥土墙厚度小于$0.4h$时，宜取$0.4h$。

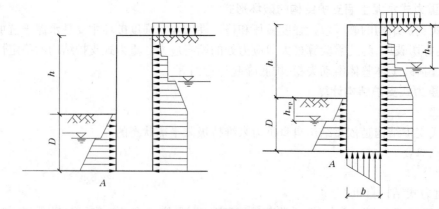

图4-8　抗倾覆稳定性验算

2）抗倾覆稳定性验算

（1）当水泥土墙底部位于碎石土或砂土时（见图4-8）：

$$K_s = \frac{M_G + M_{Ep}}{\gamma_0 (M_{Ea} + M_w)} \geqslant 1.2 \tag{4-4}$$

$$M_w = \frac{1}{6}\gamma_w (2h + 3D - h_{wp} - 2h_{wa})b^2 \tag{4-5}$$

$$M_G = \gamma_{cs} As \tag{4-6}$$

对矩形截面

$$A = (h + D)b, s = b/2 \tag{4-7}$$

式中　M_w——水泥土墙底部水的浮力对点 A 的弯矩标准值,kN·m,当内外侧水位都在支
　　　　护结构底部以下时,$M_w = 0$;

　　　M_G——水泥土墙的重度对点 A 的弯矩标准值,kN·m;

　　　s——水泥土墙横断面重心到点 A 的距离,m;

　　　M_{Ea}——水泥土墙底以上主动侧水平荷载对点 A 的弯矩标准值,kN·m;

　　　M_{Ep}——水泥土墙底以上被动侧水平荷载对点 A 的弯矩标准值,kN·m。

(2) 当水泥土墙底部位于粉土及黏性土时:

$$K_s = \frac{M_G + M_{Ep}}{\gamma_0 M_{Ea}} \geqslant 1.2 \tag{4-8}$$

式中符号含义同前。

3) 抗滑移稳定性验算

抗滑移稳定性可采用式(4-9)验算(见图4-9):

$$K_s = \frac{E_{Ep} + \mu W}{\gamma_0 E_{Ea}} \geqslant 1.2 \tag{4-9}$$

式中　E_{Ea}——作用于挡土结构上的主动侧水、土压力,kN;

　　　E_{Ep}——作用于挡土结构上的被动侧水、土压力,kN;

　　　μ——挡土结构基底摩擦系数。

4) 抗整体滑动验算

水泥土桩挡墙由于水泥掺量少,故将其看作提高了强度的部分土体,进行土体抗整体稳
定性验算(见图4-10)。

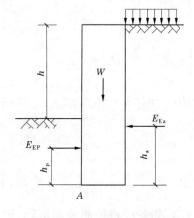

图4-9　抗滑移稳定性验算

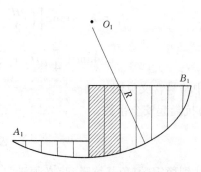

图4-10　抗整体滑动验算

5)抗坑底隆起验算

开挖面以下墙体能起帮助抵抗地基土隆起的作用,宜假定土体沿墙体底面滑动,认为墙体底面以下为一圆弧,如图4-11所示。产生滑动力的是γH 和q,抵抗滑动的则为土体抗剪强度。

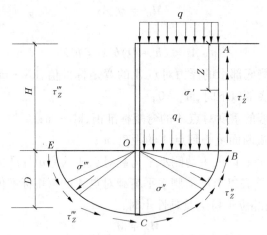

图4-11　抗坑底隆起计算

(1)土的抗剪强度。

$$\tau = \sigma\tan\varphi + c \tag{4-10}$$

AB 面上σ'应为水平侧压力,取

$$\sigma' = \gamma Z\tan^2\left(45° - \frac{\varphi}{2}\right) \tag{4-11}$$

$$\tau'_Z = \sigma'\tan\varphi + c = (\gamma Z + q)K_a\tan\varphi + c \tag{4-12}$$

$$\tau''_Z = \sigma''\tan\varphi + c$$

$$= (q_f + \gamma D\sin\alpha)\sin^2\alpha\tan\varphi + (q_f + \gamma D\sin\alpha)\sin\alpha\cos\alpha K_a\tan\varphi + c \tag{4-13}$$

(2)抗滑动力矩。

$$M_r = \int_0^H \tau'_Z dZ \cdot D + \int_0^{\frac{\pi}{4}} \tau''_Z d\alpha \cdot D + \int_0^{\frac{\pi}{4}} \tau'''_Z d\alpha \cdot D + M_h \tag{4-14}$$

将上式积分并整理后得

$$M_r = K_a \cdot \tan\varphi\left[\left(\frac{\gamma H^2}{2} + qH\right)D + \frac{1}{2}q_f D^2 + \frac{2}{3}\gamma D^3\right] +$$

$$\tan\varphi\left(\frac{\pi}{4}q_f D^2 + \frac{4}{3}\gamma D^3\right) + c(HD + \pi D^2) + M_h \tag{4-15}$$

式中符号含义见图4-11。

(3)抗隆起安全系数。

$$K_s = \frac{M_r}{M_s} \tag{4-16}$$

为达到稳定,避免基坑隆起,必须满足$K_s \geqslant 1.2 \sim 1.3$,如要严格控制地面沉降,则需增加挡墙入土深度,或进行坑底土体加固,提高土体抗剪强度,使该系数达到1.5~2.0。

6）管涌验算

当基坑地下水的向上渗流力 $j(G_D) \geqslant \gamma'$ 时，土颗粒处于悬浮状态（见图4-12），于是坑底产生管涌现象。不发生管涌的条件应为

$$\gamma' \geqslant K \frac{h'}{h' + 2t}\gamma_w \qquad (4-17)$$

$$K = \frac{(h' + 2t)\gamma'}{\gamma_0 h'\gamma_w} \geqslant 1.5 \qquad (4-18)$$

7）墙体截面应力验算

（1）压应力验算：

$$1.25\gamma_0\gamma_{cs}z + \frac{M}{KW_{压}} \leqslant f_{cs} \qquad (4-19)$$

（2）拉应力验算：

$$\frac{M}{KW_{拉}} - \gamma_{cs}z \leqslant 0.06f_{cs} \qquad (4-20)$$

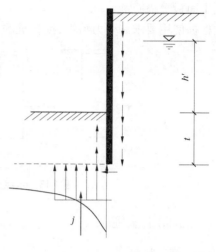

图4-12　管涌验算

单元三　水泥土墙基坑支护工程的施工

一、水泥土墙的工艺原理及特点

水泥土墙由于其材料强度比较低，主要是靠墙体的自重平衡墙后的土压力，因此常视其为重力式挡土支护。水泥土墙的特点是施工时振动小，无侧向挤压，对周围影响小；最大限度利用原状土，节省材料；由于水泥土墙采用自立式，不需加支撑，所以开挖较方便；水泥土加固体渗透系数比较小，墙体有良好的隔水性能；水泥土墙工程造价较低，当基坑开挖深度不大时，其经济效益更为显著。水泥土墙的缺点是：水泥土墙体的材料强度比较低，不适于支撑作用，所以其位移量比较大；墙体材料强度受施工因素影响较大，墙体质量离散性比较大。水泥土墙较适用于软土地区，如淤泥质土、含水量较高的黏土、粉质黏土、粉质土等。对以上各类土基坑深度不宜超过 6 m；对于非软土基坑，挖深可达 10 m，最深可达 18 m。

二、水泥土墙的构造

根据土质情况、基坑开挖深度及以往的经验，墙高 $L = (1.8 \sim 2.2)H$，墙宽 $B = (0.7 \sim 0.95)H$，H 为基坑开挖深度。为了充分利用水泥土桩组成宽厚的重力式挡墙，常将水泥土墙布置成格栅式。为保证墙体的整体性，特规定了各种土类的置换率，即水泥土面积与水泥土墙挡土结构面积的比值。同时，为了保证格栅的空腔不至于过于稀疏，规定格栅的格子长宽比不宜大于 2。

为增强墙体的整体性，在墙顶浇筑厚度不小于 150 mm 的混凝土压顶，一般在压顶内配 Φ8@150 mm 的双向钢筋网。同时，在每根桩的桩顶预留一根直径为 10 mm 的插筋插入压顶。墙体的厚度及嵌入深度应根据工程地质条件由计算确定。当基坑开挖深度小于 5 m 时，一般可按经验选取墙厚等于 $(0.6 \sim 0.8)H$，在开挖面以下嵌入深度为 $(0.8 \sim 1.2)H$，H 为基坑开挖深度。当墙体变形不能满足要求时，宜采取基坑土体加固或水泥土墙顶插筋加

混凝土面板等措施。

根据使用要求和受力特性,搅拌桩的水泥土墙挡土结构的断面形式如图 4-13 所示。

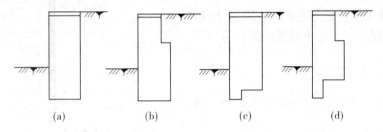

图 4-13　水泥土挡墙支护结构断面形式

三、水泥土墙施工

(一)施工机具

1. 深层搅拌机

它是深层搅拌水泥土桩施工的主要机械。目前应用的有中心管喷浆方式和叶片喷浆方式两类。前者的输浆方式是水泥浆从两根搅拌轴之间的另一根管子输出,不影响搅拌均匀度,可适用于多种固化剂;后者是水泥浆从叶片上若干个小孔喷出,水泥浆与土体混合较均匀,适用于大直径叶片和连续搅拌,但因喷浆孔小易被堵塞,它只能使用纯水泥浆而不能采用其他固化剂。

2. 配套机械

配套机械主要包括灰浆搅拌机、集料斗、灰浆泵。

(二)施工工艺

深层搅拌水泥土挡墙的施工工艺流程如图 4-4 所示。

1. 定位

用起重机(或用塔架)悬吊搅拌机到达指定桩位,对中。

2. 预搅下沉

待深层搅拌机的冷却水循环正常后,启动搅拌机,放松起重机钢丝绳,使搅拌机沿导向架搅拌切土下沉。

3. 制备水泥浆

待深层搅拌机下沉到一定深度时,开始按设计确定的配合比拌制水泥浆(水灰比宜为 0.45 ~ 0.50),压浆前将水泥浆倒入集料斗中。

4. 提升、喷浆、搅拌

待深层搅拌机下沉到设计深度后,开启灰浆泵将水泥浆压入地基,且边喷浆、边搅拌,同时按设计确定的提升速度提升深层搅拌机。提升速度不宜大于 0.5 m/min。

5. 重复上、下搅拌

为使土和水泥浆搅拌均匀,可再次将搅拌机边旋转边沉入土中,至设计深度后再提升出地面。桩体要互相搭接 200 mm,以形成整体。相邻桩的施工间歇时间宜小于 10 h。

6. 清洗、移位

向集料斗中注入适量清水,开启灰浆泵,清洗全部管路中残存的水泥浆,并将黏附在搅拌头的软土清洗干净;移位后进行下一根桩的施工。桩位偏差应小于 50 mm,垂直度误差应不超过 1%。桩机移位,特别在转向时要注意桩机的稳定。

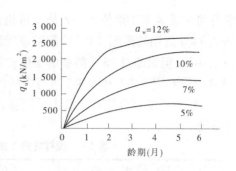

图 4-14　水泥掺入比与水泥土抗压强度的关系

(三)水泥土的配合比

水泥掺入量取决于水泥土挡墙设计的抗压强度 q_u,水泥掺入比 a_w 与水泥土抗压强度的关系如图 4-14 所示。

水泥强度等级每提高一个等级,水泥土强度 q_u 增大 20% ~ 30%。通常选用龄期为 3 个月的强度作为水泥土的标准强度较为适宜。

单元四　水泥土墙基坑支护工程的质量检测

水泥搅拌桩的质量检验和控制应贯穿在整个设计和施工的全过程,应坚持采用全面质量控制的施工监理。施工过程中必须随时检查施工记录和计量记录,因此在施工全过程中应加强旁站检查,并对照设计的施工工艺对工程桩进行质量评定。检查重点包括水泥、外掺剂质量和用量,水泥浆比重,桩长,制桩过程中有无断桩,桩体均匀性,提升时间,复搅次数、长度和补搅及是否进入硬土层及施工中有无异常情况,记录处理方法及措施等。

水泥搅拌桩施工完毕后质量检测和评定应按以下规定执行。

一、基本要求

地基处理段搅拌桩的桩距、桩径、桩长、垂直度、喷灰(浆)量应按相关规范及规定进行检测。检测工作必须认真、负责、及时,确保检测工作准确,做到资料真实、评判准确、数据可靠。检测工作由各总监办负责管理,由具有相应资质的检测单位检测,主要工作分为三方面:一是现场检测,二是室内试验,三是资料整理和报告编写。检测依据为现行相关规范标准。

二、检测工作实施细则

(一)现场检测准备工作

(1)施工方应在待检场地检测前做好场地的"三通一平"。

(2)桩头开挖及蓄水,以便泥浆泵正常工作形成循环水。

(3)钻机顺利就位。

(4)调整水平:用水准尺进行钻机水平校正。

(5)待检桩的基础资料包括工程名称、检测段落或位置、桩长、间距、布置形式、水泥用量、成桩时间等。

(6)施工方的现场协调及配合。

(二)搅拌桩检测数量和时间

(1)检测数量为总桩数的 2%,同时每个作业段不少于 3 根,成桩龄期一般应大于 28 d。

(2)抽检桩应在施工结束后,由监理工程师在桩位平面布置图上或现场随机确定;抽检桩尽可能覆盖施工单位每一种施工桩机,且均匀布置。经监理工程师批准,施工单位可申请进行14 d 龄期的检测,14 d 检测桩身质量评分标准见表4-1。28 d 检测桩身质量评分标准见表4-2。但对超过28 d 龄期的强度检测,龄期每增加1 d,强度的检测标准提高1%,14～28 d 的检测按表4-1 和表4-2 进行内插评分,最低检测时间应不低于14 d。

(3)单桩及复合地基承载力采用静载试验测试,检测数量为成桩数量的0.2%,且不少于3点。

表4-1　搅拌桩施工质量的检验与评判方法(14 d 龄期)

桩体土搅拌		土体状态与评价		无侧限抗压试验	
均匀性	记分	状态	记分	强度(MPa)	记分
均匀	100	坚硬	100	>0.9	100
较均匀	75	硬塑	75	0.6～0.9	75
较不均匀	50	可塑	50	0.3～0.6	50
不均匀	0	软塑至流塑	0	<0.3	0

注:1. 本表评分采用14 d 龄期,时间超过14 d 按相关规定进行。

2. 当每一层有多个抗压强度值时,按照试验结果并结合现场记录采用统计学的方法进行评判。

表4-2　搅拌桩施工质量的检验与评判方法(28 d 龄期)

桩体土搅拌		土体状态与评价		无侧限抗压试验	
均匀性	记分	状态	记分	强度(MPa)	记分
均匀	100	坚硬	100	>1.2	100
较均匀	75	硬塑	75	0.8～1.2	75
较不均匀	50	可塑	50	0.6～0.8	50
不均匀	0	软塑至流塑	0	<0.6	0

注:1. 本表评分采用28 d 龄期,时间不足或超过28 d 按相关规定进行。

2. 当每一层有多个抗压强度值时,按照试验结果并结合现场记录采用统计学的方法进行评判。

(三)现场检测要求

1. 检测孔位布置

检测孔位布置在搅拌桩桩身直径的1/4 处。要求按照每回次取芯,胶结段保证取芯率大于70%;取芯后的空洞应及时用5～20 mm 级配碎石回填。

2. 桩身检测

桩身检测采用成桩后钻孔取芯,桩体三等分段各取芯样一个。

3. 取样注意事项

(1)采用回转钻进方法进行钻孔取芯。

(2)根据桩身实际情况控制回次进尺,准确确定取样位置。

(3)根据桩身的实际情况采取适宜的钻进、取芯工艺。

(4)提升前,为使土样根部与母体顺利分离,可回转2～3 圈,使取土器与土壁的摩擦力或黏着力有一定增长之后再提升,以便顺利切断根部,减少逃样的可能性。提升时要做到平稳,切勿突然升降或碰撞孔壁,以免芯样失落。

（5）芯样取出后，要及时密封保存，以保证天然状态。

（6）原状芯样应立即编号，注明时间、工程名称、检测桩号、深度、芯样名称等。

4. 芯样描述

（1）现场技术人员要通过钻进过程判断并描述桩体土特征及桩体连续性，并判断桩长。

（2）观察并描述芯样水泥土搅拌及喷灰（浆）的均匀程度、成桩状态。

（3）现场技术人员负责芯样编号、对桩身的描述记录，描述内容包括：①芯样性质：土/（弱或未胶结）水泥土/胶结水泥土；②颜色：灰褐色/灰黑色/黄褐色/黄灰色等；③状态：流塑/软塑/可塑/硬塑/坚硬；④搅拌及喷灰（浆）均匀性（分级标准见表4-3 和表4-4）；⑤其他。

表4-3　搅拌桩体土芯样描述标准

搅拌均匀性	现场取芯情况
搅拌均匀	水泥土搅拌纹理清晰，无粒、块胶结水泥（土），无片层（一层水泥一层土）状
搅拌较均匀	水泥土搅拌纹理（较）不连续，含胶结水泥（土）粒、块且颗粒直径小于 1 cm，无片状层状
搅拌不均匀	水泥土无搅拌纹理，夹胶结水泥（土）块或较多水泥富集块，且胶结水泥（土）块直径大于 1 cm，或有片层状结构

表4-4　喷灰（浆）桩体土芯样描述标准

喷灰（浆）均匀性	现场取芯情况
喷灰（浆）均匀	水泥土颜色（基本）一致，整体无大的差异
喷灰（浆）较不均匀（搅拌较均匀）	水泥分布较均匀，局部水泥不足（较少）段长度小于 10 cm
喷灰不均匀	水泥分布较不均匀，大部分呈间隔状分布，且水泥不足（较少）段长度大于 10 cm

（四）静载荷试验

静载荷试验由项目公司或监理工程师根据相关规范结合施工现场具体情况确定。

根据选定的位置（段落），每个位置（段落）测 3 点，测试采用单桩或单桩复合地基的形式。本次试验采用慢速维持荷载法进行，根据场地条件，拟采用钢梁上配置重物的形式（堆重法）提供试验所需反力，通过油压千斤顶分级施加荷载。依据《建筑地基处理技术规范》（JGJ 79—2012）的有关规定，试验加荷可分为 8 ~ 12 个等级，总加荷量不应少于设计要求值的 2 倍。每施加一级荷载，在加载前、后应各测读承压板沉降一次，以后每隔 0.5 h 测读一次，当 1 h 内沉降增量小于 0.1 mm 时即可施加下一级荷载。

出现下列现象之一时，可终止试验：

（1）沉降急剧增大，土被挤出或承压板周围出现明显的裂缝。

（2）累计沉降量已大于承压板宽度或直径的 6%。

（3）当达不到极限荷载，而总加荷量已为设计值的 2 倍以上。

为保证整个试验工作的顺利进行，对试验场地要求如下：由于本试验为大型结构试验，

为防止意外事故发生,每个试验场地应设安全协理员一名;试验场地要求平整、通畅,水电设施齐全,应保证车辆及试验检测设备正常、安全进出;测试点位应事先进行放线对中定位(包括单桩及桩间土两部分),尽量为测试工作创造有利条件;每一测试点位均应铺设 50 ~ 150 mm 中砂或粗砂进行找平;试验期间严禁闲杂人员及车辆进入试验场地来回走动。

检测完毕后提供完整的试验报告,给出复合地基承载力特征值以及相应的 $Q—S$ 曲线。

三、室内试验

(一)开样加工试样

(1)开样前应检查水泥土的密封情况,标签是否完整、字迹是否清楚。

(2)开样时不得撕坏标签,根据水泥土试样的实际情况,当变化较大时,可切 2 ~ 3 块作为平行试样。

(3)试样加工时两端面应平整,试样两端面不平整度误差不得大于 0.5 mm,其他可根据实际情况有所调整。

(4)两端面应垂直于试样轴线,最大偏差不得大于 1°。

(5)试验高度与直径之比宜为 1.0 ~ 2.0(根据试样软硬程度做适当调整)。

(6)加工好的试样连同原标签送专人记录。

(二)记录测试

(1)记录人详细记录原始标签上的如下内容:工程名称、施工地点、标段里程号、试样野外编号、水泥图样采集深度、取样日期、桩排号及试验中发现的问题。

(2)对试样进行室内描述,以校核野外记录。

(3)在试样适当部位精确测量其高度、直径,精确到 1 mm。试样形状如不完整,应在记录表中注明。

(4)试样记录测量完毕后,立即送实验室由专人进行单轴无侧限抗压试验。

(5)在准备过程中应确保试样含水量无变化。

(三)无侧限抗压强度试验

(1)试验机由专人操作。

(2)将试件置于试验机承压板中心,调整球形座使试件两端面与上、下板均匀接触。

(3)以每秒 0.2 ~ 0.5 MPa 的速度加荷(对软弱及易散土样可适当降低加荷速度),在试样接近破坏时,应停止调节试验机油门,直至试样破坏,记录破坏荷载,精确到 0.01 kN。

(4)有条件时应尽可能在现场进行试验,以免运输过程中对芯样强度造成影响。

(四)试验成果整理

(1)按下式计算水泥土单轴无侧限抗压强度:

$$R = P/A \tag{4-21}$$

式中　R——水泥土单轴无侧限抗压强度;

　　　P——试件破坏荷载,N;

　　　A——试件截面面积,mm^2。

(2)相关试验人员在记录表中签字,经审核盖章后送交报告编写人。

(五)水泥土室内抗压试验设备

(1)压力机或万能试验机及其配套附件,压力机的精度要求达到 0.01 kN。

（2）切割机、磨石机。

（3）切土工具：切土刀、钢丝锯。

（4）其他：盛样盘、卡尺、直尺等。

四、质量评定和报告编写

（一）报告内容

搅拌桩检测报告内容包括简要介绍工程概况及检测日期；检测试验方法主要包括现场桩位的确定方法及现场测试方法；搅拌桩桩身质量评价表内容包括桩位里程及桩排号、桩身质量综合得分；每一检测桩的柱状图主要包括桩位里程、桩排号、龄期、每一层的厚度、每一深度处的无侧限抗压强度值；有静载试验点的桩位宜在静载试验后对该桩进行钻孔取芯；对于有静载试验点的桩位及其所在段，桩身质量应根据静载试验结果、取芯结果等进行综合评定等。

（二）桩身质量评定办法

可根据现场测试的桩身芯样描述和芯样的室内无侧限抗压强度试验评判搅拌桩的桩身质量。根据表4-1和表4-2对每根桩的桩身质量进行评价，分为优良、合格、不合格三个等级。根据综合得分情况评价桩体的质量，分数为85～100的评为优良，70～85的评为合格，小于70的评为不合格。

搅拌桩桩身质量的检测与评判方法如下。

1. 评判因素

桩体土每一层评判综合三方面因素：搅拌及喷灰（浆）均匀情况、桩体土状态、桩身无侧限抗压强度。其中，搅拌及喷灰均匀情况按20%计，桩体土状态按20%计，桩身无侧限抗压强度按60%计。算出该层分数，再用厚度加权，算出该桩的综合得分。

2. 不合格桩的判定

当出现以下情况时，均判为不合格桩：

（1）实测桩长（胶结水泥土段与水泥土段合计长度）小于设计桩长。

（2）某层的无侧限抗压强度为表4-1（或表4-2）中所列最小值，且该层厚度大于1.0 m。

3. 报检段总体评价及补救措施

报检段经检测应全部检测合格；不合格桩数超过抽查桩数的10%，表明报检段整批桩不合格，由施工单位返工；不合格桩数少于抽检桩数的10%。

若14 d检测后不再申请进行28 d复检或28 d检测的不合格桩数少于10%，可采用以下补救措施：在不合格桩附近，按不合格桩数量1:2的比例进行补桩；补桩后应对补桩进行检测，检测标准提高一级，补桩经检测应全部合格；补桩中有1根桩不合格，表明报检段整批桩不合格，将对该段返工。

（三）报告流程

（1）现场试验负责人在阶段工作结束后2 d内将现场记录归纳汇总送交报告编写人。

（2）室内试验负责人在试验工作结束后2 d内将试验成果整理汇总后送交报告编写人。

（3）报告编写人根据规定要求，分析整理资料，3 d内完成报告初稿，送项目负责人审阅。

单元五　水泥土墙基坑支护工程案例分析

上海浦东新区××小区基坑围护工程

一、工程概况

上海××花园位于浦东桃林路、灵山路。拟建场地内将建四栋高层建筑及地下车库、商场、会所,地下 1 层,基坑开挖深度为 3.65~4.43 m。平面形状呈矩形,基坑占地面积约 5 160 m²,围护周长为 523 m。

二、周围环境及地质资料

(一)周围环境

基坑东、南两侧临马路,西、北两侧临小区,马路下均有市政管线通过,基坑边离桃林路距离较近,最近的电力管线距基坑边约 3 m;小区内有多栋六层住宅楼及招商中心,均为天然地基条形基础,建筑物距基坑边约 10 m。

(二)地质资料

拟建场地地面绝对标高约 4.1 m(吴淞零点,下同)。

在拟建场地钻探所达深度范围内地基土层均属第四系沉积物,主要由饱和黏性土、粉土、砂土等组成,场地土的类型为软弱场土。第③层砂性较重,渗透系数较大,当基坑开挖至底部时,在基坑内外水头差的作用下,土体易产生管涌、流砂等现象,施工时须特别注意。地下水位在地面下 1.2~1.75 m。地基土的物理力学性质指标见表 4-5。

表 4-5　地基土物理力学性质综合成果(围护设计参数)

层 名	土层名称	重度 γ (kN/m³)	固结快剪		渗透系数 K ($\times 10^{-7}$ cm/s)	
			c (kPa)	φ (°)	K_H	K_V
①	填土					
②	黏土	18.70	22.0	12.5	1.04	24.6
③	淤泥质粉质黏土夹砂质粉土	18.20	7.0	20.0	5 150	3 790
④	淤泥质黏土	17.10	14.0	10.5	20.0	4.03

(三)结构形式

根据总平面图的布置,整个场地较为狭长,近马路两侧有地下管线需要保护,且桃林路一侧离开较近;另外两边有多栋六层住宅楼及招商中心需要保护,因此围护结构形式考虑采用既安全经济又利于加快工程进度的水泥土搅拌桩重力式结构,具体方案如下:

(1)围护墙采用双头水泥土搅拌桩,墙厚 2.7~3.2 m,桩深 8 m,内排加至深 10.5 m,搅拌桩水泥掺量为 13%。

(2)围护墙体顶部为现浇钢筋混凝土压顶板,板厚 0.15 m,以加强墙体的整体性。

(3)围护墙体与钢筋混凝土压顶板之间设置 Φ12@1 000 的连接钢筋,长 1.5 m。

（四）施工要求

（1）水泥掺量通过掺和比试验确定，一般水泥掺和比为 13%（质量比），局部暗浜区域掺量加大为 15%，水泥采用普通硅酸盐水泥，水灰比为 0.45～0.55。

（2）开挖时水泥土搅拌桩的强度要求：无侧限抗压强度不低于 0.8 MPa，抗剪强度不低于 0.2 MPa。

（3）施工单位可根据土方开挖的时间要求掺加适量的外加剂以利于早期强度的提高，水泥土搅拌桩的养护期不得少于 28 d。

（4）相邻桩施工间隙时间不得大于 16 h，否则认为出现冷缝，应采取补救措施。

（5）钢筋混凝土顶圈板混凝土强度等级为 C25，主筋净保护层厚度为 30 mm。

（五）土方开挖、基坑降水要求

（1）土方开挖根据施工情况合理确定分区、分层开挖顺序。

（2）土方开挖必须分层进行，分层厚度不大于 2.0 m。必须严格控制相临分区之间的土层高差（一般为 2 m 左右），必须确保土坡自身稳定。

（3）场内堆载必须在坑边 10 m 以外，10 m 以内堆载不得大于 20 kN/m^2。

（4）坑内排水沟不得靠坑边布置。

（5）为便于基坑开挖和减少围护结构在开挖中变形，基坑内应设置井点预降水。水位宜降至基坑开挖面以下 0.5～1.0 m。

（6）井点降水应在基坑开挖前 2 周以上完成布设并开始降水。

（7）根据上海地区土质特点，井点应采用真空形式，确保降水效果。

（8）基坑内降水应注意坑内、外地下水位观测，防止影响周围环境。

（六）监测要求

为确保工程施工，附近建筑物、道路和地下管线等的安全，及时预报施工中出现的问题，指导施工，必须进行如下施工监测：

（1）墙体水平变形监测（测斜）。

（2）墙顶变形及沉降监测。

（3）基坑外地面沉降监测。

（4）基坑内、外地下水位监测。

（5）附近地下管线的变形监测。

（6）附近建筑物沉降及倾斜监测。

（七）施工情况简介

（1）围护搅拌桩施工初期，由于施工工期紧张，搅拌桩施工速度比较快，造成相近的道路路面上抬 23 mm，路沿石开裂，后来调整了施工顺序，由外排向内排后退施工，并采取了减慢施工速度、调整施工参数等措施，有效控制了施工搅拌桩阶段对周边环境的影响。

（2）基坑土方开挖阶段，通过分层分块的施工措施，围护墙顶的位移得到了有效的控制，一般边的墙顶位移都不大于 30 mm，长边中段的最大变位为 38 mm，相邻地面沉降最大 21 mm，管线最大沉降 8 mm。

项目小结

　　本项目重点论述了水泥土墙基坑支护的概念,水泥土墙基坑支护的结构特点、设计计算,水泥土墙基坑支护施工与检测等内容。水泥土墙设计计算中,重力式水泥土墙的稳定性和承载力验算是重点内容之一。按照《建筑基坑支护技术规程》(JGJ 120—2012)要求,可分别从重力式水泥土墙的滑移稳定性、倾覆稳定性、圆弧滑动稳定性、坑底隆起稳定性和重力式水泥土墙墙体正截面应力等方面进行计算校核。结构方面,重力式水泥土墙一般采用水泥搅拌桩相互搭接成格栅状的结构形式,其嵌固深度对淤泥质土不宜小于 $1.2h$(h 为基坑深度),对淤泥不宜小于 $1.3h$;重力式水泥土墙的宽度,对淤泥质土不宜小于 $0.7h$,对淤泥不宜小于 $0.8h$。水泥搅拌桩的搭接宽度不宜小于 150 mm。水泥土搅拌桩的施工应符合现行行业标准《建筑地基处理技术规范》(JGJ 79—2012)的规定。重力式水泥土墙的质量检验应采用开挖方法检验水泥土搅拌桩的直径、搭接宽度、位置偏差;采用钻芯法检验水泥土搅拌桩的单轴抗压强度、完整性、深度。单轴抗压强度试验的芯样直径不应小于 80 mm。检测桩数不应小于总桩数的 1%,且不少于 6 根。

习 题

　　1.关于水泥土墙插入基底以下深度 h_d 的确定,以下说法正确的是(　　)。

　　A.由抗倾覆稳定确定　　　　　　　　B.由抗坑底隆起稳定决定

　　C.由抗渗透破坏确定　　　　　　　　D.由抗倾覆稳定和抗渗透破坏决定

　　2.如图 4-15 所示,在砂卵石地基中开挖 10 m 深的基坑,地下水与地面齐平,坑底为基岩。用旋喷法形成厚度 2 m 的截水墙,在墙内放坡开挖基坑,坡度为 1:1.5。截水墙外侧砂卵石的饱和重度为 19 kN/m³,截水墙内侧砂卵石重度为 17 kN/m³,内摩擦角 μ =35(水上水下相同),水泥土截水墙重度为 γ =20 kN/m³,墙底及砂卵石土抗滑体与基岩的摩擦系数 m =0.4。试问该挡土体的抗滑稳定安全系数最接近于下列何项数值?(　　)

　　A.1.00　　　　　　B.1.08　　　　　　C.1.32　　　　　　D.1.55

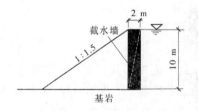

图 4-15　习题 2 图

　　3.某饱和软土中的重力式水泥土挡墙,土的不排水抗剪强度 c_u = 30 kPa,基坑深度为 5 m,墙底埋深为 h_d =4 m,滑动圆心在墙顶内侧 O 点,滑动半径 R =10 m。按图 4-16 所示沿圆弧滑动面滑动,计算每米宽度上的整体稳定抗滑力矩最接近哪个值?(　　)

　　A.1 680 kN·m　　　B.4 670 kN·m　　　C.7 850 kN·m　　　D.9 410 kN·m

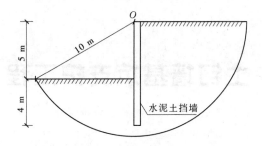

图 4-16　习题 3 图

项目五　土钉墙基坑支护工程

【学习目标】

通过对本项目的学习,能够理解土钉墙支护理论,了解土钉墙的各种类型与构造,掌握土钉墙的计算过程,熟悉土钉墙设计过程与内容,达到指导设计与施工的目的。

【导入】

土钉墙基坑支护结构是目前针对较深基坑最常用的支护形式。因其可根据需要进行多功能组合,故能满足各种复杂地质条件及周边环境要求。

土钉墙支护技术是 20 世纪 90 年代研究开发成功的一项基坑支护技术。目前,凭借其造价低、结构简单、适用范围广等优点,已经在全国得到广泛的应用。

常用的土钉墙支护形式主要分为土钉墙和复合土钉墙两类。

单元一　土钉墙基坑支护工程的构造、原理与适用范围

土钉墙是由作为主要受力构件的土钉,被加固的原位土体,喷射混凝土面层,置于面层中的钢筋网共同组成的重力式挡土墙,简称为土钉墙。为防止雨水及地下水的渗透对土钉墙造成破坏,一般在有地下水的坡面上按一定间距布置泄水管,同时坡顶和坡底分别设置挡水墙和排水沟,共同组成支护体系。

土钉墙的结构如图 5-1 所示。

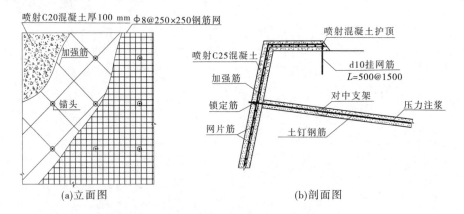

(a)立面图　　　　　　　　　　　(b)剖面图

图 5-1　土钉墙的结构

复合土钉墙是由土钉墙与一种或若干种轻型支护技术(预应力锚杆、微型桩等)或截水帷幕(深层搅拌桩、喷射搅拌桩、旋喷桩等)组合成的支护截水体系。根据不同的组合,复合土钉墙主要有以下几种形式:截水帷幕复合土钉墙、预应力锚杆复合土钉墙、微型桩复合土

钉墙,以及以上两种及两种以上形式复合土钉墙。复合土钉墙具有支护能力强,适用范围广,可超前支护,并兼备支护、截水等性能,是一项技术先进、施工简便、经济合理、综合性能突出的深基坑支护技术。

复合土钉墙技术标准按《复合土钉墙基坑支护技术规范》(GB 50739—2011)执行,其主要组成要素土钉墙、预应力锚杆、深层搅拌桩、高压喷射注浆桩等应符合《建筑基坑支护技术规程》(JGJ 120—2012)、《复合土钉墙基坑支护技术规范》(GB 50739—2011)等技术标准的要求。

帷幕桩一般桩为500~800 mm,桩体相互搭接形成止水帷幕,起到截水的作用。内插钢管或型钢,可起到增大抗弯、抗剪强度的作用;嵌固深度可根据基底以下隔水层位置、抗渗透破坏、抗基底隆起及整体稳定性验算确定,桩顶可设置通长冠梁,进而增强支护体系的整体稳定性。

适用范围:适用于基坑安全等级二级或三级的临时基坑支护。可用于素填土、粉质黏土、粉土、砂土、碎石土、全风化或强风化岩,夹有局部淤泥质土的地层中也可采用。可在坑外不降水的条件下采用,解决了在城市建设中因环境限制不宜采用人工降水的难题;在无环境限制时,可垂直开挖与支护,易于在场地狭小的条件下方便施工。在工程规模上,软土地层中基坑开挖深度不宜大于6 m;在其他地层中,基坑直立开挖深度不宜大于13 m,可放坡时基坑深度不宜大于18 m。可根据具体条件灵活、合理地应用。

单元二　土钉墙基坑支护工程的设计

一、一般规定

土钉墙基坑支护设计应包括下列内容:

(1)根据《建筑边坡工程技术规范》(GB 50330—2013)及《复合土钉墙基坑支护技术规范》(GB 50739—2011)的规定、周边环境情况及工程经验,对基坑周边坡面进行划分,确定各坡面的安全等级,初步选定各剖面的支护形式。

(2)根据岩土工程勘察报告选定各土层的设计参数,并根据规范取值要求做出选择和调整。

(3)支护构件设计。

(4)对支护体内部稳定性和整体稳定性进行设计计算。采用总安全系数设计法计算土压力,荷载和材料性能的标准值作为计算值。

(5)各构件及连接件的构造设计。

(6)周边环境保护要求,变形监测要求、监测控制标准。

(7)地下水和地表水处理。

(8)土方开挖及坡道预留设计。

(9)施工工艺及技术要求。

(10)质量检验和检测要求。

(11)应急措施要求。

(12)施工图纸交专家论证,修改后出图。

二、一般要求

复合土钉墙基坑支护方案应根据工程地质与水文地质条件、周边环境条件、施工条件及使用条件等因素,通过工程类比和技术经济指标比较确定。

设计计算时可取单位长度按平面应变问题分析计算。支护结构的构件强度、基坑稳定性、锚杆抗拔力等应按承载力极限状态进行验算,支护结构的位移及基坑周边环境的变形计算应按正常使用极限状态进行验算。

侧压力计算宜采用直剪固结快剪指标或三轴固结不排水剪指标。稳定性验算时,饱和软土宜采用三轴不固结不排水剪、直剪快剪指标或十字板剪切试验指标,粉土、砂性土、碎石土宜采用原位测试取得的有效应力指标,其他土层宜采用三轴固结不排水剪或直剪固结快剪指标。

土钉墙基坑支护设计和验算采用的岩土性能指标应根据地质勘察报告、基坑降水固结的情况,按相关参数试验方法并结合邻近场地的工程类比、现场试验做出分析判断后合理取值。

土钉墙基坑支护设计中,除考虑土体压力及水压力外,还应考虑地面附加荷载。如车辆、机具、材料堆放及周边建筑荷载,按荷载的实际作用值作为标准值。地面的均布荷载按实际作用值计算,实际值小于 20 kPa 时按 20 kPa 取值。

土钉与土体界面之间黏结强度 q_{sk} 宜按照《复合土钉墙基坑支护技术规范》(GB 50739—2011)或表 5-1 取值。

三、特殊环境要求

(1)土钉或锚杆的设置不应对既有建筑、地下管线及邻近后续工程造成损害。

(2)季节性冻土地区应根据冻胀及融陷对复合土钉墙的不利影响采取相应的防护措施。

(3)基坑内设置车道时,应验算车道边坡的稳定性,并采取必要的加固措施。

表 5-1　土钉与土体界面之间黏结强度标准值 q_{sk}　　　　　　　　(单位:kPa)

土的名称	土的状态	黏结强度标准值 q_{sk}
素填土	—	15 ~ 30
淤泥质土	—	10 ~ 20
黏性土	流塑	15 ~ 25
	软塑	20 ~ 35
	可塑	30 ~ 50
	硬塑	45 ~ 70
	坚硬	55 ~ 80
粉土	稍密	20 ~ 40
	中密	35 ~ 70
	密实	55 ~ 90

续表 5-1

土的名称	土的状态	黏结强度标准值 q_{sk}
砂土	松散	25 ~ 50
	稍密	45 ~ 90
	中密	60 ~ 120
	密实	75 ~ 150

注:1. 钻孔注浆土钉采用压力注浆或二次注浆时,表中数值可适当提高。

2. 钢管注浆土钉在保证注浆质量及倒刺排距 0.25 ~ 1.0 m 时,外径 48 mm 的钢管,土钉外径可按 60 ~ 100 mm 计算,倒刺较密时可取较大值。

3. 对于粉土,密实度相同,湿度越高,取值越低。

4. 对于砂土,密实度相同,粉细砂宜取较低值,中砂宜取中值,粗砾砂宜取较高值。

5. 土钉位于水位以下时宜取较低值。

(4)土钉墙的设计除应满足基坑稳定性和承载力的要求外,尚应满足基坑变形的控制要求。

(5)当基坑周边环境对变形控制无特殊要求时,可依据地层条件、基坑安全等级按照表 5-2 确定土钉墙变形控制指标。当基坑周边环境对变形控制有特殊要求时,复合土钉墙变形控制应同时满足周边环境对基坑变形的控制要求。

表 5-2　复合土钉墙变形控制指标(基坑最大侧向位移累计值)

地层条件	基坑安全等级		
	一级	二级	三级
黏性土、砂性土为主	0.3%H	0.5%H	0.7%H
软土为主	—	0.8%H	1.0%H

注:H 为基坑开挖深度。

四、构件及整体稳定性验算

(一)土钉长度及杆体截面确定

依据《复合土钉墙基坑支护技术规范》(GB 50739—2011)的规定,土钉的长度及间距可按表 5-3 列出的经验值作初步选择,也可通过计算初步确定,再根据基坑整体稳定性验算结果最终确定。

单根土钉长度(见图 5-2)可按下列公式初步计算:

$$l_j = l_{zj} + l_{mj} \tag{5-1}$$

$$l_{zj} = \frac{h_j \sin\left(\dfrac{\beta - \varphi_{ak}}{2}\right)}{\sin\beta \sin\left(\alpha_j + \dfrac{\beta + \varphi_{ak}}{2}\right)} \tag{5-2}$$

$$l_{mj} = \sum l_{mi,j} \tag{5-3}$$

$$\pi d_j \sum q_{sik} l_{mi,j} \geq 1.4 T_{jk} \tag{5-4}$$

式中 l_j —— 第 j 根土钉长度;

l_{zj} —— 第 j 根土钉在假定破裂面内长度;

l_{mj} —— 第 j 根土钉在假定破裂面外长度;

h_j —— 第 j 根土钉与基坑底部的距离;

β —— 土钉墙坡面与水平面的夹角;

φ_{ak} —— 基坑地面以上各层土的内摩擦角标准值,可按不同土层厚度取加权平均值;

α_j —— 第 j 根土钉与水平面之间的夹角(见图 5-3);

$l_{mi,j}$ —— 第 j 根土钉在假定破裂面外第 i 层土体中的长度;

q_{sik} —— 第 i 层土体与土钉的黏结强度标准值;

d_j —— 第 j 根土钉的直径;

T_{jk} —— 计算土钉长度时第 j 根土钉的轴向荷载标准值,可按式(5-5)确定。

表 5-3   土钉长度与间距经验值

土层名称	土体状态	水平间距(m)	竖向间距(m)	土钉长度与基坑深度比
素填土	—	1.0 ~ 1.2	1.0 ~ 1.2	1.2 ~ 2.0
淤泥质土	—	0.8 ~ 1.2	0.8 ~ 1.2	1.5 ~ 3.0
黏性土	软塑	1.0 ~ 1.2	1.0 ~ 1.2	1.5 ~ 2.5
	可塑	1.2 ~ 1.5	1.2 ~ 1.5	1.0 ~ 1.5
	硬塑	1.4 ~ 1.8	1.4 ~ 1.8	0.8 ~ 1.2
	坚硬	1.8 ~ 2.0	1.8 ~ 2.0	0.5 ~ 1.0
粉土	稍密、中密	1.0 ~ 1.5	1.0 ~ 1.4	1.2 ~ 2.0
	密实	1.2 ~ 1.8	1.2 ~ 1.5	0.6 ~ 1.2
砂土	稍密、中密	1.2 ~ 1.6	1.0 ~ 1.5	1.0 ~ 2.0
	密实	1.4 ~ 1.8	1.4 ~ 1.8	0.6 ~ 1.0

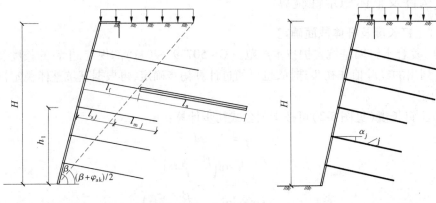

图 5-2   单根土钉长度示意图   图 5-3   复合土钉墙

计算单根土钉长度时,土钉轴向荷载标准值 T_{jk} 可按下式计算:

$$T_{jk} = \frac{1}{\cos\alpha_j}\xi p S_{xj} S_{yj} \tag{5-5}$$

$$p = p_m + p_q \tag{5-6}$$

式中 S_{xj}——第 j 根土钉与相邻土钉的平均水平间距；

S_{yj}——第 j 根土钉与相邻土钉的平均竖向间距；

ξ——坡面倾斜时荷载折减系数；

p——土钉长度中点所处深度位置的土体侧压力；

p_m——土钉长度中点所处深度位置的土体自重引起的侧压力，可按图 5-4 求出；

p_q——土钉长度中点所处深度位置的土体中附加荷载引起的侧压力，计算方法按现
行行业标准《建筑基坑支护技术规程》(JGJ 120—2012)的有关规定计算。

锚杆长度及杆体截面 A_j 按下列公式计算：

$$A_j \geqslant 1.15 T_{yj}/f_{yj} \tag{5-7}$$

$$T_{yj} = \psi\pi d_j \sum q_{sik} l_{i,j} \tag{5-8}$$

式中 A_j——第 j 根土钉杆体截面面积；

T_{yj}——第 j 根土钉验收抗拉力；

f_{yj}——第 j 根土钉杆体材料抗拉强度设计值；

$l_{i,j}$——第 j 根土钉在 i 层土体的长度；

ψ——土钉的工作系数，取 0.8 ~ 1.0。

土钉墙施工完毕后，土体自重引起的侧压力分布发生了变
化，一般按图 5-4 所示分布。

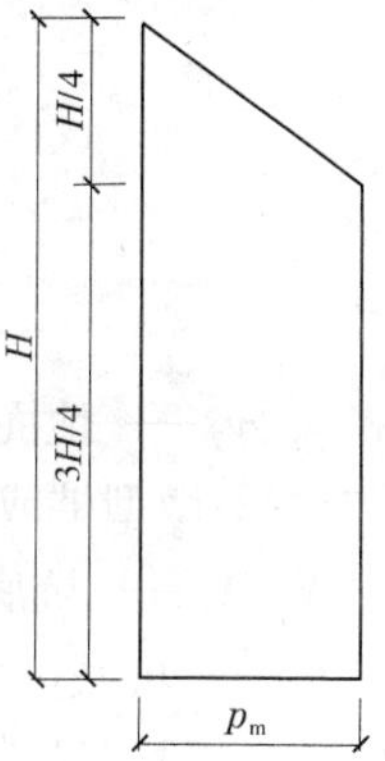

（二）稳定性验算

侧压力峰值在 1/4 基坑深度位置，可按下列公式计算，且不
小于 $0.2\gamma_{m1}H$ ：

$$p_{m,max} = \frac{8E_a}{7H} \tag{5-9}$$

$$E_a = \frac{1}{2}\gamma_m H^2 \tag{5-10}$$

$$K_a = \tan^2\left(45° - \frac{\varphi_{ak}}{2}\right) \tag{5-11}$$

式中 $p_{m,max}$——土体自重引起的侧压力峰值；

H——基坑开挖深度；

E_a——朗肯主动土压力；

γ_m——基坑地面以上各土层加权平均重度，有地下水作用时应考虑地下水位变化
造成的重度变化；

K_a——主动土压力系数。

坡面倾斜时的荷载折减系数 ξ 可按下列公式计算：

$$\xi = \tan\frac{\beta - \varphi_{ak}}{2}\left(\frac{1}{\tan\dfrac{\beta + \varphi_{ak}}{2}} - \frac{1}{\tan\beta}\right)\Big/\tan\left(45° - \frac{\varphi_{ak}}{2}\right) \tag{5-12}$$

图 5-4 土体自重引起的
侧压力分布

五、复合土钉墙的整体稳定性验算

复合土钉墙的整体稳定性验算,可考虑截水帷幕、微型桩、预应力锚杆等构件的作用,采用简化圆弧滑移面条分法计算。计算时应验算每一开挖工况的安全系数,选择安全系数最小的滑裂面为该工况最危险滑裂面。由于计算工作量大,目前多采用软件计算,省时准确,实用性更高。计算原理及参数选取见《复合土钉墙基坑支护技术规范》(GB 50739—2011)5.3 条。

当复合土钉墙底部是软弱黏性土时,应按地基承载力模式进行坑底抗隆起稳定性验算。见图 5-5,计算公式如下:

$$\frac{\gamma_2 t N_q + c N_c}{\gamma_1 (H + t) + q} \geq K_t \tag{5-13}$$

$$N_q = \exp(\pi \tan\varphi) \tan^2(45° + \frac{\varphi}{2}) \tag{5-14}$$

$$N_c = \frac{N_q - 1}{\tan\varphi} \tag{5-15}$$

式中　γ_1、γ_2——地面、坑底至微型桩或截水帷幕底部各层土的加权平均重度;

t——微型桩或截水帷幕在基坑底面以下的长度;

N_q、N_c——坑底抗隆起验算时的地基承载力系数;

K_t——坑底抗隆起稳定安全系数,对应于基坑安全等级一、二、三级时分别取 1.6、1.4、1.2。

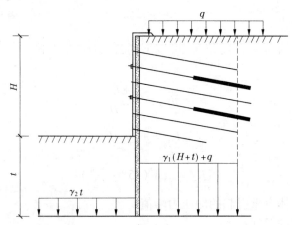

图 5-5　坑底抗隆起稳定性验算

当截水帷幕未穿透基底以下的砂土或粉土等透水性较强的土层时,应进行抗渗流稳定性验算。见图 5-6,计算公式如下:

$$\frac{i_c}{i} \geq K_{w1} \tag{5-16}$$

$$i_c = \frac{d_s - 1}{e + 1} \tag{5-17}$$

$$i = \frac{h_w}{h_w + 2} \tag{5-18}$$

式中　i_c——基坑地面土体的临界水力梯度；

i——渗流水力梯度；

d_s——坑底土颗粒的相对密实度；

e——坑底土的孔隙比；

h_w——基坑内外的水头差；

t——截水帷幕在基坑地面以下的长度；

K_{w1}——抗渗流稳定性安全系数，对应基坑安全等级一、二、三级时宜分别为 1.50、1.35、1.20。

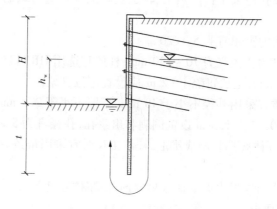

图 5-6　坑渗流稳定性验算

基坑底部以下存在承压水时（见图 5-7），可进行抗突涌稳定性计算。当抗突涌稳定性验算不能满足时，宜采用降低承压水等措施。计算公式如下：

$$\frac{\gamma_{m2} h_c}{P_w} \geqslant K_{w2} \tag{5-19}$$

式中　γ_{m2}——不透水土层平均饱和重度；

h_c——承压水层顶面至基坑地面的距离；

P_w——承压水水头压力；

K_{w2}——抗突涌稳定性安全系数，宜取 1.1 以上。

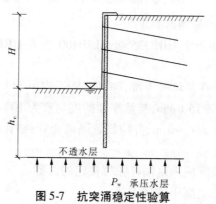

图 5-7　抗突涌稳定性验算

六、土钉墙的构造要求

（一）土钉墙的设计及构造规定

（1）土钉墙墙面适宜适当放坡。

（2）土钉的竖向布置，应采用中部长、上下短或上长下短的布置形式。

（3）平面布置时应减少阳角，阳角处土钉在相邻两个侧面宜上下错开或角度错开。

（4）面层应沿坡顶外延不小于 0.5 m 的护肩，在不设置截水帷幕或微型桩时，面层宜在坡脚处向坑内延伸 0.3 ~ 0.5 m 形成护脚。

（二）土钉的构造要求

（1）应优先选用成孔注浆土钉。填土、软土及砂土等孔壁易塌的土层，可选用打入式钢花管注浆土钉。

（2）土钉与水平面的夹角宜为 5° ~ 20°。

（3）成孔注浆土钉的孔径宜为 70 ~ 130 mm；杆体宜选用 HRB335 级或 HRB400 级钢筋，钢筋直径宜为 16 ~ 32 mm；全长每隔 1 ~ 2 m 应设置定位支架。

（4）钢管土钉杆体宜采用外径不小于 48 mm、壁厚不小于 2.5 mm 的热轧钢管制作。钢管上沿杆长方向每隔 0.25 ~ 1.0 m 设置倒刺和出浆孔，孔径宜为 5 ~ 8 mm，管口 2 ~ 3 m 范围内不宜设出浆孔。杆体底端宜制成锥形，杆体接长时宜采用帮条焊，接头承载力不应小于杆体材料承载力。

（5）注浆材料宜选用早强水泥或掺入早强剂，注浆体强度等级不宜低于 20 MPa。

（三）面层的构造要求

（1）应采用钢筋网喷射混凝土面层。

（2）面层混凝土强度等级不应低于 C20，终凝时间不宜超过 4 h，厚度宜为 80 ~ 120 mm。

（3）钢筋网可采用 HPB300 级钢筋，直径宜为 6 ~ 10 mm，间距宜为 150 ~ 250 mm，搭接长度不小于 30 倍钢筋直径。

（四）连接件的构造要求

（1）土钉之间应设置横向或斜向加强筋，加强筋宜采用 2 根直径不小于 12 mm 的 HRB335 级或 HRB400 级钢筋。

（2）混凝土面层钢筋与土钉应连接牢固。可在土钉端部两侧焊接锁定筋，并与加强筋焊接。

（五）预应力锚杆的设计与构造要求

（1）锚杆杆体可采用钢绞线、HRB335 级、HRB400 级或 HRB500 级钢筋，精轧螺纹钢及无缝钢管。

（2）预应力锚杆宜布设在基坑中上部，锚杆间距不宜小于 1.5 m。

（3）钻孔直径宜为 110 ~ 150 mm，与水平面的夹角宜为 10° ~ 25°。

（4）锚杆自由段长度宜为 4 ~ 6 m，并应设置隔离套管；钻孔注浆预应力锚杆沿长度方向每隔 1 ~ 2 m 设一组定位支架。

（5）锚杆杆体的外露长度应满足锚杆张拉锁定的需要。

（6）锚孔注浆宜采用二次高压注浆工艺。

（7）锚杆最大张拉荷载宜为锚杆轴向承载力设计值的 1.1 倍（单循环验收试验）或 1.2

倍(多循环验收试验),且不应大于杆体抗拉强度标准值的80%。锁定值宜为锚杆承载力设计值的60%~90%。

（六）围檩的设计与构造要求

（1）围檩应通长设置,不便于设围檩时,也可采用钢筋混凝土承压板。

（2）围檩宜采用混凝土结构或型钢结构,应具有足够的强度和刚度。

（3）当采用型钢结构做围檩时,承压板及楔形板宜选用钢板制作。

（七）截水帷幕的设计与构造要求

（1）水泥土搅拌桩截水帷幕宜选用早强水泥或在水泥中掺入早强剂;水泥土搅拌桩的单位水泥用量不宜小于原状土质量的13%,高压喷射注浆时不小于20%;水泥土龄期达到28 d 的无侧限抗压强度不应小于0.6 MPa。

（2）截水帷幕应满足自防渗要求,渗透系数应小于0.01 m/d。插入坑底以下的深度应符合抗渗流稳定性要求,且不应小于1.5~2.0 m。穿过透水层进入弱透水层1~2 m。

（3）相邻两根桩的搭接宽度不宜小于150 mm,垂直度应满足桩地面能够相互咬合。

（八）微型桩的设计与构造要求

（1）微型桩宜采用小直径混凝土桩,内插钢管或型钢等。

（2）微型桩的直径或等效直径宜取100~200 mm。

（3）桩间距宜为0.5~2.0 m,与土钉或锚杆可形成一桩一锚或两桩一锚,嵌固深度不宜小于2 m,桩顶应设置通长冠梁。

（4）微型桩的混凝土及砂浆（或水泥浆）抗压强度不宜小于20 MPa。

（九）防排水的构造要求

（1）基坑内应设置排水沟、集水井等组成排水系统,基坑外侧应设置排水管道及沉沙池。

（2）未设置截水帷幕的土钉墙,应在坡面上设置泄水管,间距宜同土钉或锚杆间距,坡面渗流处应适当加密。

（3）泄水管可采用直径40~100 mm、壁厚5~10 mm 的塑料管制作,插入边坡土体内不宜小于300 mm,管身应设置透水孔,孔径宜为10~20 mm,开孔率宜为10%~20%,宜外裹1~2 层土工布并扎牢。

单元三　复合土钉墙基坑支护工程的施工

一、一般规定

（1）对照设计图纸认真复核并妥善处理地下、地上管线,设施和障碍物等。

（2）明确用地红线、轴线定位点、水准基点,确定基坑开挖边线、位移观测控制点及监测点等,并在设置后加以妥善保护。

（3）熟悉工程的质量要求及施工中的测试监控内容与要求,编制专项施工方案,分析关键质量控制点和安全风险源,并提出相应的防治措施。

（4）做好场区地面硬化和临时排水系统施工,确保临时排水系统不渗漏、不渗透基坑边坡土体和相邻建筑的地基。检查场区内既有给、排水管道,发现渗漏和积水应及时处理。雨

季施工应加强对施工现场排水系统的检查和维护,保证排水通畅。

(5)基坑周边材料堆载、车辆动载、临时设施荷载,严禁超过设计规定。

(6)编制应急预案,做好抢险准备工作。

二、土钉支护施工前应具备的文件

(1)工程调查与岩土工程勘察报告。

(2)支护设计施工图,包括支护平面图、剖面图、变形监测点布置图等;标明全部土钉(包括测试用土钉)的位置并逐一编号,给出土钉的尺寸(直径、孔径、长度)、倾角和间距,喷射混凝土面层的厚度与钢筋网尺寸,土钉与喷射混凝土面层的连续构造方法;规定钢材、砂浆、混凝土等材料的规格与强度等级。

(3)排水系统施工图,以及必要的降、排水方案设计。

(4)专项施工方案和施工组织设计,规定基坑分层、分段开挖的深度和长度,边坡开挖面的裸露时间限制及地下洞室分段开挖长度和方法等。

(5)支护整体稳定性分析与土钉及喷射混凝土面层设计计算书。

(6)现场测试监控方案,以及为防止危及周围建筑物、道路、地下设施而采取的措施和应急方案。

三、土钉墙支护施工的流程

(1)分层分段开挖工作面,修整边坡(壁)面。

(2)土钉施工(包括成孔、置入钢筋、注浆、补浆)。

(3)编制并固定钢筋网。

(4)安插泄水管并封住管口。

(5)喷射混凝土面层并养护,除去泄水孔封口。

(6)施作围檩,张拉和锁定预应力锚杆。

(7)进入下一层施工,重复以上步骤。

四、土钉墙支护的施工机具

(1)成孔机具的选择和工艺要适应现场土质特点和环境条件,保证进钻和抽出过程中不引起塌孔。在一般岩土介质中钻孔时,可选用冲击钻机、螺旋钻机、回转钻机、洛阳铲等;在易塌孔的岩土介质中钻孔时宜采用套管成孔、挤压成孔或旋喷成孔技术。

(2)注浆泵的规格、压力和输浆量应满足施工要求。

(3)混凝土喷射机的输送距离应满足施工要求,供水设施应保证喷头处有足够的水量和水压,水压应不小于 0.2 MPa。

(4)空压机应满足喷射机工作风压和风量要求,可选用风量 9 m³/min 以上、风压大于0.5 MPa 的空压机。

五、基坑土方开挖

(1)截水帷幕及微型桩应达到养护龄期和设计规定强度后再进行开挖。

(2)基坑土方开挖必须符合“超前支护,分层分段,逐层施工,限时封闭、严禁超挖”的要求。分层厚度应以土钉或锚杆的竖向间距为依据,超挖深度根据设计工况及机械设备工作高度确定。

(3)分段长度一般不大于 30 m。基坑面积较大时,应分段分区、对称开挖。

(4)上一层土钉注浆完成后应至少养护 48 h,再进行下层土方的开挖。预应力锚杆应在张拉和锁定后再进行下层土方的开挖。

(5)土方开挖后应在 24 h 内完成土钉及喷射混凝土施工。对于自稳能力差的土体,宜采用二次喷射,开挖处应随挖随喷。

(6)当用机械进行土方作业时,严禁边壁出现超、欠挖或造成边壁土体松动。基坑的边壁宜采用小型机具或铲锹进行切削清坡,以保证边坡平整并符合设计规定的坡度。

(7)基坑深度较深时,可采取先周边开槽支护,再中间取土的施工方法。

(8)开挖后发现土层特征与岩土工程勘察报告不符或有重大地质隐患时,应立即停止施工并通知有关各方现场确认并修改方案。

(9)建筑基坑支护的设计年限一般为 1 年,因此基础垫层、地下结构及土方回填应在 1 年内完成。

六、基坑降、排水施工

土钉墙支护施工应在排除水患的条件下进行,以提高土体抗剪强度指标及减小水的渗透力和水压力。常见的基坑事故中很大一部分是由地下水的控制不当造成的。

(1)降水的原则是按需降水,降水与回灌相结合。在满足基础工程施工的条件下,尽量减少水位降深,避免对周边建筑物或构筑物造成不均匀沉降破坏。

(2)管井的成孔过程中要控制泥浆比重≤1.3,井管安装完毕后要充分洗井。

(3)为降低造价,提高边坡及周边建筑物的安全度,应考虑降水与截水相配合。应在截水帷幕施工完毕后开始预降水,通过观测井观测水位,采取相应措施,控制水位降深。

(4)基坑四周支护范围内的地表应加以修整,填坑补缝,或用混凝土硬化地面,或构筑防渗排水沟,或按设计要求坡度高架排水管。

(5)为排除积聚在基坑的渗水和雨水,应在坑底设置排水沟及集水坑。排水沟应离开边壁 0.5 m 以上,排水沟及集水坑应做好防渗漏处理,坑内积水应及时抽出并排走。

(6)降水过程中应定时观测地下水位,对降水周期做出预测,及时变更抽水方案。定期测试抽出水的含砂量,保证含砂量不大于 0.05% ,避免抽砂现象发生。降水井停止使用后应及时进行回填封井。

七、土钉施工

土钉成孔前,应按设计要求定出孔位并做标记。成孔过程中遇到有障碍物需要调整孔位时,先对废孔注浆,再在废孔附近钻出符合设计要求的土钉孔。

成孔过程中应做好成孔记录,钻孔后应进行清孔检查,孔径和孔深应符合设计要求。成孔后应及时安设钢筋并注浆和封堵孔口。

土钉杆体置入孔中前,应先设置对中支架,间距可为 1~2 m,支架的构造应不妨碍注浆时浆液的自由流动。临时土钉的支架可为金属或塑料件,永久土钉的支架应为塑料件。

注浆可采用重力、低压 0.4~0.6 MPa 或高压 1~2 MPa 进行注浆。水平孔应采用低压或高压方法注浆。压力注浆时应在钻孔口设置止浆塞(如分段注浆,止浆塞应置于钻孔内规定的位置),注浆饱满后应保持压力1~2 min。重力注浆以满孔为止,但在初凝前需补浆1~2次。

下倾的斜孔采用重力或低压注浆时宜采用底部注浆方式,先将注浆管出浆端插入孔底,在注浆的同时将注浆管以匀速缓慢抽出,注浆管的出浆口应始终处于孔中浆体的表面以下,保证孔中气体能全部逸出。

对于水平钻孔,应用口部压力注浆或分段压力注浆,此时需配置排气管并将其与土钉杆体绑牢,在注浆前与土钉同时送入孔中。向孔内注入浆体的充盈系数必须大于1,每次向孔内注浆时,宜预先计算所需的浆体体积并根据注浆泵泵送速度计算出实际向孔内注入的浆体体积,以确定实际注浆量超过孔的体积。

注浆用水泥浆的水灰比宜为0.45~0.55,并宜加入适量的速凝剂等外加剂以促进早凝和控制泌水。施工时,当浆体不能满足要求时可外加高效减水剂,不允许任意加大用水量。

钢管注浆土钉应采用压力注浆,注浆压力不宜小于0.6 MPa,并应在管口设置止浆塞。当无返浆时,可采用间歇注浆措施多次补偿注浆。

八、微型桩施工

微型桩的施工主要控制以下指标:桩位偏差应不大于50 mm,垂直度偏差应不大于1.0%,桩径及桩深不小于设计值,孔内钢管、型钢或钢筋笼接头部位的强度不得小于原材的强度,孔内填充密实且桩身注浆饱满至桩顶,注浆水灰比满足设计要求等。

九、预应力锚杆施工

成孔:根据土层形状,选择合适的钻孔方式。不宜塌孔的地层,宜采用长螺旋干作业钻进或清水钻进工艺,不宜采用冲洗液钻进工艺。地下水位以上含碎石的硬土或风化岩的地层,宜采用气动潜孔钻或冲击回转钻进工艺。地下水位以下的土层,可采用高压旋喷法或套管跟进成孔工艺。易塌孔的砂土、卵石、粉土、软黏土等地层,可采用套管跟进工艺或自钻式锚杆。

注浆:锚固段注浆宜采用二次高压注浆法。第一次采用低压注浆或重力注浆,水灰比不大于0.6;第二次采用高压注浆,水灰比为0.45~0.55,应该在第一次注浆初凝后进行,注浆压力宜为2.5~5.0 MPa。注浆管应与锚杆杆体固定,一起插入孔底,管底距离孔底100~200 mm。

张拉与锁定:

(1)待注浆体及混凝土围檩强度达到设计强度的75%且大于15 MPa后进行张拉。

(2)宜采用间隔张拉法。正式张拉前,应取10%~20%的设计张拉荷载预张拉1~2次。

(3)锚杆张拉与锁定时,宜先张拉至锚杆承载力设计值的1.1倍,卸荷后再按设计锁定值锁定。

(4)变形控制严格的一级基坑,锚杆锁定后48 h内锚杆拉力值低于设计锁定值的80%时,应进行预应力补偿张拉。

十、喷射混凝土面层

在喷射混凝土前,土钉头部的锁定筋与面层内的加强筋连接处应焊接牢固,并应符合规定的保护层厚度要求。钢筋网片可用插入土中的 U 形钢筋固定,在喷射混凝土冲击作用下不应出现大的位移或脱落。

钢筋网片的搭接长度不应小于 $30d$(d 为钢筋直径),搭焊时焊接长度应不小于 $10d$(d 为网筋直径)。

喷射混凝土配合比应通过试验确定,粗骨料最大粒径不宜大于 15 mm,水灰比不宜大于 0.45,并应通过外加剂来调整所需坍落度和早强时间。

当采用湿喷法施工时,水泥与砂的质量比宜为 1:3.5 ~ 1:4,水灰比宜为 0.42 ~ 0.50,砂率宜为 0.5 ~ 0.6,粗骨料的粒径不宜大于 15 mm。混凝土混合料的坍落度宜为 80 ~ 120 mm。当采用干喷法时,水泥与砂的质量比宜为 1:4 ~ 1:4.5,水灰比宜为 0.4 ~ 0.5,砂率宜为 0.4 ~ 0.5,粗骨料的粒径不宜大于 25 mm。干混合料应随拌随用,存放时间不应超过2 h,掺入速凝剂后不应超过 20 min。

喷射混凝土的喷射顺序应自下而上,喷头与坡面的距离宜控制在 0.8 ~ 1.2 m,喷枪轴线应垂直指向喷射面,但在有钢筋部位,应先斜向喷填钢筋后方,然后垂直喷射钢筋前方,防止在钢筋背面出现空隙。

为保证施工时的喷射混凝土面层厚度达到规定值,可在边壁面上垂直打入短的钢筋段并在其外露部分做控制标志。当面层厚度超过 100 mm 时,应分两次喷射,第一次喷射厚度不宜小于 40 mm,前一层混凝土终凝后方可喷射后一层混凝土。

喷射混凝土施工 24 h 后,应根据当地条件,连续洒水 5 ~ 7 d 或喷涂养护剂。

钢筋网应随土钉分层施工,逐层设置,钢筋保护层厚度不宜小于 200 mm。用作永久支护的钢筋网应做除锈处理,其保护层厚度不得小于 30 mm。

单元四　复合土钉墙基坑支护工程的质量检测

一、一般要求

复合土钉墙基坑支护工程可划分为截水帷幕、微型桩、土钉墙、预应力锚杆、降排水、土方开挖等若干分项工程。土钉墙、锚杆的质量检验标准见表 5-4,其他分项工程质量检验标准应根据检查内容按照现行国家标准《建筑地基基础工程施工质量验收规范》(GB 50202—2002)的相关规定执行。

表 5-4　土钉墙和锚杆质量检验标准

项目	序号	检查项目	允许偏差或允许值
主控项目	1	土钉或锚杆杆体长度	土钉:±30 mm, 锚杆:杆体长度的 0.5%
	2	土钉验收抗拔或锚杆抗拔承载力	设计要求

续表 5-4

项目	序号	检查项目	允许偏差或允许值
一般项目	1	土钉或锚杆位置	±100 mm
	2	土钉或锚杆倾角	±2°
	3	成孔孔径	±10 mm
	4	注浆体强度	设计要求
	5	注浆量	大于计算浆量
	6	混凝土面层钢筋网间距	±20 mm
	7	混凝土面层厚度	平均厚度不小于设计值,最小厚度不小于设计值的80%
	8	混凝土面层抗压强度	设计要求

二、土钉墙质量检查要求

施工前应检查原材料的品种、规格、型号以及相应的检验报告。施工过程中应对土钉位置、孔径、孔深及角度,土钉长度,浆液配合比、压力及注浆量,混凝土面层厚度与强度,土钉与面层钢筋的连接情况,钢筋网的保护层厚度等要进行检查。

(1)土钉应通过抗拔试验检测抗拔承载力。抗拔试验分为基本试验和验收试验。基本试验一般为抗拔破坏性试验,为设计提供依据。验收试验数量不宜少于土钉总数的1%,且不少于3根。

(2)喷射混凝土厚度应采用钻孔检测,钻孔数宜为每200 m² 墙面积一组,每组不少于3点。

三、预应力锚杆质量检查要求

施工前应检查原材料的品种、规格、型号以及相应的检验报告。施工过程中除与土钉的检查项目相同外,还应对锚杆自由段与锚固段的长度、锚座的几何尺寸、锚杆张拉值和锁定值等进行检查。

锚杆应采用抗拔验收试验检测抗拔承载力,试验数量不宜少于锚杆总数的5%,且不少于3根。验收试验时最大试验荷载应取轴向承载力设计值的1.1倍(单循环验收试验)或1.2倍(多循环验收试验)。

单元五　土钉墙基坑支护工程案例分析

复合土钉墙基坑支护在××安置小区7号院
基坑支护工程中的应用

一、场区工程地质与水文地质条件

××安置小区7号院场地位于××市航海中路与新华南街交叉口向南100 m路西。拟建工程基坑深度主楼部位为正负零以下16.3 m,裙楼部位为正负零以下15.0 m。

（一）主要环境条件

场地北侧距离建筑红线约 6 m，距离建筑物 25 m；基坑东侧为新华南街，距离路边线约 5 m；南侧距离已有建筑物 24 m，距离建筑红线 15 m；西侧，基坑开挖上口边线距离院墙约 1.0 m，南段距离已建多层建筑物 6.5 m，北段无建筑物。根据剖面划分，西侧边坡定为 5—5 剖面（见图 5-8），也是本基坑最危险的支护剖面。

（二）工程地质条件

根据地质资料揭示，对基坑支护有影响的底层主要为上部五层底层，主要特征如下：

第①层：杂填土，黄褐色，稍湿，稍密—中密，平均厚度约 2.51 m。

第②层：粉土，黄褐色，稍湿，中密—密实，偶见蜗牛壳碎片，局部夹粉砂，平均厚度约 2.93 m。

第③层：粉质黏土，褐黄色，可塑，偶见钙质结核，局部夹粉土，平均厚度约 3.72 m。

第④层：粉土夹粉砂，褐黄色，稍湿，中密—密实，局部夹粉砂，平均厚度约 4.93 m。

第⑤层：粉质黏土，褐黄色，可塑—硬塑，偶见钙质结核，平均厚度约 5.297 m。

第⑥层：粉质黏土，褐黄色，硬塑，偶见钙质结核，平均厚度约 10.25 m。

根据勘察报告土工试验成果，结合周边已有地质资料，设计时选取各层土参数见表 5-5。

表 5-5　基坑边坡设计所用各层土的设计参数

地层	①	②	③	④	⑤	⑥
天然重度（kN/m³）	18.7	19.2	18.9	18.5	19.1	19.1
黏聚力（kPa）	11.2	12.4	21.0	13.2	25.2	28.3
内摩擦角（°）	21.1	22.7	16	22.5	15.8	15.9
厚度（m）	2.51	2.93	3.72	4.97	5.29	10.25
地基承载力（kPa）	160	180	170	220	220	240
液性指数 I_L	0.59	0.27	0.16	0.42	0.07	0.20
孔隙比 e_0	0.680	0.616	0.682	0.692	0.669	0.701

（三）水文地质条件

地下水埋深在地下 30 m 左右，最大水位变幅 2.0 m，对基坑工程无不利影响。

二、方案设计原则及依据

（一）设计原则

设计原则为安全第一、经济合理、节省工期，确保周边环境安全。

（二）设计依据

（1）岩土工程勘察报告及甲方提供的相关技术资料。

（2）《建筑地基基础设计规范》（GB 50007—2011）。

（3）《建筑基坑支护技术规程》（JGJ 120—2012）。

（4）《建筑基坑工程监测技术规范》（GB 50497—2009）。

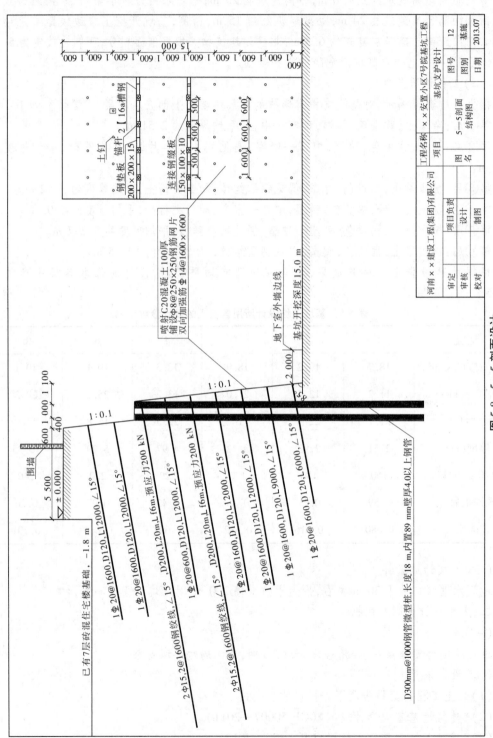

图 5-8　5—5 剖面设计

（5）《岩土锚杆与喷射混凝土支护工程技术规范》(GB 50086—2015)。

（6）《建筑结构荷载规范》(GB 50009—2012)》。

（7）《混凝土结构设计规范》(GB 50010—2010)(2015 年版)。

（8）《理正深基坑支护设计软件》7.0PB1 版。

（9）《复合土钉墙基坑支护技术规范》(GB 50739—2011)。

（10）《建筑桩基技术规范》(JGJ 94—2008)。

（11）《建筑地基基础工程施工质量验收规范》(GB 50202—2002)。

（12）其他现行相关国家规范和标准。

（13）河南省建筑边坡与深基坑工程管理规定及有关文件要求。

三、复合土钉墙支护方案

针对场地不同地段地层条件、开挖深度和环境条件，共分为 5 个基坑支护剖面进行支护，采取的主要支护形式为土钉墙及复合土钉墙。具体划分见表5-6。

表 5-6　剖面划分及支护形式

剖面	部位及周边环境	基坑深度	支护形式	安全等级
1—1	西坡北段	15 m	复合土钉墙 单排钢管微型桩＋土钉墙	二级
2—2	基坑北坡	15 m	复合土钉墙 锚杆＋槽钢腰梁＋土钉墙	二级
3—3	基坑东坡	15 m	复合土钉墙 锚杆＋槽钢腰梁＋土钉墙	二级
4—4	基坑南坡	15 m	土钉墙	二级
5—5	西坡南段	15 m	双排钢管微型桩＋槽钢腰梁＋双排 预应力锚杆腰梁＋土钉墙	一级

5—5 剖面采用双排钢管微型桩＋双排预应力锚杆＋槽钢腰梁与土钉墙复合支护，即复合土钉墙基坑支护法。

本工程于 2013 年 7 月设计，设计期限为 1 年。2013 年 12 月全面施工完毕，基坑回填后，从变形观测数据看，各个剖面均处于稳定状态。

复合土钉墙具有各种支护形式搭配灵活，满足多功能支护，施工方法简单，工期短、造价低等诸多优点，且相应规范已经发布实施，计算软件也已经得到开发应用，具有很好的发展前景。

习　题

1. 复合土钉墙有哪些类型，分别适用于哪些条件？

2. 复合土钉墙设计验算的内容有哪些？

3. 在饱和黏土地层中开挖排水沟，采用 8 m 长板桩支护，地下水位已降至板边底部，坑边无荷载。地基土重度 $\gamma = 19$ kN/m³。地基土的不排水抗剪强度为 30 kPa。在满足基坑抗隆起稳定性要求时,计算此排水沟的最大开挖深度。

4. 某基坑采用地下连续墙支护结构,连续墙进入到第三层砾石层。第一层砂土厚 10 m,第二层黏土厚 1 m,两层土重度均为 $\gamma = 20$ kN/m³;砾石层中承压水头高 8 m。根据抗渗流稳定性验算要求计算该基坑的最大开挖深度。

项目六　桩锚支护工程

【学习目标】

本项目应根据桩锚支护工程的特点，掌握排桩、锚杆的设计计算方法和施工工艺，具有桩锚支护工程施工过程质量控制的能力，能对桩锚支护工程进行质量检测及处理常见事故。

【导入】

基坑开挖时，由于场地限制不能放坡或不能采用水泥土墙支护，或开挖基坑的邻近建筑物对变形要求较严格，或地下水高于基坑底面需要降水时，即可采用桩锚支护。

单元一　排桩与地下连续墙的组成和特点

排桩与地下连续墙支护体系是由挡土结构（排桩与地下连续墙）、支撑（或锚拉）体系、防渗结构组成的防水挡土体系。

与重力式水泥土墙支护体系相比，排桩与地下连续墙支护体系不仅有支护墙体，还有保证墙体稳定的支撑体系，它主要是由挡土结构起到挡土、挡水的作用，由支撑反力和挡土结构的嵌固深度部分所受到的被动土压力来抵抗基坑外侧主动土压力等外荷载，从而维持支护体系的平衡。图6-1所示为排桩与地下连续墙支护体系。

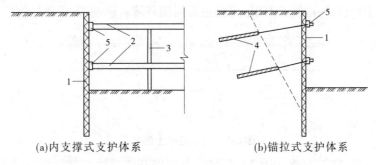

(a)内支撑式支护体系　　　　　　　　(b)锚拉式支护体系

1—排桩(地下连续墙)；2—支撑；3—立柱；4—锚杆；5—腰梁

图6-1　排桩与地下连续墙支护体系

挡土结构由排桩或地下连续墙组成，其作用是挡土和挡水，并将基坑外主动土压力传递到支撑体系和基坑底部以下嵌固深度部分土体上。

支撑（或锚拉）体系的作用是维持挡土结构的受力平衡。基坑外侧主动土压力通过挡土结构传到支撑（或锚拉）体系和基坑底部以下嵌固深度部分土体。由于土体本身刚度较小，要产生较大的反力需要足够大的变形，而这样对控制支护体系的变形以减少开挖施工对周围环境的影响是很不利的，因此支撑（或锚拉）体系需要具备足够的强度和刚度，以保证支护体系的安全稳定，减小变形，保护周围环境。

一、排桩的组成与特点

排桩的主要形式有钻孔灌注桩、钢筋混凝土板桩、钢板桩等。

(一)钻孔灌注桩

随着防渗技术的发展,钻孔灌注桩排桩式挡土结构已成为应用非常广泛的一种支护墙体形式。当基坑土质较好、地下水位较低时,可利用土拱作用,采用柱列式排桩支护,如图 6-2(a)所示。在软土中一般不能形成土拱,可采用连续排桩支护,如图 6-2(b)所示,或在桩身混凝土强度尚未形成时,在相邻桩之间做一根索混凝土树根桩把钻孔灌注桩连起来,如图 6-2(c)所示。

(a)柱列式　　　　　　(b)连续排桩式　　　　　(c)组合式

图 6-2　钻孔灌注桩支护类型

其支护特点是:施工时无振动、无噪声、无挤土,对周围环境影响小;墙身强度高,刚度大,支护稳定性好,变形小;当桩基础也为钻孔灌注桩时,可以同步施工,有利于施工组织,施工工期短;桩间隙易造成水土流失,特别是在高水位软土地区,需要根据工程条件采取水泥搅拌桩、旋喷桩等措施解决挡水问题;在砂砾层和卵石中施工困难;由于桩与桩之间主要通过桩顶冠梁和腰梁连成整体,整体性相对较差。

(二)钢筋混凝土板桩

钢筋混凝土板桩是一种传统的支护结构,截面带企口,有一定的挡水作用,如图 6-3 所示。钢筋混凝土板桩存在的主要问题是打桩对周围环境有影响,需采取措施予以控制。

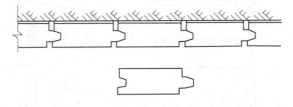

图 6-3　钢筋混凝土板桩

其支护特点是:施工方便,速度快,打桩后可立即开挖基坑,工期短;与地下连续墙相比造价低;支护强度高,刚度较大,变形小;可作为地下室外墙浇筑混凝土的外模板,甚至可以作为地下室外墙的一部分;打桩时的振动、挤土及噪声对周围环境影响较大,因此不适合在建筑物密集的城市使用;接头处企口具有一定的防水效果,但在高水位软土地区,仍需注意防止接头处漏水所引起的渗透变形;在硬土层中施工困难,不适于应用。

(三)钢板桩

当基坑较浅时,可采用并排或正反扣的槽钢;当基坑较深、荷载较大时,一般采用 U 形或 Z 形截面的热轧锁口钢板桩,也可采用 H 钢、钢管组合型,如图 6-4 所示。

其支护特点是:工厂化生产的支护结构,强度、品质、锁口及精度等质量能够得到保证,可靠性高;具有良好的耐久性,可回拔修正后再行使用;施工方便、速度快,工期短;一般可同

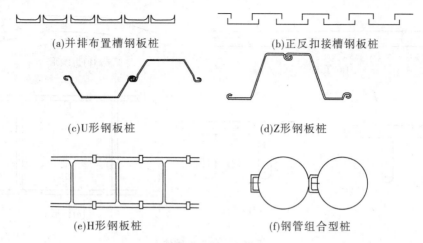

(a)并排布置槽钢板桩 (b)正反扣接槽钢板桩

(c)U形钢板桩 (d)Z形钢板桩

(e)H形钢板桩 (f)钢管组合型桩

图6-4 钢板桩

多道钢支撑配合使用,热轧锁口钢板桩可适用于较深基坑;支护刚度比灌注桩、地下连续墙小,开挖后墙身挠度变形大,不利于周边环境稳定;具有一定的挡水能力,但在高水位软土地区,在施工中需要注意锁口处防渗,以防止水土流失引起周围土体移动变形;打拔桩时有振动和噪声,拔桩时易带土,处理不当会引起周围土体移动;在土质坚硬密实或含有很多漂石的地区,打桩施工困难。

二、地下连续墙的组成与特点

地下连续墙是指分槽段用专用机械成槽、浇筑混凝土所形成的连续地下墙体。1950 年意大利最早使用地下连续墙用于大坝或贮水池的防渗墙,我国于 1958 年开始采用排桩式地下连续墙作为水坝防渗墙。通过几十年的发展,地下连续墙作为基坑支护结构的设计施工技术已经非常成熟,近年来越来越多的工程将地下连续墙既作为支护结构,又作为主体结构的“两墙合一”设计,减少了工程资金和材料的投入,充分体现了地下连续墙的经济性和环保性。

地下连续墙主要形式有一字形、T 形、π 形等,还可以将各种形式组成格形地下连续墙,如图 6-5 所示。一字形地下连续墙是应用最多的地下连续墙形式,可用于直线形、折线形或圆弧形墙段。T 形和 π 形地下连续墙可以大大提高截面的抗弯能力,适用于开挖深度较大的基坑,可减少所需支撑道数。格形地下连续墙是上述两种组合在一起的结构形式,大大增加了截面的抗弯能力,可以不设支撑,靠其自重维持墙体的稳定。

其支护特点是:施工噪声低、振动小,能够紧邻相近建筑物和地下管线施工,对周围环境的影响小;墙身刚度大、强度高、整体性好,使得结构和地基变形都较小,可用于特殊工程及超深基坑的技术结构;地下连续墙是钢筋混凝土整体结构,耐久性好,防渗能力强,既挡土又挡水,还可以作为地下室的外墙或其中一部分;因为施工是现场浇筑,所以可根据需要设置成直线形或折线壁板式,还可以施工成 T 形、π 形等特殊形式,以增加支护的刚度、强度及稳定性;可结合逆作法施工,提高支护质量,缩短工期;施工工艺较为复杂,其施工质量依赖于成熟的工艺和完善的组织管理,另外废泥浆处理不当会造成环境污染;相对其他支护墙体形式,造价高,因此在采用时需经过技术比较,确认是否经济合理。

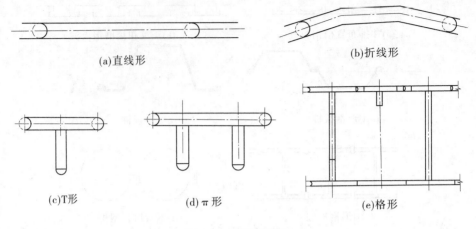

(a)直线形　　(b)折线形

(c)T形　　(d)π形　　(e)格形

图 6-5　地下连续墙

三、锚杆

如图 6-6 所示,锚杆支护体系由挡土结构物与锚杆系统两部分组成。挡土结构物包括排桩、地下连续墙等。锚杆系统由锚杆(索)、自由段、锚固段及锚头、腰梁等组成。锚杆是一端与支护结构构件连接,另一端锚固在稳定岩土体内的一种受拉杆件,杆体采用钢绞线时,亦可称为锚索。

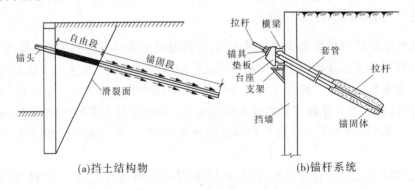

(a)挡土结构物　　(b)锚杆系统

图 6-6　锚杆支护体系示意图

锚杆由锚固段、自由段、锚头三部分组成,利用锚固段与土体的摩阻力,对支挡结构产生作用,改变其受力模式,减少支挡结构的内力和变形并使之保持稳定。

锚固段是锚杆在土中以摩擦力形式传递荷载的部分,它是由水泥砂浆等胶结物以压浆形式注入钻孔中,包裹着受拉的锚杆(钢筋或钢丝束等)凝固而成的。锚固段的上部连接自由段,自由段不与钻孔土壁接触,仅把锚固力传到锚头处。锚头是进行张拉和把锚固力锚碇在结构上的装置,它使结构产生锚固力。锚固于砂质土、硬黏土层并要求较高承载力的锚杆,可采用端部扩大头型锚固体;锚固于淤泥质土层并要求较高承载力的锚杆,可采用连续球体型锚固体,如图 6-7 所示。

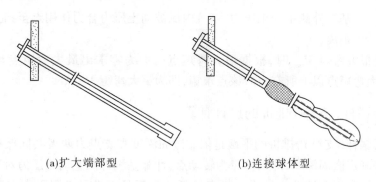

(a)扩大端部型　　　　　　　(b)连接球体型

图6-7　锚固段形式

单元二　排桩与地下连续墙支护结构的设计计算

排桩与地下连续墙支护结构设计主要是计算主动土压力和被动土压力、确定计算简图，确定嵌固深度、锚杆设计，其中嵌固深度的计算至关重要。通过内力计算得出排桩或地下连续墙的最大弯矩进行截面设计、配筋等。

一、悬臂式排桩的设计计算

根据朗肯土压力理论、库仑土压力理论计算主动土压力和被动土压力；根据抗倾覆稳定性来确定嵌固深度，即以排桩底部为转动点，计算基坑外侧土压力对转动点的转动力矩和坑内开挖深度以下被动土压力对转动点的抵抗力矩是否满足极限平衡来确定嵌固深度（见图6-8）。具体按下式进行计算：

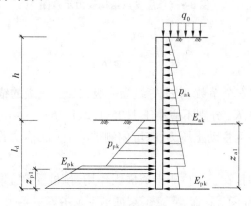

图6-8　悬臂式结构受力示意图

$$\frac{E_{pk}z_{p1}}{E_{ak}z_{a1}} \geqslant K_{em} \tag{6-1}$$

式中　K_{em}——嵌固稳定安全系数，安全等级为一级、二级、三级的悬臂式支挡结构，K_{em}分别不应小于1.25、1.2、1.15；

E_{ak}、E_{pk}——基坑外侧主动土压力、基坑内侧被动土压力合力的标准值，kN；

z_{a1}、z_{p1}——基坑外侧主动土压力、基坑内侧被动土压力合力作用点至挡土构件底端的距离,m。

计算桩墙最大弯矩 M_{max} 时,根据最大弯矩点剪力为零求出最大弯矩点与基坑底的距离,再根据最大弯矩点以上所有力对该点求矩,即为最大弯矩 M_{max}。

二、单层锚杆(支撑)排桩的设计计算

对于单层锚杆(支撑),排桩的平衡是依靠嵌固深度和支点力两者共同保持的。根据抗隆起稳定性来确定嵌固深度,即以支点为转动点,计算基坑外侧主动土压力对支点的转动力矩和坑内开挖深度以下被动土压力对支点的抵抗力矩是否满足极限平衡来确定嵌固深度(见图6-9);支点力可采用等值梁法确定。

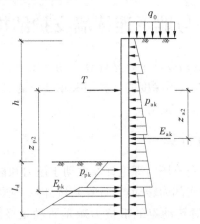

图6-9 单层支点结构受力示意图

(一)嵌固深度

$$\frac{E_{pk}z_{p2}}{E_{ak}z_{a2}} \geqslant K_{em} \tag{6-2}$$

式中 K_{em}——嵌固稳定安全系数,安全等级为一级、二级、三级的锚拉式支挡结构和支撑式支挡结构,K_{em} 分别不应小于 1.25、1.2、1.15;

z_{a2}、z_{p2}——基坑外侧主动土压力、基坑内侧被动土压力合力作用点至支点的距离,m。

(二)支点力

当嵌固深度不太深时,在土体内未形成嵌固作用,排桩受到土体的自由支撑,同时上端承受锚拉或支撑作用。如图6-9所示,平衡条件为水平力合力为零,即 $\sum H = 0$,则有

$$T = E_{ak} - E_{pk} \tag{6-3}$$

可求得每延米上的支点力 T 的值,再乘以锚拉(支撑)间距即可得单根锚拉(支撑)力。

当嵌固深度较深时,土体对嵌固部分的墙体起到了嵌固作用,此时排桩上端受到锚拉作用,下端受到土体的嵌固作用,相当于上端简支下端嵌固的超静定梁,工程上常采用等值梁法来计算。

(三)最大弯矩 M_{max}

计算桩墙最大弯矩 M_{max} 时,根据最大弯矩点剪力为零,求出最大弯矩点距离支点的距

离,再根据最大弯矩点以上所有力对该点求矩,即为最大弯矩 M_{max}。

【例6-1】 某二级基坑开挖深度为 4.5 m,地层为黏性土,$\gamma = 20$ kN/m³,$\varphi = 20°$,$c = 10$ kPa,地面超载 $q = 10$ kPa(见图6-10),桩长范围无地下水,采用悬臂式排桩支护,试确定嵌固深度、桩长及最大弯矩。

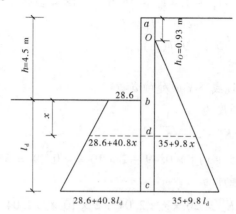

图6-10 例6-1 计算简图

解:1. 主动土压力计算

主动土压力系数 $K_a = \tan^2\left(45° - \dfrac{\varphi}{2}\right) = \tan^2\left(45° - \dfrac{20°}{2}\right) = 0.49$

a 点处的主动土压力强度为

$p_{a_a} = q K_a - 2c\sqrt{K_a} = 10 \times 0.49 - 2 \times 10 \times \sqrt{0.49} = -9.1(\text{kPa})$

c 点处的主动土压力强度为

$$p_{a_c} = \left[q + \gamma(h + l_d)\right]K_a - 2c\sqrt{K_a}$$
$$= \left[10 + 20 \times (4.5 + l_d)\right] \times 0.49 - 2 \times 10 \times \sqrt{0.49}$$
$$= 35 + 9.8\,l_d(\text{kPa})$$

2. 确定拉应力区深度

设主动土压力强度为零的 O 点在地面下 h_O:

$$h_O = \frac{2c}{\gamma\sqrt{K_a}} - \frac{q}{\gamma} = \frac{2 \times 10}{20 \times \sqrt{0.49}} - \frac{10}{20} = 0.93(\text{m})$$

3. 被动土压力计算

被动土压力系数为

$$K_p = \tan^2\left(45° + \frac{\varphi}{2}\right) = \tan^2\left(45° + \frac{20°}{2}\right) = 2.04$$

b 点处的被动土压力强度为

$p_{a_b} = 2c\sqrt{K_p} = 2 \times 10 \times \sqrt{2.04} = 28.6(\text{kPa})$

c 点处的被动土压力强度为

$p_{a_c} = \gamma\,l_d \times K_p + 2c\sqrt{K_p} = 20 \times l_d \times 2.04 + 2 \times 10 \times \sqrt{2.04} = 40.8\,l_d + 28.6(\text{kPa})$

4. 按抗倾覆条件确定嵌固深度 l_d

该基坑为二级基坑,嵌固稳定安全系数不得小于 1.2:

$$\frac{28.6 \times l_d \times \dfrac{l_d}{2} + \dfrac{1}{2} \times 40.8\, l_d \times l_d \times \dfrac{l_d}{3}}{\dfrac{1}{2} \times (35 + 9.8\, l_d) \times 4.5 - 0.93 + l_d \times \dfrac{4.5 - 0.93 + l_d}{3}} \geq 1.2$$

$$l_d^{\,3} - 1.4\, l_d^{\,2} - 15.5\, l_d - 18.4 \geq 0$$

$$l_d \geq 5.2 \text{ m}$$

因此,桩长最短为 $4.5 + 5.2 = 9.7(\text{m})$。

5. 确定最大弯矩的位置

设最大弯矩 $M_{\max}$ 在基坑底下 x m 处的 d 点。

d 点处的主动土压力强度为

$$p_{a_d} = [q + \gamma(h + x)]K_a - 2c\sqrt{K_a}$$
$$= [10 + 20 \times (4.5 + x)] \times 0.49 - 2 \times 10 \times \sqrt{0.49} = 35 + 9.8x(\text{kPa})$$

d 点处的被动土压力强度为

$$p_{a_d} = \gamma x \times K_p + 2c\sqrt{K_p} = 20 \times x \times 2.04 + 2 \times 10 \times \sqrt{2.04} = 40.8x + 28.6(\text{kPa})$$

最大弯矩点处剪力为零:

$$\frac{1}{2} \times (35 + 9.8x) \times (4.5 - 0.93 + x) = \frac{1}{2} \times (28.6 + 40.8x + 28.6)x$$

$$x^2 - 0.41x - 4.03 = 0$$

$$x = 2.2 \text{ m}$$

6. 计算最大弯矩

d 点处的主动土压力强度为

$$p_{a_d} = 35 + 9.8x = 35 + 9.8 \times 2.2 = 56.56(\text{kPa})$$

d 点处的被动土压力强度为

$$p_{a_d} = 40.8x + 28.6 = 40.8 \times 2.2 + 28.6 = 118.36(\text{kPa})$$

$$M_{\max} = \frac{1}{2} \times 56.56 \times 4.5 - 0.93 + 2.2 \times \frac{4.5 - 0.93 + 2.2}{3} - 28.6 \times 2.2 \times \frac{2.2}{2} -$$
$$\frac{1}{2} \times (118.36 - 28.6) \times 2.2 \times \frac{2.2}{3}$$
$$= 172.2(\text{kN} \cdot \text{m/m})$$

【例6-2】　某二级基坑开挖深度为 5.5 m,地层为砂土,$\gamma = 18$ kN/m^3,$\varphi = 29°$,$c = 0$(见图6-11),地面无超载,桩长范围无地下水,采用单层锚杆 + 排桩支护,锚杆位置在地面下 1 m 处,锚杆水平间距为 2.5 m,试确定嵌固深度、桩长、支点力 T 及最大弯矩值。

解:1. 主动土压力计算

主动土压力系数:

$$K_a = \tan^2\left(45° - \frac{\varphi}{2}\right) = \tan^2\left(45° - \frac{29°}{2}\right) = 0.35$$

a 点处的主动土压力强度为

$$p_{a_a} = \gamma z K_a - 2c\sqrt{K_a} = 0$$

d 点处的主动土压力强度为

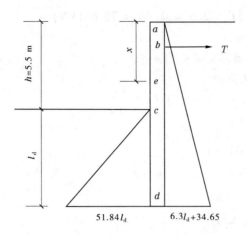

图 6-11　例 6-2 计算简图

$$p_{a_d} = \gamma(h + l_d)K_a - 2c\sqrt{K_a} = 18 \times (5.5 + l_d) \times 0.35 = 6.3 l_d + 34.65(\text{kPa})$$

2. 被动土压力计算

被动土压力系数：

$$K_p = \tan^2\left(45° + \frac{\varphi}{2}\right) = \tan^2\left(45° + \frac{29°}{2}\right) = 2.88$$

c 点处的被动土压力强度为

$$p_{a_c} = \gamma z K_p + 2c\sqrt{K_p} = 0$$

d 点处的被动土压力强度为

$$p_{a_d} = \gamma l_d K_p + 2c\sqrt{K_p} = 18 \times l_d \times 2.88 = 51.84 l_d(\text{kPa})$$

3. 按抗隆起破坏条件确定嵌固深度 l_d

该基坑为二级基坑，嵌固稳定安全系数不得小于 1.2：

$$\frac{\frac{1}{2} \times 51.84 l_d \times l_d \times \left(\frac{2l_d}{3} + 5.5 - 1\right)}{\frac{1}{2} \times (6.3 l_d + 34.65) \times (5.5 + l_d) \times \left[\frac{2 \times (5.5 + l_d)}{3} - 1\right]} \geq 1.2$$

$$l_d{}^3 + 5.34 l_d{}^2 - 12.73 l_d - 19.73 \geq 0$$

$$l_d \geq 2.6 \text{ m}$$

因此，桩长最短为 $5.5 + 2.6 = 8.1(\text{m})$。

4. 确定支点力

d 点处的主动土压力强度为

$$p_{a_d} = 6.3 l_d + 34.65 = 6.3 \times 2.6 + 34.65 = 51.03(\text{kPa})$$

d 点处的被动土压力强度为

$$p_{a_d} = 51.84 l_d = 51.84 \times 2.6 = 134.78(\text{kPa})$$

$$p_{a_d} = \gamma x \times K_p + 2c\sqrt{K_p} = 20 \times x \times 2.04 + 2 \times 10 \times \sqrt{2.04} = 40.8x + 28.6(\text{kPa})$$

由平衡条件 $\sum H = 0$ 得

$$T = \frac{1}{2} \times 51.03 \times 8.1 - \frac{1}{2} \times 134.78 \times 2.6 = 31.46(\text{kN/m})$$

每根锚杆支点力为 $2.5T = 2.5 \times 31.46 = 78.65(\mathrm{kN})$

5. 确定最大弯矩的位置

设最大弯矩 M_{max} 在地面下 x m 处的 e 点：

e 点处的主动土压力强度为

$$p_{a_e} = \gamma x K_a = 18 \times x \times 0.35 = 6.3x(\mathrm{kPa})$$

最大弯矩点处剪力为零

$$T = \frac{1}{2} \times 6.3x \times x = 31.46$$

$$x = 3.2 \text{ m}$$

6. 计算最大弯矩

e 点处的主动土压力强度为

$$p_{a_e} = 6.3x = 6.3 \times 3.2 = 20.16(\mathrm{kPa})$$

$$M_{max} = 31.46 \times (3.2 - 1) - \frac{1}{2} \times 20.16 \times 3.2 \times \frac{3.2}{3} = 34.81(\mathrm{kN \cdot m/m})$$

三、嵌固深度稳定性验算

排桩的稳定性验算是基坑支护结构设计计算的重要环节,嵌固深度除满足抗倾覆或抗隆起条件外,还要进行整体滑动稳定性验算、抗隆起稳定性验算和地下水渗透稳定性验算。

(一)整体滑动稳定性验算

锚拉式、悬臂式排桩均应进行整体滑动稳定性验算,通常采用圆弧滑动条分法进行验算,以瑞典圆弧滑动条分法为基础。在进行力矩极限平衡状态分析时,仍以圆弧滑动土体为分析对象,并假定滑动面上土的剪力达到极限强度的同时,滑动面外锚杆拉力也达到极限拉力。因此,在极限平衡关系上,增加锚杆拉力对圆弧滑动体圆心的抗滑力矩。

在计算中最危险滑弧的搜索范围限于通过排桩底端和在其下方的各个滑弧,因为排桩结构的平衡和结构强度已通过结构分析解决,在截面抗剪强度满足剪应力作用下的抗剪要求后,排桩不会被剪断,因此穿过排桩的各滑弧不需要验算。整体滑动稳定安全系数按下列公式进行计算(见图6-12):

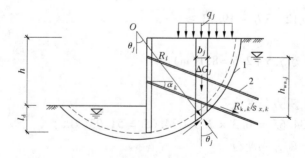

1—任意圆弧滑动面;2—锚杆

图6-12 圆弧滑动条分法整体稳定性验算

$$\min\{K_{s,1}, K_{s,2}, \cdots, K_{s,i}, \cdots\} \geqslant K_s \tag{6-4}$$

$$K_{s,i} = \frac{\sum \{c_j l_j + [(q_j l_j + \Delta G_j)\cos\theta_j - u_j l_j]\tan\varphi_j\} + \sum R'_{k,k}[\cos(\theta_j + \alpha_k) + \psi_v]/s_{x,k}}{\sum (q_j b_j + \Delta G_j)\sin\theta_j}$$

$$(6-5)$$

式中　K_s——圆弧滑动整体稳定安全系数,安全等级为一级、二级、三级的锚拉式支挡结构,
　　　　　　K_s分别不应小于1.35、1.3、1.25;

　　　$K_{s,i}$——第 i 个滑动圆弧的抗滑力矩与滑动力矩的比值,抗滑力矩与滑动力矩之比的
　　　　　　最小值宜通过搜索不同圆心及半径的所有潜在滑动圆弧确定;

　　　c_j、φ_j——第 j 土条滑弧面处土的黏聚力(kPa)、内摩擦角,(°);

　　　b_j——第 j 土条的宽度,m;

　　　θ_j——第 j 土条滑弧面中点处的法线与垂直面的夹角,(°);

　　　l_j——第 j 土条的滑弧段长度,m,取 $l_j = b_j/\cos\theta_j$;

　　　q_j——作用在第 j 土条上的附加分布荷载标准值,kPa;

　　　ΔG_j——第 j 土条的自重,kN,按天然重度计算;

　　　u_j——第 j 土条在滑弧面上的孔隙水压力,kPa,基坑采用落底式截水帷幕时,对地下
　　　　　　水位以下的砂土、碎石土、粉土,在基坑外侧,可取 $u_j = \gamma_w h_{wa,j}$,在基坑内侧,可
　　　　　　取 $u_j = \gamma_w h_{wp,j}$,在地下水位以上或对地下水位以下的黏性土,取 $u_j = 0$;

　　　γ_w——地下水重度,kN/m³;

　　　$h_{wa,j}$——基坑外地下水位至第 j 土条滑弧面中点的垂直距离,m;

　　　$h_{wp,j}$——基坑内地下水位至第 j 土条滑弧面中点的垂直距离,m;

　　　$R'_{k,k}$——第 k 层锚杆对圆弧滑动体的极限拉力值,kN,应取锚杆在滑动面以外的锚固
　　　　　　体极限抗拔承载力标准值与锚杆杆体受拉承载力标准值($f_{ptk}A_p$ 或 $f_{yk}A_s$)的较
　　　　　　小值,进行锚固体的极限抗拔承载力计算时锚固段应取滑动面以外的长度,
　　　　　　对悬臂式排桩,不考虑 $\sum R'_{k,k}[\cos(\theta_j + \alpha_k) + \psi_v]/s_{x,k}$;

　　　α_k——第 k 层锚杆的倾角,(°);

　　　$s_{x,k}$——第 k 层锚杆的水平间距,m;

　　　ψ_v——计算系数,可按 $\psi_v = 0.5\sin(\theta_k + \alpha_k)\tan\varphi$ 取值,φ 为第 k 层锚杆与滑弧交点处
　　　　　　土的内摩擦角。

(二)抗隆起稳定性验算

　　对深度较大的基坑,土的嵌固深度较小,土的强度
较低时,基坑的开挖过程实际是对基坑底部土体的一个
卸荷过程。基坑外侧土体因基坑内土体应力的解除,坑
内外土体的高差使支护结构外侧土体向坑内方向挤压,
造成的基坑底部土体隆起是锚拉(支撑)式排桩的一种
破坏模式(见图6-13),这是一种土体丧失竖向平衡状态
的破坏模式,由于锚杆和支撑只能对排桩提供水平方向

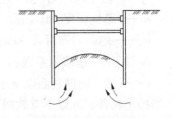

图6-13　基坑隆起破坏

的平衡力,对隆起破坏不起作用,特别是当基坑底为软土,在支护结构嵌固深度不足时,基坑
底部土体的隆起将导致基坑外地面沉降,引起支护结构破坏。因此,应进行基坑底部土体抗
隆起稳定性分析(见图6-14)。

基坑底部土体抗隆起稳定分析的理论计算方法很多,《建筑基坑支护技术规程》(JGJ 120—2012)采用目前常用的地基极限承载力 Prandtl 极限平衡理论公式,将支护结构底面所在的平面或软弱结构面作为求极限承载力的基准面,但 Prandtl 极限平衡理论公式的假设与实际情况存在差异,当支护结构嵌固深度很小时,不能采用此理论计算,具体计算公式如下:

$$\frac{\gamma_{m2} l_d N_q + c N_c}{\gamma_{m1}(h + l_d) + q_0} \geqslant K_b \tag{6-6}$$

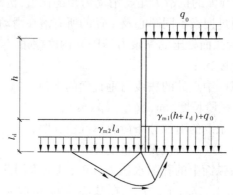

图 6-14　挡土构件底端平面下土的抗隆起稳定性验算

$$N_q = \tan^2\left(45° + \frac{\varphi}{2}\right) e^{\pi\tan\varphi} \tag{6-7}$$

$$N_c = (N_q - 1)/\tan\varphi \tag{6-8}$$

式中　K_b——抗隆起安全系数,安全等级为一级、二级、三级的支护结构,K_b 分别不应小于
　　　　　1.8、1.6、1.4;

　　　γ_{m1}——基坑外挡土构件底面以上土的重度,kN/m^3,对地下水位以下的砂土、碎石
　　　　　土、粉土取浮重度,对多层土取各层土按厚度加权的平均重度;

　　　γ_{m2}——基坑内挡土构件底面以上土的重度,kN/m^3,对地下水位以下的砂土、碎石
　　　　　土、粉土取浮重度,对多层土取各层土按厚度加权的平均重度;

　　　l_d——挡土构件的嵌固深度 ,m;

　　　h——基坑深度,m;

　　　q_0——地面均布荷载,kPa;

　　　N_c、N_q——承载力系数;

　　　c——挡土构件底面以下土的黏聚力,kPa。

当挡土构件底面以下有软弱下卧层时(见图6-15),挡土构件底面土的抗隆起稳定性验算的部位尚应包括软弱下卧层,按下列公式计算:

$$\frac{\gamma_{m2} D N_q + c N_c}{\gamma_{m1}(h + D) + q_0} \geqslant K_b \tag{6-9}$$

式中　γ_{m1}、γ_{m2}——基坑外、基坑内软弱下卧层顶面以上土的重度,kN/m^3;

　　　D——基坑底面至软弱下卧层顶面的土层厚度,m;

　　　c——软弱下卧层顶面以下土的黏聚力,kPa。

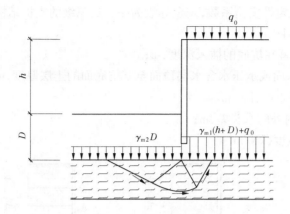

图6-15　软弱下卧层的抗隆起稳定性验算

(三)地下水渗透稳定性验算

地下水渗透稳定性验算包括突涌稳定性验算和流土稳定性验算。

1. 突涌稳定性验算

坑底以下有水头高于坑底的承压水含水层，且未用截水帷幕隔断其基坑内外的水力联系时，如图6-16所示，基坑开挖可能引起承压水头压力冲破基坑底部不透水层，造成突涌现象。此时，应进行基坑底部土突涌稳定性分析。

基坑底部土突涌稳定性通常考察承压水含水层顶面处土的自重应力与承压水头压力是否平衡。按下列公式计算：

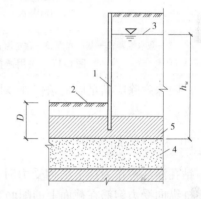

$$\frac{D\gamma}{h_w \gamma_w} \geq K_h \qquad (6\text{-}10)$$

1—截水帷幕;2—基底;3—承压水
测管水位;4—承压水含水层;5—隔水层

图6-16　坑底土体的突涌稳定性验算

式中　K_h——突涌稳定性安全系数，不应小于1.1;

D——承压水含水层顶面至坑底的土层厚度，m;

γ——承压水含水层顶面至坑底土层的天然重度，kN/m^3，对成层土，取各土层按厚度加权的平均天然重度;

h_w——承压水含水层顶面压力水头，m;

γ_w——水的重度，kN/m^3。

2. 流土稳定性验算

如图6-17所示，基坑外侧地下水水头高于基坑内侧地下水水头时，地下水由高处向低处渗流，在基坑底部，当向上的渗透力大于土的有效重力时，将发生流土现象。

当截水帷幕未采用落底式而是采用悬挂式，且悬挂式截水帷幕底端位于碎石土、砂土或粉土含水层时，对均质含水层，地下水渗流的流土稳定性按下列公式计算：

$$\frac{(2l_d + 0.8D_1)\gamma'}{\Delta h \gamma_w} \geq K_f \qquad (6\text{-}11)$$

式中 K_f——流土稳定性安全系数,安全等级为一、二、三级的支护结构,分别不应小于1.6、
　　　　1.5、1.4;

　　　l_d——截水帷幕在坑底的插入深度,m;

　　　D_1——潜水水面或承压水含水层顶面至基坑底面的土层厚度,m;

　　　γ'——土的浮重度,kN/m³;

　　　Δh——基坑内外的水头差,m;

　　　γ_w——水的重度,kN/m³。

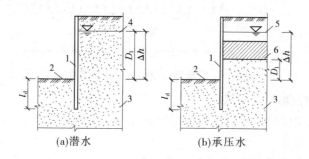

(a)潜水　　　　　　　　(b)承压水

1—截水帷幕;2—基坑底面;3—含水层;4—潜水水位;5—承压水测管水位;6—承压水含水层顶面

图6-17　采用悬挂式帷幕截水时的流土稳定性验算

　　嵌固深度除应满足以上条件外,对悬臂式结构,尚不宜小于$0.8h$(h为基坑深度);对单支点支挡式结构,尚不宜小于$0.3h$。

四、桩身配筋计算

　　钻孔灌注桩作为挡土结构受力时,可按钢筋混凝土圆形截面受弯构件进行配筋计算。灌注桩纵向受力钢筋在截面上的配筋方式通常有两种形式:其一是沿周边均匀配置纵向钢筋,如图6-18所示;其二是沿受拉区和受压区周边局部均匀配置纵向钢筋,如图6-19所示。

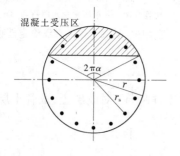

图6-18　圆形截面均匀配筋

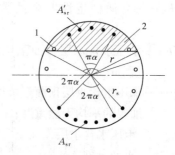

1—构造钢筋;2—混凝土受压区

图6-19　圆形截面局部均匀配筋

(一)圆形截面均匀配筋

　　沿周边均匀配置纵向钢筋的圆形截面钢筋混凝土受弯构件,当纵向钢筋不少于6根时,其正截面受弯承载力应满足以下要求:

$$M \le \frac{2}{3}f_c A r \frac{\sin^3 \pi\alpha}{\pi} + f_y A_s r_s \frac{\sin\pi\alpha + \sin\pi\alpha_t}{\pi} \qquad (6\text{-}12)$$

$$\alpha f_c A \left(1 - \frac{\sin 2\pi\alpha}{2\pi\alpha}\right) + (\alpha - \alpha_t) f_y A_s = 0 \tag{6-13}$$

$$\alpha_t = 1.25 - 2\alpha \tag{6-14}$$

式中　M——桩的弯矩设计值,kN · m,$M = \gamma_0 \gamma_F M_k$;

　　　f_c——混凝土轴心抗压强度设计值,kN/m²,当混凝土强度等级超过 C50 时,f_c 应用 $\alpha_1 f_c$ 代替,当混凝土强度等级为 C50 时,取 $\alpha_1 = 1.0$,当混凝土强度等级为 C80 时,取 $\alpha_1 = 0.94$,其间按线性内插法确定;

　　　A——支护桩截面面积,m²;

　　　r——支护桩的半径,m;

　　　α——对应于受压区混凝土截面面积的圆心角(rad)与 2π 的比值;

　　　f_y——纵向钢筋的抗拉强度设计值,kN/m²;

　　　A_s——全部纵向钢筋的截面面积,m²;

　　　r_s——纵向钢筋重心所在圆周的半径, m;

　　　α_t——纵向受拉钢筋截面面积与全部纵向钢筋截面面积的比值,当 $\alpha > 0.625$ 时,取 $\alpha_t = 0$。

(二)圆形截面局部均匀配筋

根据《建筑基坑支护技术规程》(JGJ 120—2012),沿受拉区和受压区周边局部均匀配置纵向钢筋的圆形截面混凝土支护桩,当纵向钢筋不少于 3 根时,其正截面受弯承载力应满足以下要求:

$$M \leqslant \frac{2}{3} f_c A r \frac{\sin^3 \pi\alpha}{\pi} + f_y A_{sr} r_s \frac{\sin \pi\alpha_s}{\pi\alpha_s} + f_y A'_{sr} r_s \frac{\sin \pi\alpha'_s}{\pi\alpha'_s} \tag{6-15}$$

$$\alpha f_c A \left(1 - \frac{\sin 2\pi\alpha}{2\pi\alpha}\right) + f_y (A'_{sr} - A_{sr}) = 0 \tag{6-16}$$

$$\cos \pi\alpha \geqslant 1 - \left(1 + \frac{r_s}{r} \cos \pi\alpha_s\right) \xi_b \tag{6-17}$$

式中　α_s——对应于受拉钢筋的圆心角(rad)与 2π 的比值,α_s 值宜在 1/6 ~ 1/3 选取,通常可取 0.25;

　　　α'_s——对应于受压钢筋的圆心角(rad)与 2π 的比值,宜取 $\alpha'_s \leqslant 0.5\alpha$;

　　　A_{sr}、A'_{sr}——沿周边均匀配置在圆心角 $2\pi\alpha_s$、$2\pi\alpha'_s$ 内的纵向受拉钢筋、受压钢筋的截面面积,m²;

　　　ξ_b——矩形截面的相对界限受压区高度,应按现行国家标准《混凝土结构设计规范》(GB 50010)的规定取值。

计算的受压区混凝土截面面积的圆心角(rad)与 2π 的比值 $\alpha \geqslant 1/3.5$,当 $\alpha < 1/3.5$ 时,其正截面受弯承载力可按下式计算:

$$M \leqslant f_y A_{sr} \left(0.78r + r_s \frac{\sin \pi\alpha_s}{\pi\alpha_s}\right) \tag{6-18}$$

单元三　锚杆设计与施工

一、锚杆设计

锚杆设计应在对工程地质条件和周边环境充分调查的基础上进行,以确保其适用并且不会对周边建筑物基础及地下管线造成损坏。锚杆设计的主要内容有锚杆的布置、长度、直径及验算,验算主要包括锚杆杆体材料强度验算和锚杆轴向受拉承载力验算。

(一)锚杆布置

当基坑开挖深度较浅时,基坑土体工程性质较好,周边环境保护要求不高时,一般在竖向设置一层锚杆就能满足强度、变形和稳定性要求,相反的情况,可能需要在竖向设置两层甚至更多层锚杆。当锚杆间距太小时,会引起锚杆周围的高应力区叠加,从而影响锚杆抗拔力和增加锚杆位移,即产生"群锚效应"。

为避免群锚效应,锚杆的水平间距不宜小于 1.5 m;多层锚杆的竖向间距不宜小于 2.0 m;当锚杆的间距小于 1.5 m 时,应根据群锚效应对锚杆抗拔承载力进行折减或相邻锚杆应取不同的倾角。根据有关参考资料,当土层锚杆间距为 1.0 m 时,考虑群锚效应的锚杆抗拔力折减系数可取 0.8;间距大于 1.5 m 时,折减系数取 1.0;间距为 1.0 ~ 1.5 m 时,折减系数可在 0.8 ~ 1.0 内插确定。

锚杆是通过锚固段与土体之间的接触应力产生作用,如果锚固段上覆土层厚度太薄,则两者之间的接触应力也小,锚杆与土的黏结强度会降低。另外,当锚杆采用二次高压注浆时,上覆土层需要有一定厚度才能保证在较高注浆压力作用下,浆液不会从地表溢出或流入地下管线内。为此,锚杆锚固段的上覆土层厚度不宜小于 4.0 m。

(二)锚杆直径和倾角

对钢绞线锚杆、普通钢筋锚杆,锚杆成孔直径一般要求取 100 ~ 150 mm。

理论上讲,锚杆水平倾角越小,锚杆拉力的水平分力所占比例越大,从受力上分析是有利的,但是锚杆水平倾角太小,又会降低浆液向锚杆周围土层内渗透,影响注浆效果。锚杆水平倾角越大,锚杆拉力的水平分力所占比例越小,锚杆拉力的有效部分减小或需要更长的锚杆长度,也就越不经济。同时,锚杆的竖向分力较大,对锚头连接要求更高并增大挡土构件向下变形的趋势。因此,锚杆的倾角不宜太小也不宜过大,一般取 15° ~ 25°,极限状态下不应大于 45°,不应小于 10°,同时应按尽量使锚杆锚固段进入黏结强度较高土层的原则确定锚杆倾角。

当锚杆穿过的地层上方存在天然地基的建筑物或地下构筑物时,锚杆成孔造成的地基变形可能使其发生沉降甚至损坏,因此设置锚杆应避开易塌孔、变形的地层。

(三)锚杆长度

锚杆长度包括锚杆自由段长度、锚固段长度及外露长度。

1.自由段长度

锚杆自由段长度是锚杆杆体不受注浆固结体约束可自由伸长的部分,也就是杆体用套管与注浆固结体隔离的部分。在设计钢绞线、钢筋杆体在自由段应设置隔离套管,或采用止浆塞,阻止注浆浆液与自由段杆体固结。

锚杆自由段长度越长,预应力损失就会越小,锚杆拉力对锚头位移也就越不敏感,锚杆拉力越稳定。自由段长度过小,锚杆张拉锁定后的弹性伸长较小,锚具变形、预应力筋回缩等因素引起的预应力损失较大,同时受支护结构位移的影响也越敏感,锚杆拉力会随支护结构位移有较大幅度增加,严重时锚杆会因杆体应力超过其强度发生脆性破坏。因此,锚杆的自由段应达到一定长度。一般认为,锚杆自由段长度不宜小于 5.0 m,且穿过潜在滑动面进入稳定土层的长度不应小于 1.5 m。

锚杆的自由段长度应按下式计算(见图 6-20):

$$l_{\mathrm{f}} \geqslant \frac{(a_1 + a_2 - d\tan\alpha)\sin\left(45° - \dfrac{\varphi_{\mathrm{m}}}{2}\right)}{\sin\left(45° + \dfrac{\varphi_{\mathrm{m}}}{2} + \alpha\right)} + \frac{d}{\cos\alpha} + 1.5 \tag{6-19}$$

式中 l_{f}——锚杆自由段长度,m;

     α——锚杆的倾角,(°);

     a_1——锚杆的锚头中点至基坑底面的距离,m;

     a_2——基坑底面至挡土构件嵌固段上基坑外侧主动土压力强度与基坑内侧被动土压力强度等值点 O 的距离,m,对于多层土地层,当存在多个等值点时,应按其中最深处的等值点计算;

     d——挡土构件的水平尺寸,m;

     φ_{m}——O 点以上各土层按厚度加权的内摩擦角平均值,(°)。

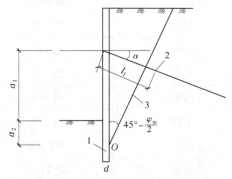

1—挡土构件;2—锚杆;3—理论直线滑动面

图 6-20　锚杆自由段长度计算

2. 锚固段长度

锚杆锚固段长度按极限抗拔承载力要求确定,对于土层中的锚杆,除满足极限抗拔承载力要求外,其锚固段长度不宜小于 6 m。

1)锚杆极限抗拔承载力标准值 R_{k}

锚杆极限抗拔承载力标准值 R_{k} 通过抗拔试验确定,也可按式(6-20)估算,但应按抗拔试验进行验证:

$$R_{\mathrm{k}} = \pi d \sum q_{\mathrm{s}ik} l_i \tag{6-20}$$

式中 d——锚杆的锚固体直径,m;

     l_i——锚杆的锚固段在第 i 土层中的长度,m,锚固段长度 l_{a} 为锚杆在理论直线滑动面以外的长度；

q_{sik}——锚固体与第 i 土层之间的极限黏结强度标准值，kPa，应根据工程经验并结合表 6-1 取值。

表 6-1　锚杆的极限黏结强度标准值

土的名称	土的状态或密实度	q_{sik}（kPa）	
		一次常压注浆	二次压力注浆
填土		16～30	30～45
淤泥质土		16～20	20～30
黏性土	$I_L > 1$	18～30	25～45
	$0.75 < I_L \leqslant 1$	30～40	45～60
	$0.50 < I_L \leqslant 0.75$	40～53	60～70
	$0.25 < I_L \leqslant 0.50$	53～65	70～85
	$0 < I_L \leqslant 0.25$	65～73	85～100
	$I_L \leqslant 0$	73～90	100～130
粉土	$e > 0.90$	22～44	40～60
	$0.75 < e \leqslant 0.90$	44～64	60～80
	$e \leqslant 0.75$	64～100	80～130
粉细砂	稍密	22～42	40～70
	中密	42～63	75～110
	密实	63～85	90～130
中砂	稍密	54～74	70～100
	中密	74～90	100～130
	密实	90～120	130～170
粗砂	稍密	80～130	100～140
	中密	130～170	170～220
	密实	170～220	220～250
砾砂	中密、密实	190～260	240～290
风化岩	全风化	80～100	120～150
	强风化	150～200	200～260

注:1.采用泥浆护壁成孔工艺时,应按表取低值后再根据具体情况适当折减。

2.采用套管护壁成孔工艺时,可取表中的高值。

3.采用扩孔工艺时,可在表中数值基础上适当提高。

4.采用分段劈裂二次压力注浆工艺时,可在表中二次压力注浆数值基础上适当提高。

5.当砂土中的细粒含量超过总质量的 30% 时,按表取值后应乘以 0.75 的系数。

6.对有机质含量为 5%～10% 的有机质土,应按表取值后适当折减。

7.当锚杆锚固段长度大于 16 m 时,应对表中数值适当折减。

2）锚杆的轴向拉力标准值 N_k

锚杆的轴向拉力标准值应按下式计算：

$$N_k = \frac{F_h s}{b_a \cos\alpha}$$　　　　　　（6-21）

式中　N_k——锚杆的轴向拉力标准值，kN；

F_h——挡土构件计算宽度内的弹性支点水平反力，kN；

s——锚杆水平间距，m；

b_a——结构计算宽度，m；

α——锚杆倾角，(°)。

3）锚固段长度

根据锚杆的极限抗拔承载力应符合下式要求，可求得锚固段长度：

$$\frac{R_k}{N_k} \geqslant K_t$$　　　　　　（6-22）

式中　K_t——锚杆抗拔安全系数，安全等级为一级、二级、三级的支护结构，K_t 分别不应小于 1.8、1.6、1.4；

N_k——锚杆轴向拉力标准值，kN；

R_k——锚杆极限抗拔承载力标准值，kN。

3. 外露长度

锚杆杆体的外露长度应满足腰梁、台座尺寸及张拉锁定作业的要求。

（四）锚杆杆体截面面积

锚杆杆体的截面面积可按下式计算：

$$A_p \geqslant \frac{N}{f_{py}}$$　　　　　　（6-23）

式中　A_p——预应力钢筋的截面面积，m^2；

N——锚杆轴向拉力设计值，kN；

f_{py}——预应力钢筋抗拉强度设计值，kPa，当锚杆杆体采用普通钢筋时，取普通钢筋强度设计值 f_y。

二、锚杆施工与检测

（一）锚杆施工

锚杆施工主要有成孔施工、杆体制作与安放、注浆、腰梁施工及张拉锁定等工序。锚杆施工流程如图6-21所示。

1. 施工前准备工作

施工前的准备工作有：了解施工区土层分布及各土层的物理力学性能，以便实施锚杆的布置、选择钻孔方法；了解地下水赋存状况及其化学成分，以确定排水、截水措施，以及拉杆的防腐措施。当锚杆穿过的地层附近存在既有地下管线、地下构筑物时，应在调查或探明其位置、走向、类型、使用状况等情况后再进行锚杆施工。请设计单位做技术咨询，以全面了解设计意图、编制施工组织设计。

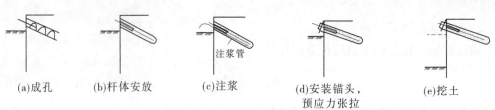

(a)成孔　　(b)杆体安放　　(c)注浆　　(d)安装锚头,
预应力张拉　　(e)挖土

图 6-21　锚杆施工示意图

2. 成孔施工

锚杆成孔方法有螺旋钻干成孔、套管护壁成孔、浆液护壁成孔等。套管护壁成孔对土体扰动小,对周边环境影响最小;螺旋钻干成孔、浆液护壁成孔的锚杆承载力低,成孔时常导致周边建筑物地基沉降。因此,应根据土层性状和地下水条件选择成孔方式。对松散和稍密的砂土、粉土、卵石、填土、有机质土、高液性指数的黏性土,宜采用套管护壁成孔护壁工艺;在地下水位以下时,不宜采用干成孔工艺;在高塑性指数的饱和黏性土层成孔时,不宜采用泥浆护壁成孔工艺。

成孔是锚杆施工的一个关键环节,施工过程中往往会引起塌孔、孔壁形成泥皮、涌水涌砂、遇障碍物等问题,与其他工程的钻孔相比,施工时应注意以下问题:

(1)孔壁要求平直,以便安放杆体和注浆。

(2)孔壁不得塌陷和松动,否则影响杆体安放和土层锚杆的承载力。

(3)钻孔时不得使用膨润土循环泥浆护壁,以免在孔壁上形成泥皮,降低锚固体与土体间的摩阻力。

(4)土层锚杆的钻孔多有一定的倾角,因此孔壁的稳定性较差。

(5)由于土层锚杆的长细比很大,孔洞很长,保证钻孔的准确方向和直线性较困难,容易偏斜和弯曲。

3. 杆体制作与安放

常用的锚杆杆体有钢筋、钢丝束和钢绞线。这要根据土层锚杆的承载力和现有材料情况选择,承载力较小时,多用钢筋,承载力较大时,多用钢绞线。

杆体制作和安放时应除锈、除油污,避免杆体弯曲。

当锚杆杆体采用 HRB335、HRB400 级钢筋时,其连接宜采用机械连接、双面搭接焊、双面帮条焊。采用双面焊时,焊缝长度不应小于 $5d$(d 为杆体钢筋直径)。为了将杆体安置在钻孔的中心,防止自由段产生过大的挠度和插入钻孔时不扰动土壁,对锚固段,为了增加杆体与锚固体的握裹力,一般在杆体表面设置定位器(或撑筋环),如图 6-22 所示。

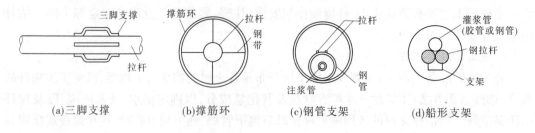

(a)三脚支撑　　(b)撑筋环　　(c)钢管支架　　(d)船形支架

图 6-22　锚杆杆体定位器

钢绞线柔性更好,向钻孔安放更容易,绑扎时,钢绞线应平行、间距均匀。锚固段的钢绞线要仔细清除表面的油脂,以确保与锚固体砂浆有良好的黏结力,自由段的钢绞线要套以聚丙烯防护套等进行防腐处理。为避免插入孔内时钢绞线在孔内弯曲或扭转,需要设置定位器。

采用套管护壁工艺成孔时,应在拔出套管前将杆体插入孔内;采用非套管护壁成孔时,杆体应匀速推送至孔内。成孔后应及时插入杆体及注浆。

4.注浆

目前,常用锚杆注浆工艺有一次常压注浆和两次压力注浆。一次常压注浆是浆液在自重压力作用下填充锚杆钻孔,在浆液渗入土体引起液面下降后再进行二次补浆,属于一次常压注浆。二次压力注浆需要满足两个指标:一是二次注浆时的注浆压力,一般不应小于1.5 MPa;二是注浆时的注浆量,满足这两个指标的关键是控制浆液不得从孔口流失。一般的做法是:在一次注浆锚固体达到一定强度后进行第二次注浆,或者在锚杆锚固段起点处设置止浆装置,可重复注浆工艺是一种较先进的注浆方法,可增加二次注浆量和沿锚固段的注浆均匀性,并可对锚杆实施多次注浆,但这种方法目前在工程中的应用还不普遍。

钢绞线锚杆和普通钢筋锚杆的注浆应符合下列规定:

(1)注浆液采用水泥浆时,水灰比宜取0.50~0.55;采用水泥砂浆时,水灰比宜取0.40~0.45,灰砂比宜取0.5~1.0,拌和用砂宜选用中粗砂。

(2)水泥浆或水泥砂浆内可掺入能提高注浆固结体早期强度或微膨胀的外掺剂,其掺入量宜按室内试验确定。

(3)注浆管端部至孔底的距离不宜大于200 mm;注浆及拔管过程中,注浆管口应始终埋入注浆液面内,应在水泥浆液从孔口溢出后停止注浆;注浆后,当浆液液面下降时,应进行孔口补浆。

(4)采用二次压力注浆工艺时,二次压力注浆宜采用水灰比为0.50~0.55的水泥浆;二次注浆管应牢固绑扎在杆体上,注浆管的出浆口应采取止逆措施;二次压力注浆时,终止注浆的压力不应小于1.5 MPa。

(5)采用分段二次劈裂注浆工艺时,注浆宜在固结体强度达到5 MPa后进行,注浆管的出浆孔宜沿锚固段全长设置,注浆顺序应由内向外分段依次进行。

(6)基坑采用截水帷幕时,地下水位以下的锚杆注浆应采取孔口封堵措施。

(7)寒冷地区在冬期施工时,应对注浆液采取保温措施,浆液温度应保持在5 ℃以上。

5.腰梁施工

腰梁是将锚头拉力传递到支护结构上的传力结构,工程上常用的腰梁有组合型钢锚杆腰梁。钢台座的施工应符合现行国家标准《钢结构工程施工质量验收规范》(GB 50205)的有关要求;混凝土锚杆腰梁、混凝土台座的施工应符合现行国家标准《混凝土结构工程施工质量验收规范》(GB 50204)的有关要求。

6.张拉锁定

锚杆的张拉锁定应在锚杆固结体的强度达到设计强度的75%且不小于15 MPa后,方可进行。

对拉力型钢绞线锚杆,宜采用钢绞线束整体张拉锁定的方法,而不宜采用分束张拉锁定。

锚杆锁定前,应按表6-2的抗拔承载力检测值进行锚杆预张拉,其目的是在锚杆锁定时对每根锚杆进行过程检验,当锚杆抗拔力不足时可以事先发现,减少锚杆的质量隐患;通过张拉可以检验在设计荷载作用下各连接点的可靠性,也可减小锁定后锚杆的预应力损失。

表 6-2　锚杆的抗拔承载力检测值

支护结构的安全等级	锚杆张拉值与轴向拉力标准值 N_k 的比值
一级	1.4
二级	1.3
三级	1.2

锚杆张拉应平缓加载,加载速率不宜大于 $0.1\ N_k/\min$(N_k 为锚杆轴向拉力标准值);在张拉值下的锚杆位移和压力表压力应保持稳定,当锚头位移不稳定时,应判定此根锚杆不合格。

工程实测表明,锚杆张拉锁定后一般预应力损失较大,造成预应力损失的主要因素有土体蠕变、锚头及连接的变形、相邻锚杆影响。因此,锁定时的锚杆拉力应考虑锁定过程的预应力损失量;预应力损失量宜通过对锁定前、后锚杆拉力的测试确定;缺少测试数据时,锁定时的锚杆拉力可取锁定值的 1.1~1.15 倍。

锚杆锁定尚应考虑相邻锚杆张拉锁定引起的预应力损失,当锚杆预应力损失严重时,应进行再次锁定;锚杆出现锚头松弛、脱落、锚具失效等情况时,应及时进行修复并对其进行再次锁定。

锚杆张拉锁定后,钢绞线多余部分宜切断。采用热切割时,钢绞线过热会使锚具夹片表面硬度降低,造成钢绞线滑动,降低锚杆预应力。当锚杆需要再次张拉锁定时,锚具外的杆体预留长度应满足张拉要求。确定锚杆不用再张拉时,冷切割的锚具外的杆体保留长度一般不小于 50 mm,热切割时一般不小于 80 mm。

(二)锚杆检测

1. 锚杆施工质量要求

锚杆的施工偏差见表6-3。

表 6-3　锚杆的施工允许偏差

项目	允许偏差
钻孔孔深(m)	>0.5
钻孔孔位(mm)	50
钻孔倾角(°)	3
杆体长度	>设计长度
自由段的套管长度(mm)	±50

2. 锚杆检测

为保证锚杆质量,施工时需按下列要求进行检测:

(1)检测数量不应少于锚杆总数的5%,且同一土层中的锚杆检测数量不应少于3根。

(2)检测试验应在锚杆的固结体强度达到设计强度的75%后进行。

（3）检测锚杆应采用随机抽样的方法选取。

（4）检测试验的张拉值应按表6-2取值。

（5）检测试验应按锚杆抗拔试验中的验收试验方法进行。

（6）当检测的锚杆不合格时，应扩大检测数量。

单元四　排桩与地下连续墙支护结构的施工

一、排桩施工

钻孔灌注桩是基坑支护结构中最为常用的一种桩型，其施工方法可以根据不同土质分为干作业成孔和湿作业成孔两大类型。成孔后吊放钢筋笼，灌注混凝土而成。施工时要保证设计要求的孔位、孔深和孔的垂直度，并保证孔底沉渣厚度不超过规定值。

（一）干作业成孔的钻孔灌注桩

干作业成孔的钻孔灌注桩宜用于均质黏土，亦能穿透砂层。设备采用螺旋钻机，它由主机、滑轮组、螺旋钻杆、钻头、滑动支架、出土装置等组成。由螺旋钻头（见图6-23）切削土体，切下的土随钻头旋转并沿螺旋叶片上升而排出孔外。

这种钻机结构简单，使用可靠，成孔效率高、质量较好，且具有耗钢量少，无振动、无噪声等优点，因此在无地下水的均质土中被广泛采用。它的施工流程如图6-24所示。

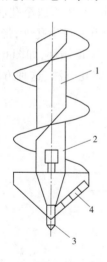

1—螺旋钻杆；2—切削片；3—导向尖；4—合金刀

图6-23　螺旋钻头

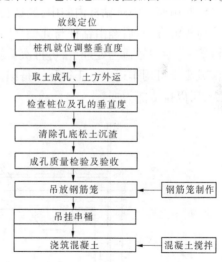

图6-24　干作业成孔的钻孔灌注桩施工流程

螺旋钻成孔施工时，应根据地层情况，选择合理的钻进速度及钻压；初钻时应选用慢速挡，以减小钻杆摇晃，并便于校正桩位及初始垂直度；遇到硬土或钻进异常情况（如不正常摇晃），应放慢钻进速度，保证孔形及垂直度，必要时提钻检查，如有地下障碍，必须排除后方可缓慢钻进；由硬土层进入软土层时，特别是钻进含水量大的软塑性黏土层，应控制钻杆晃动，防止扩孔；钻进达到设计标高后，应原位空转清土，停钻后再提钻取土，注意空转清土时不可进钻，提钻弃土时不可转钻。

钢筋笼宜一次整体吊入,如过长可分段吊,两段焊接后徐徐沉放孔内,吊放钢筋笼时严防碰撞孔壁。

经检查合格后,应及时灌注混凝土。深度大于 6 m 时,靠混凝土冲力自身砸实,小于 6 m 者用长竹竿捣实,上面的 2 m 用振动器捣实。

(二)湿作业成孔的钻孔灌注桩

泥浆护壁成孔可用多种形式的钻机钻进成孔。在钻孔过程中,为防止孔壁坍塌,在孔内注入高塑性黏土或膨润土和水拌和的泥浆,也可利用钻削下来的黏性土与水混合自造泥浆保护孔壁。这种护壁泥浆与钻孔的土屑混合,边钻边排出泥浆,同时进行孔内补浆。当钻孔达到规定深度后,清除孔底泥渣,然后安放钢筋笼,在泥浆下灌注混凝土而成桩。

1. 护壁泥浆

护壁泥浆是由高塑性黏土或膨润土和水拌和的混合物,还可在其中掺入其他掺加剂,如加重剂、分散剂、增黏剂及堵漏剂等。泥浆具有护壁、排渣、冷却和润滑作用,其中主要作用是保护孔壁、防止坍孔,同时在泥浆循环过程中还可排渣,并对钻头具有冷却、润滑作用。

护壁泥浆一般可在现场制备,有些黏性土在钻进过程中可形成适合护壁的浆液,则可利用其作为护壁泥浆,这种方法也称为自造泥浆。

2. 泥浆循环方法

根据泥浆循环及排渣方式的不同,泥浆循环工艺可分为正循环及反循环两种。

1) 正循环

正循环是泥浆由浆泵输进钻杆内腔中,经钻头的出浆口射出,泥浆压送至孔底后,与钻孔产生的泥渣搅拌混合,然后经由钻杆与孔壁之间的环状空间上升并排出孔外,带有大量泥渣的泥浆经沉淀、过滤并做适当处理后,可再次重复使用,称为泥浆正循环,如图 6-25 所示。沉淀后的废液或废土可用车运走。正循环法是国内常用的一种成孔方法,这种方法由于泥浆的流速不大,所以排渣能力弱。

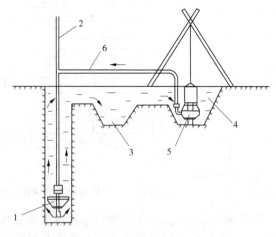

1—钻头;2—钻杆;3—沉淀池;4—泥浆池;5—泥浆泵;6—送浆管

图 6-25　正循环

2) 反循环

反循环是泥浆从钻杆与孔壁间的环状间隙流入钻孔,护壁、冷却钻头并挟带钻屑由钻杆内腔返回地面。带有大量泥渣的泥浆经沉淀、过滤并做适当处理后,可再次重复使用,称为泥浆反循环,如图 6-26 所示。由于钻杆内腔断面面积比钻杆与孔壁间的环状断面面积小得多,所以泥浆的上返速度大,是正循环泥浆上返速度的数十倍,故能提高排渣能力,减少钻渣在孔底内重复破碎的机会。

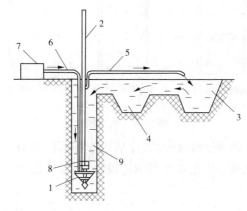

1—钻头;2—钻杆;3—沉淀池;4—泥浆池;5—送浆管;6—高压气管;7—空压机;8—真空泵;9—砂石管

图 6-26　反循环

3. 施工机械

用于基坑支护灌注桩(湿作业成孔)施工的成孔机械主要有以下几种。

1)冲击钻机

冲击钻机是将冲锤式钻头用动力提升,以自由落下的冲击力来掘削土层或岩层,然后排出碎块,钻至设计标高形成桩孔。它适用于粉质黏土、砂土及砾石、卵石、漂石甚至岩层等。

冲击式钻头有十字形、Y 形、一字形及工字形、圆形等多种形式(见图 6-27)。冲击钻机施工中需护筒、掏渣筒及打捞工具等,机架可采用井架式、桅杆式或步履式等,一般均为钢结构。掏渣筒一般用钢板制成,用于掏取孔内土、石渣浆,其构造见图 6-28。掏渣筒根据取土活门不同构造分为碗形活门、单片活门及双片活门几种。

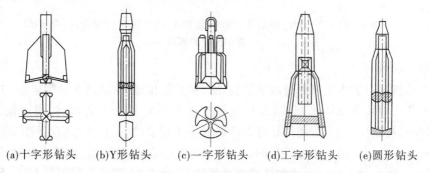

(a)十字形钻头　　(b)Y形钻头　　(c)一字形钻头　　(d)工字形钻头　　(e)圆形钻头

图 6-27　冲击式钻头示意图

2)冲抓锥钻机

冲抓锥钻机也是通过动力将冲抓锥提升,而后下落冲入土中,此时叶瓣抓片张开,提钻时抓片闭合抓土,将冲抓锥提出孔口卸土,依次循环成孔。它适用于淤泥质土、黏土、砂土、砂砾石及岩层。孔深一般在 20 m 左右,但成孔直径较小。

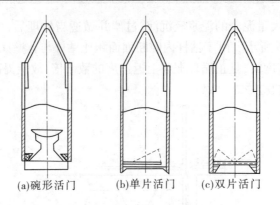

(a)碗形活门　　　(b)单片活门　　　(c)双片活门

图 6-28　掏渣筒

冲抓锥的构造如图 6-29 所示。根据抓片活动连杆的设置分为外连杆冲抓锥及内连杆冲抓锥两种。冲抓锥钻机施工中也要配备出渣设备,机架类似冲击钻机。

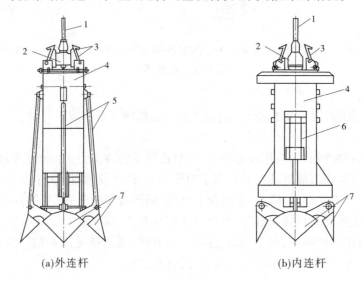

(a)外连杆　　　　　　　　　　　　　　　(b)内连杆

1—起重钢丝绳;2—挂轮;3—自动挂钩;4—套管;5—外连杆;6—内连杆;7—叶瓣抓片

图 6-29　冲抓锥

3)潜水钻机

潜水钻机是由潜水电机通过减速器将动力传至输出轴,带动钻头切削岩土,工作时动力装置潜入孔底直接驱动钻头回转切削(见图 6-30),因此钻杆不需旋转,噪声低,钻孔效率高,可减少钻杆断面,还可避免因钻杆折断而发生工程事故,是近年来应用较广的钻机。

潜水钻机适用于地下水位较高的软土层、轻硬土层,如淤泥质土、黏土及砂质土。如更换合适钻头,还可钻入岩层。通常钻进深度可达 50 m 左右,钻孔直径可达 600 ~ 5 000 mm。

4.施工工艺

泥浆护壁钻孔灌注桩施工工艺流程如图 6-31 所示。

在施工中成孔质量与泥浆护壁效果关系很大,因此对护壁泥浆及泥浆循环质量应加以重视,成桩质量则与清孔、放置钢筋笼及混凝土浇筑有关。

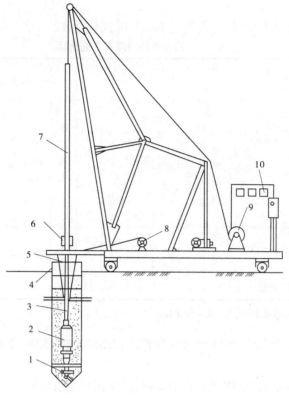

1—钻头;2—潜水钻机;3—电缆;4—护筒;5—水管
6—滚轮支点;7—钻杆;8—电缆盘;9—卷扬机;10—控制箱

图 6-30 潜水钻机

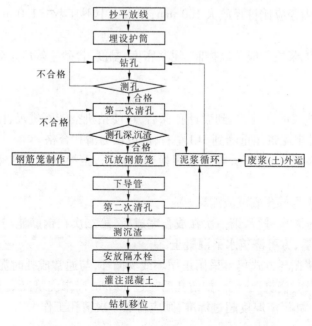

图 6-31 泥浆护壁钻孔灌注桩施工工艺流程

1）成孔

成孔施工前应根据工程特点，尤其是地质状况选择合理的工艺，可参考表6-4。

表6-4　钻孔灌注桩成孔工艺选择

成孔工艺	桩径（mm）	桩长（mm）	穿越土层							桩端进入持力层				地下水		对环境影响	
			一般黏性土及杂填土	非自重湿陷	自重湿陷	季节性冻土、膨胀土	淤泥和淤质土	砂土	碎石土	硬黏性土	密实砂土	碎石土	软质岩石和风化岩石	以上	以下	振动或噪声	排浆
潜水钻成孔	500~800	≤50	○	△	×	△	○	△	△	○	△	○	△	○	△	无	有
回旋类钻机成孔	500~1 000	≤100	○	△	×	○	○	△	×	○	○	△	○	○	○	无	有
冲击钻成孔	600~1 000	≤50	○	×	×	○	○	○	○	○	○	○	△	○	△	有	有

注：○代表适合，△代表有可能采用，×代表不能采用。

如地基上层为软土、下层为碎石土或基岩，则上层采用潜水钻、下层采用冲击钻，能提高钻孔效率。

施工前必须进行试成桩，数量不少于2根，以便核对地质资料，检验所选设备、施工工艺及技术要求是否适宜，如出现不满足设计要求的情况，应拟定补救技术措施，或重新考虑施工工艺。

当遇到土质较差，孔口易坍塌的情况，应在孔口埋设护筒，以起到定位、保护孔口及维持水头等作用。护筒内径应比桩径放大100 mm，埋入土中不宜小于1.0 m。其顶部应设1~2个溢浆口。

成孔施工中的泥浆质量应予以控制，泥浆密度、黏度、含砂率等应达到设计要求，并经常测定以上指标。

2）清孔

（1）对以原土造浆的钻孔，达到设计孔深后，可使钻机空转不进尺，同时射水，待孔底残余泥块已磨成浆，排出泥浆比重降到1:1左右，即可认为清孔合格。

（2）对注入制备泥浆的钻孔，则可采用换浆法清孔，至换出泥浆比重小于1.15~1.25为合格。

（3）清孔后还应进行孔底沉渣测试。

（4）清孔一般分两次进行，第一次在成孔完成后，第二次在钢筋笼与浇混凝土导管放置后。清孔检查合格后，方可浇筑水下混凝土。

（5）清孔时泥浆循环方式仍可采用正循环或反循环，与通常成孔时泥浆循环方式相同。

（6）清孔后应及时浇筑混凝上，如清孔后超过30 min尚未浇筑混凝土，则灌注前应再次进行孔底沉渣测定，如沉渣厚度超过标准，则应再做一次清孔工作。

3）放置钢筋笼

（1）钢筋笼制作前应将纵向钢筋调直，清除表面污垢、锈蚀，并按照设计要求制作。

(2)起吊、运输及安装过程中应采取措施防止变形,吊点宜设在加强箍筋部位。

(3)钢筋笼安装入孔时,应保持垂直状态,对准孔位徐徐轻放,避免碰撞孔壁。下笼中若遇阻碍,不得强行下放,应查明原因酌情处理后再继续下笼。

(4)钢筋孔口焊接应将上、下节笼各主筋位置校正,且上、下节笼保持垂直状态时方可施焊,焊接时宜两边对称施焊。每节笼子焊接完毕后还应补足焊接部位的箍筋,钢筋笼全部入孔后应检查安装位置,确认符合要求后,将钢筋笼用吊筋进行固定,以使钢筋笼定位,避免灌注混凝土时钢筋笼上浮。

4)灌注水下混凝土

(1)施工机具。

水下混凝土灌注的主要机具包括导管、漏斗和隔水栓等(见图6-32)。

导管一般用无缝钢管制作或钢板卷制焊成。导管壁厚不宜小于3 mm,直径宜为200~250 mm,导管的分节长度视桩架高度及工艺要求确定,一般底管长度不宜小于4 m,接头一般用双螺纹方扣快速接头。导管使用前应试拼装、试压,试水压力为0.6~1.0 MPa,不漏水为合格。

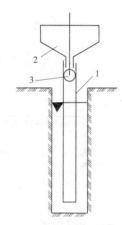

1—导管;2—漏斗;3—隔水栓

图6-32　灌注水下混凝土

为了保证上部桩身的灌注质量,常用漏斗。漏斗一般用4~6 mm的钢板制作,安装于导管顶部,用于接盛、泄漏混凝土,要求不漏浆、不挂浆、泄漏顺畅彻底。漏斗容量应能满足初灌量的要求。

隔水栓置于导管内,在初始灌注混凝土时隔离泥浆。隔水栓过去常用直径小于导管内径20~30 mm的木球、混凝土球、砂袋等,以粗铁丝悬挂在导管上口或近水面处,要求能在管内滑动自如不至卡管。现在也有采用在漏斗与导管接头处设置活门的方式。

(2)混凝土的灌注顺序。

安装导管→放置隔水栓(使其与导管内水面贴紧)→初灌混凝土→剪断铁丝(隔水栓落出导管)→边灌注混凝土边提升导管→灌注完毕,拔出导管。

(3)施工要点。

混凝土灌注过程中,导管应始终埋在混凝土中,严禁将导管提出混凝土面。导管埋入混凝土面的深度以2~3 m为宜,最小埋入深度不得小于1 m。导管应勤提勤拆,一次提管高度不得超过6 m;混凝土灌注中应防止钢筋笼上浮。由于桩顶部分混凝土与泥浆混杂,质量受到很大影响,混凝土实际灌注量应比设计桩顶标高高出不小于0.5~1.0 m,高出的长度应根据桩长、地质条件和成孔工艺等因素来合理确定。

混凝土灌注完毕后应及时割断吊筋、拔出护筒、清除孔口泥浆和混凝土残浆。桩顶混凝土面低于自然地面高度的桩孔应立即回填或加盖,以确保安全。

二、地下连续墙施工

地下连续墙是在地面上先构筑导墙,采用专门的成槽设备,沿着支护工程的周边,在特制泥浆护壁的条件下,分段开挖深槽。清槽后,向槽内吊放钢筋笼,用导管法浇筑水下混凝土,混凝土自下而上充满槽内并把泥浆从槽内置换出来,筑成一个单元槽段,并依次逐段进行,这些相互邻接的槽段在地下筑成一道连续的钢筋混凝土墙体。地下连续墙作为基坑支护结构,在基坑工程中一般兼有挡土和截水防渗的作用,同时往往还"两墙合一",即与地下主体结构一起作为建筑承重结构。

地下连续墙的施工工艺流程如图 6-33 所示。其中修筑导墙、泥浆制备与处理(见排桩施工)、成槽施工、钢筋笼制作与吊装、混凝土浇筑、接头管拔出等为主要工序。

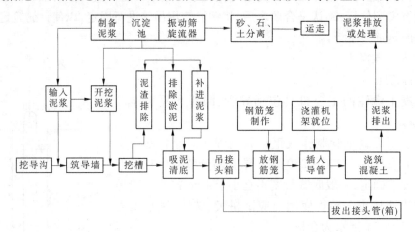

图 6-33　地下连续墙的施工工艺流程

(一)修筑导墙

1.导墙的作用

在地下连续墙施工以前,必须沿地下墙的墙面线开挖导槽,修筑导墙。导墙是临时结构,主要作用有:维持表层土层的稳定,挡土、防止槽口坍塌;作为连续墙成槽施工的导向基准;作为施工机械等的支承;存蓄泥浆等。

2.导墙的断面形式

常用导墙的断面形式如图 6-34 所示。

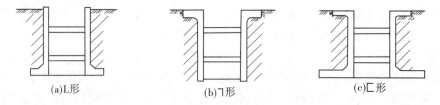

(a)L形　　　　　　(b)⌐形　　　　　(c)匚形

图 6-34　导墙断面形式

L形多用于土质较差的土层;⌐形多用在土质较好的土层,开挖后略作修整即可用土体作侧模板,再立另一侧模板浇筑混凝土;匚形多用在土质差的土层,先开挖导墙基坑,后两侧立模,待导墙混凝土达到一定强度后,拆去模板,选用黏性土回填并分层夯实。

3.导墙的施工

导墙施工(见图 6-35)是确保地下连续墙的轴线位置及成槽质量的关键工序。导墙的施工顺序是:平整场地→测量位置→挖槽及处理弃土→绑扎钢筋→支立导墙模板→浇筑导墙混凝土并养护→拆除模板并设置横撑。

(二)成槽施工

成槽施工是地下连续墙施工中最重要的工序,常常要占到槽段施工工期的一半以上,因

图 6-35 导墙施工

此做好成槽工作是提高地下连续墙施工效率和保证工程质量的关键。

1. 成槽机械

地下连续墙成槽施工的机械有挖斗式、冲击式、回转式成槽机,如图 6-36 所示。

1)挖斗式成槽机

挖斗式成槽机是以其斗齿切削土体,切削下的土体集在挖斗内,从沟槽内提出地面开斗卸土,然后又返回沟槽内挖土。这是一种构造最简单的成槽机械。蚌式抓斗成槽机是挖斗式成槽机中常用的一种形式。

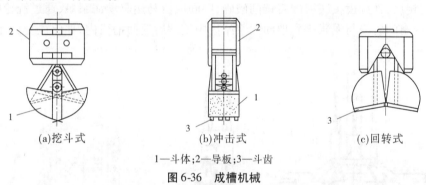

(a)挖斗式　　　　(b)冲击式　　　　(c)回转式

1—斗体;2—导板;3—斗齿

图 6-36 成槽机械

这类成槽机结构简单,易于操作、维修,适用于较松软的土质。对于较硬的土层,宜用钻抓法,即预钻导孔,抓斗沿导孔下挖,挖土时不需靠斗体自重切入土中,只需闭斗挖掘即可。由于这种机械每挖一斗都需要提出地面卸土,为提高效率,施工深度不能太深。为钻、抓操作,一般将导板抓斗与导向钻机组合成钻抓式成槽机进行挖槽。施工时先用潜水电钻根据抓斗的开斗宽度钻两个导孔,孔径与墙厚相同,然后用抓斗抓去两导孔间的土体,如图 6-37 所示。

2)冲击式成槽机

如图 6-38 所示,冲击式成槽机是依靠钻头的冲击力破碎地基土,所以不但对一般土层适用,对卵石、砾石、岩层等地层亦适用,但施工效率低。

3)回转式成槽机

回转式成槽机是以回转的钻头切削土体进行挖掘,钻下的土渣随循环的泥浆排出地面。钻头回转方式与挖槽面的关系有直挖和平挖两种。钻头数目有单头钻和多头钻之分,单头钻主要用来钻导孔,多头钻多用来挖槽。我国所用的多头钻是一种采用动力下放、泥浆反循环排渣、电子沿斜纠偏和自动控制给进成槽的机械,如图 6-39 所示。回转式成槽机挖掘速度快,机械化程度高,但设备体积自重大。这类成槽机不适用于卵石、漂石地层,更不能用于基岩。

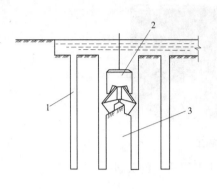

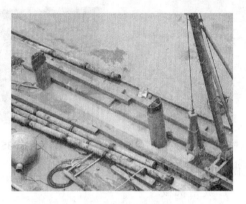

1—导孔;2—钻抓式成槽机;3—导孔间土

图6-37　钻抓成槽示意　　　　　图6-38　冲击式成槽机

4)液压铣槽机

如图6-40所示,液压铣槽机是一个带有液压和电气控制系统的钢制框架,底部安装3个液压马达,水平向排列,两边马达分别带动两个装有铣齿的滚筒。铣槽时,两个滚筒低速转动,方向相反,其铣齿将底层围岩铣削破碎,中间液压马达驱动泥浆泵,通过铣轮中间的吸砂口将钻掘出的岩渣与泥浆排到地面泥浆站集中处理后返回槽段内,如此往复循环,直至终

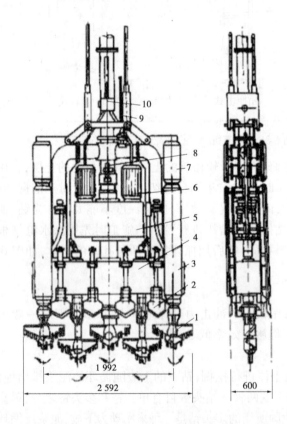

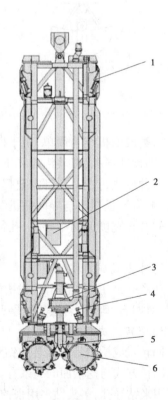

1—钻头;2—侧刀;3—导板;4—齿轮箱;5—减速箱;6—潜水钻机;　　　1—纠偏板;2—偏微器;3—泥浆泵;
7—纠偏装置;8—高压进气管;9—泥浆管;10—电缆接头　　　　　4—铣轮驱动马达;5—吸渣口;6—铣轮

图6-39　多头钻　　　　　　　　　　　图6-40　液压铣槽机

孔成槽。液压铣槽机对地层适应性强,淤泥、砂、砾石、卵石、中等硬度岩石等均可铣削,特制铣轮还可钻进抗压强度为 200 MPa 左右的坚硬岩石,设备自动化程度高,运转灵活,操作方便,以电子指示仪监控全施工过程,自动记录和保存测斜资料,在施工完毕后还可全部打印出来作工程资料,但设备价格昂贵、维护成本高。

2. 槽段划分

槽段划分就是确定整个地下连续墙的每一个施工的单元长度,一字形槽段长度宜取4～6 m,一个单元槽段宜采用间隔一个或多个槽段的跳幅施工。单元槽段尺寸要与挖槽设备每幅尺寸相适应,槽段长度的确定应综合考虑下列因素。

1) 地质条件

当土层不稳定时,为防止槽壁倒塌,应减小单元槽段的长度,以缩短挖槽的时间和减少槽壁在泥浆中的暴露面。

2) 地面荷载

邻近地下连续墙有较大的地面荷载时,为了保证槽壁的稳定,亦应缩短单元槽段的长度。

3) 起重机起重能力

槽段的钢筋笼多为整体吊装,应根据起重机械的起重能力估算钢筋笼的重量和尺寸,以此推算单元槽段的长度。

4) 单位时间内混凝土的供应能力

一般情况下,一个单元槽段内的混凝土宜在 4 h 内浇筑完毕。

5) 泥浆池的容积

一般情况下,泥浆池的容积应大于每一单元槽段挖土量的 2 倍。

3. 清底

单元槽段开挖到设计标高后,在插放接头管和钢筋笼之前,必须及时清除槽底淤泥和沉渣,必要时在下笼后再做一次清底。如不清除,槽底沉渣势必使地下连续墙产生过大沉降和降低承载力。此外,沉渣对后续工序也会产生一系列影响,如降低水下混凝土的流动性,影响水泥与钢筋的握裹力等。

清底的方法一般有沉淀法和置换法。沉淀法是在土渣基本都沉淀到槽底后再进行清底,应在钢筋笼吊装之前进行,若与浇筑混凝土之间间隔太长,需要在浇筑混凝土之前进行二次清底;置换法是在挖槽结束后立即进行,在土渣还没有沉淀之前用新的泥浆把槽内泥浆置换出来,通常是在槽段挖完后继续进行泥浆的反循环作业,即用"换浆法"清底。

4. 接头

地下连续墙是由许多单元槽段连接成的,因此槽段间接头必须满足受力和防渗要求,并使施工简便,常用的有以下几种方法。

1) 接头管连接法

如图 6-41 所示,接头管接头又称为锁口管接头,这是当前地下连续墙施工应用最多的一种。接头管多用钢管,一般比墙厚小 50 mm,管身壁厚一般为 18～20 mm。每节管的长度一般为 5～10 m,若受到施工现场高度的限制,管长可适当缩短,使用时根据需要采用内销连接接长,既便于运输,又可使外壁平整光滑,易于拔管。

这种接头方式是在成槽、清底后在槽段端部将接头管插入或用起重机起吊放入槽孔内,

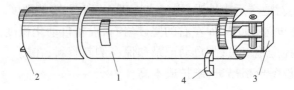

1—管体;2—下内销;3—上外销;4—月牙垫块

图6-41　钢管式接头管

然后吊放钢筋笼并浇筑混凝土,待混凝土强度达到 $0.05 \sim 0.2$ MPa 时(一般在混凝土浇筑后 $3 \sim 5$ h,视气温而定),方可用吊车或液压顶升机提拔接头管,上拔速度应与混凝土强度增长速度相适应,一般为 $2 \sim 4$ m/h,应在混凝土浇筑结束后 8 h 内将接头管全部拔出,如图6-42所示。

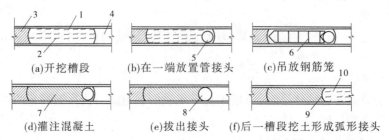

(a)开挖槽段　　　　(b)在一端放置管接头　　(c)吊放钢筋笼

(d)灌注混凝土　　　　(e)拔出接头　　　(f)后一槽段挖土形成弧形接头

1—导墙;2—开挖的槽段;3—已浇筑混凝土的槽段;4—未开挖槽段;5—接头管;

6—钢筋笼;7—浇筑的混凝土;8—拔管后圆孔;9—形成的弧形接头;10—新开挖槽段

图6-42　接头管接头的施工过程

为了便于接头管的起拔,管身外壁必须光滑,可在管体上涂抹黄油。接头管拔出后,单元槽段的端部形成半圆形,继续施工即形成相邻两单元槽段的接头,它可以增强墙体的整体性和防渗能力。

2)接头箱连接法

如图6-43 所示,接头箱一端是敞口的,以便放置钢筋笼时水平钢筋可插入接头箱内。而钢筋笼端部焊有一块竖向放置的封口钢板,用以封住接头箱。拔出接头箱后进行下一槽段的施工时,两相邻槽段水平钢筋交错搭接,形成刚性接头,因此接头箱连接也称为刚性接头。这种接头加强了接头处的抗剪能力和抗渗性能。

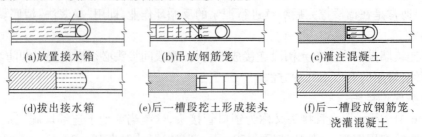

(a)放置接水箱　　　　(b)吊放钢筋笼　　　　(c)灌注混凝土

(d)拔出接水箱　　　(e)后一槽段挖土形成接头　　(f)后一槽段放钢筋笼、
　　　　　　　　　　　　　　　　　　　　　　　　浇灌混凝土

1—接头箱;2—焊在钢筋笼上的封口钢板

图6-43　接头箱接头的施工过程

3）隔板式连接法

如图 6-44 所示,隔板式接头是在钢筋笼侧边放置钢隔板,按隔板的形状分为平隔板、V 形隔板等。由于隔板与槽壁之间难免有缝隙,为防止新浇筑的混凝土渗入,要在钢筋笼的两边铺贴尼龙等化纤布。吊入钢筋笼时要注意不要损坏化纤布。有接头钢筋的榫接隔板式接头,能使各单元墙连成一个整体,是一种较好的接头方式,但插入钢筋笼较困难,且接头处混凝土不易密实,施工时要特别加以注意。

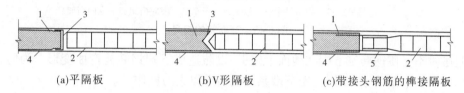

(a)平隔板　　　　　　　(b)V形隔板　　　　　　(c)带接头钢筋的榫接隔板

1—已完成槽段;2—正在施工的槽段;3—钢隔板;4—化纤罩布;5—接头钢筋

图 6-44　隔板式接头

（三）钢筋笼制作与吊放

1. 钢筋笼制作

钢筋笼的制作按设计配筋图及单元槽段的划分来制作,一般每一单元槽段为一个整体。如地下连续墙很深或受起重能力限制则可分段制作,吊放时焊接成整体。纵向钢筋搭接长度应按设计要求,如无明确规定,可取 60 倍的纵筋的直径。

钢筋笼端部与槽段接头之间、钢筋笼端部与相邻墙段混凝土面之间的间隙不应大于 150 mm。纵向受力钢筋的保护层厚度,在基坑内侧不宜小于 50 mm,在基坑外侧不宜小于 70 mm。钢筋笼应设置定位垫块,垫块在垂直方向上的间距宜取 3~5 m,在水平方向上宜每层设置 2~3 块。

为防止钢筋笼起吊时的变形过大,钢筋笼内需设置纵横向起吊桁架,桁架主筋宜采用 HRB400 级钢筋,钢筋直径不宜小于 20 mm,且应满足吊装和沉放过程中钢筋笼的整体性及钢筋笼骨架不产生塑性变形的要求。

为防止吊放钢筋笼时擦伤墙壁,钢筋笼底端应向内弯折,纵向钢筋下端 500 mm 长度范围内宜取 1:10 的斜度向内收敛。

钢筋笼制作前应确定浇筑用混凝土的导管数量及位置,该位置处要确保上下贯通,留孔过大处应增设箍筋或连接筋进行加固。分节制作的长笼应预先在制作台上进行试装配。

钢筋绑扎不宜用铁丝,因镀锌铁丝对泥浆具有化学吸附作用,会使铁丝绑扎点形成泥团,影响混凝土与钢筋之间的握裹力,因此一般先用铁丝临时固定,然后用点焊焊牢,再拆除铁丝。为保证钢筋笼整体刚度,点焊数不得少于交叉点总数的 50%。

2. 钢筋笼吊放

钢筋笼的起吊、运输和吊放应制订周密的方案,不允许在此过程中产生不能恢复的变形。

根据钢筋笼重量选取主、副起吊设备,并进行吊点布置,对吊点局部加强,沿钢筋笼纵向及横向设置桁架,增强钢筋笼整体刚度。选择主、副吊吊梁,并需对其进行验算,还要对主、副吊钢丝绳、吊具索具、吊点及主吊把杆长度进行验算。钢筋笼的起吊方法如图 6-45 所示。

钢筋笼起吊应用横吊梁或吊架。吊点位置和起吊方式要防止起吊时引起钢筋笼过大变

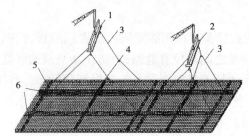

1—主吊吊梁;2—副吊吊梁;3—钢索;4—滑车;5—横向桁架;6—纵向桁架

图6-45 钢筋笼的起吊

形。起吊时不能使钢筋笼下端在地面上拖引,以防造成下端钢筋笼弯曲变形。为防止钢筋笼吊起后在空中摆动,应在钢筋笼下端系上拽引绳以人力操作。

插入钢筋笼时,最重要的是使钢筋笼对准单元槽段的中心,垂直而准确地插入槽内。钢筋笼进入槽内时,吊点中心必须对准槽段中心,然后徐徐下降,此时必须注意不要因起重臂摆动或其他影响而使得钢筋笼产生横向摆动,造成槽壁坍塌。

钢筋笼插入槽内后,检查其顶部高度是否符合设计要求,然后将其搁置在导墙上。

如果钢筋笼分段制作,吊放时需接长,下段钢筋笼要垂直悬挂在导墙上,然后将上段钢筋笼垂直吊起,上下两段钢筋笼成直线连接。

如果钢筋笼不能顺利插入槽内,应该重新吊出,查明原因并加以解决,必要时需进行修槽,不能强行插放,否则会引起钢筋笼变形或使槽壁坍塌,产生大量沉渣。

(四)浇筑混凝土

地下连续墙混凝土用导管法(如图6-46所示)进行浇筑。由于导管内混凝土和槽内泥浆的压力不同,在导管下口处存在压力差使混凝土可从导管内流出。

导管在首次使用前应进行气密性试验,保证密封性能。混凝土浇筑时,导管内应预先设置隔水栓。

开始浇筑混凝土时,导管应距槽底 0.5 m。在混凝土浇筑过程中,导管埋入混凝土 2~4 m,浇筑液面的上升速度不宜小于 3 m/h,使从导管下口流出的混凝土将表层混凝土向上推动而避免与泥浆直接接触,否则混凝土流出时会把混凝土上升面附近的泥浆卷入混凝土内,但导管插入太深会使混凝土在导管内流动不畅,有时还可能使钢筋笼上浮。当混凝土浇筑

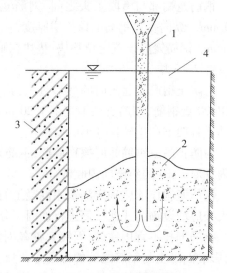

1—导管;2—正在浇筑的混凝土;
3—已浇筑混凝土的槽段;4—泥浆

图6-46 导管法浇筑混凝土

到地下连续墙顶部附近时,导管内混凝土不易流出,可降低浇筑速度,将导管的最小埋入深度减为 1 m 左右,并将导管上下抽动,但上下抽动范围不得超过 30 cm。在浇筑过程中,导管不能做横向运动,导管横向运动会把沉渣和泥浆混入混凝土内。

在混凝土浇筑过程中,不能使混凝土溢出料斗流入导沟,否则会使泥浆质量恶化,反过

来又会给混凝土的浇筑带来不良影响。在混凝土浇筑过程中,应随时掌握混凝土的浇筑量、混凝土上升高度和导管埋入深度,防止导管下口暴露在泥浆内,造成泥浆涌入导管。

在浇筑过程中需随时量测混凝土面的高程,量测时可用测锤,由于混凝土非水平,应量测三个点取其平均值。亦可利用泥浆、水泥浮浆和混凝土温度不同的特性,采用热敏电阻温度测定装置测定混凝土面的高程。

浇筑混凝土置换出来的泥浆,要送入沉淀池进行处理,勿使泥浆溢出在地面上。

槽段长度不大于 6 m 时,宜采用两根导管同时浇筑;槽段长度大于 6 m 时,宜采用三根导管同时浇筑,每根导管分担的浇筑面积应基本相等。在混凝土顶面存在一层浮浆层,需要凿去,混凝土浇筑面宜高于地下连续墙设计顶面 500 mm,以使在混凝土硬化后查明强度情况,将设计标高以上部分用风镐凿去。

(五)接头管(箱)拔出

接头管所形成的地下空间具有很重要的作用,它不仅可以保证地下连续墙的施工接头,而且在挖下一槽段时不会损伤已浇灌好的混凝土,对于挖槽作业也不会有影响,因此在插入接头管时,要保持垂直而又完全自由地插入到沟槽的底部。否则,会造成地下连续墙交错不齐或由此产生漏水,失去防渗墙的作用,以致使周围地基出现沉降等。

接头管的提拔与混凝土浇筑相结合,混凝土浇筑记录作为提拔接头管时间的控制依据。根据水下混凝土凝固速度的规律和施工实践,混凝土浇筑开始拆除第一节导管再推迟 4 h 开始拔动,以后每隔 15 min 提升一次,其幅度不宜大于 50 ~ 100 mm,只需保证混凝土与接头管侧面不咬合即可,待混凝土浇筑结束后 6 ~ 8 h,即混凝土达到初凝后,将接头管逐节拔出并及时清洁和疏通。

单元五　排桩与地下连续墙支护结构的质量检测

一、排桩质量检测

基坑支护中的排桩与建筑桩基相同,其施工应符合现行行业标准《建筑桩基技术规范》(JGJ 94—2008)的有关要求,其质量检验标准应符合《建筑地基基础工程施工质量验收规范》(GB 50202—2002)的要求。湿作业成孔的钻孔灌注桩施工质量控制标准见表6-5。

表 6-5　钻孔灌注桩的质量标准

项目		允许偏差
成孔	孔径(mm)	±50
	垂直度	0.50%
	孔深(mm)	0
	桩位(mm)	50
	沉渣厚度(mm)	≤200

续表 6-5

项目		允许偏差
钢筋笼	主筋间距(mm)	±10
	箍筋间距(mm)	±20
	直径(mm)	±10
	长度(mm)	±100
混凝土	原材料投入量 水泥外掺混合材料	±2%
	原材料投入量 骨料	±3%
	原材料投入量 水、外加剂	±2%
	充盈系数	>1
	桩顶超灌量(m)	0.8~1.0

此外,采用混凝土灌注桩时,其质量检测应符合下列规定:应采用低应变动测法检测桩身完整性,检测桩数不宜少于总桩数的 20%,且不得少于 5 根;当根据低应变动测法判定的桩身完整性为Ⅲ类或Ⅳ类时,应采用钻芯法进行验证,并应扩大低应变动测法检测的数量。

二、地下连续墙质量检测

地下连续墙的施工偏差应符合现行国家标准《建筑地基基础工程施工质量验收规范》(GB 50202—2002)的规定,具体施工的质量控制标准见表 6-6。

表 6-6　地下连续墙的质量标准

检查项目		允许偏差或允许值	备注
槽深(mm)		100	
垂直度	永久结构	1/300	
	临时结构	1/150	
墙体强度		设计要求	
导墙尺寸	宽度(mm)	W+40	W 为地下连续墙设计厚度
	墙面平整度(mm)	<5	
	导墙平面位置(mm)	±10	
沉渣厚度	永久结构(mm)	≤100	
	临时结构(mm)	≤200	
混凝土坍落度(mm)		180~220	
钢筋笼	主筋间距(mm)	±10	
	箍筋间距(mm)	±20	
	直径(mm)	±10	
	长度(mm)	±100	
平整度	永久结构(mm)	<100	
	临时结构(mm)	<150	

此外,地下连续墙的质量检测应符合下列规定:应进行槽壁垂直度检测,检测数量不得小于同条件下总槽段数的20%,且不少于10幅;当地下连续墙作为主体地下结构构件时,应对每个槽段进行槽壁垂直度检测;应进行槽底沉渣厚度检测;当地下连续墙作为主体地下结构构件时,应对每个槽段进行槽底沉渣厚度检测;应采用声波透射法对墙体混凝土质量进行检测,检测墙段数量不宜少于同条件下总墙段数的20%,且不得少于3幅墙段,每个检测墙段的预埋超声波管数不应少于4个,且宜布置在墙身截面的四边中点处;当根据声波透射法判定的墙身质量不合格时,应采用钻芯法进行验证;地下连续墙作为主体地下结构构件时,其质量检测尚应符合相关规范的要求。

单元六　排桩与地下连续墙支护工程案例分析

案例一　排桩锚杆联合支护工程案例分析

一、工程概况

拟建综合楼位于××市区繁华地段,由地上和地下两部分组成,地上部分主楼24层,裙楼4层,主楼与裙楼均设2层地下室。如图6-47所示,基坑开挖深度为10.50 m,基坑开挖平面尺寸为95.50 m×34.80 m。基坑西侧有3栋宽14.4 m、高6层的民用住宅,最近处距离基坑开挖边线仅1.2 m,基础形式为条形基础,基础埋深为室外地坪下3.5 m。基坑其余三面均为一、二类街道,道路旁均埋设地下管线,管线埋深为室外地坪下2.5 m。

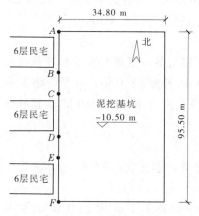

图6-47　基坑支护平面示意图

根据该工程岩土工程勘察报告,拟建场地为第四纪冲击地层,基坑开挖影响范围内的主要土层参数及力学性质见表6-7。

拟建场地地下水为上层滞水和潜水,上层滞水主要存在于第1层杂填土及第2、3层粉质黏土中,由于大气降水及周边排水补给,含水层透水性差,水量较小,水位埋深1.2~4.0 m;潜水主要存在于第4层粉砂及其以下地层,含水层透水性强,主要由地下径流补给,含水层累计厚度30.0 m,水量丰富。

表6-7　土层物理力学性质指标

层号	土层名称	平均土层厚度 h（m）	天然重度 γ（kN/m³）	黏聚力（kPa）	内摩擦角 φ(°)	锚固体土层黏结强度 τ(kPa)
1	杂填土	1.4	18.0	0	0	20.0
2	粉质黏土	1.6	19.2	20.0	15.0	40.0
3	粉质黏土	2.0	19.4	32.0	21.0	55.0
4	粉砂	2.5	19.5	0	28.0	40.0
5	细砂	2.0	19.5	0	32.0	50.0
6	中砂	3.0	19.5	0	36.0	70.0

二、基坑支护设计方案

本工程基坑具有周边环境复杂、基坑开挖较深、场地狭窄等特点，基坑支护分段进行，采用排桩、锚杆加桩顶冠梁的联合支护形式。

（一）ZH-1支护形式

相邻建筑范围 AB 段、CD 段、EF 段采用 ZH-1 支护形式，如图6-48 所示。

1. 排桩

为尽可能减轻对相邻建筑基础的扰动，排桩采用泥浆护壁的混凝土灌注桩，水平间距为 1.5 m，桩径为 0.6 m，桩长为 16.0 m。钢筋笼主筋采用 12 Φ 25，加强筋采用 1 Φ 14@2 000，箍筋采用 Φ 8@150，桩身混凝土强度等级为 C30。

2. 锚杆

钻孔直径为 150 mm，倾角15°，第一层锚杆位于桩顶标高以下2.0 m，长度20.0 m；第二层锚杆位于桩顶标高以下4.0 m，长度18.0 m。水平间距3 m，锚杆采用 2 根 1860 级钢绞线，锚杆轴向抗拉承载力设计值分别为400 kN、380 kN。锚杆注浆采用 P·O 32.5 水泥配制的水泥浆，水灰比为 0.5 ~ 0.6。

（二）ZH-2支护形式

基坑其余范围采用 ZH-2 支护形式，如图6-49 所示。

1. 排桩

排桩采用钻孔压浆桩，水平间距 1.1 m，桩径 0.6 m，桩长 14.0 m。钢筋笼主筋采用 10 Φ 25，加强筋 1 Φ 14@ 2000，箍筋 Φ 8@ 150，桩身混凝土强度等级 C25，水泥采用 P·O 42.5，水泥浆水灰比为 0.62。

2. 锚杆

钻孔直径150 mm，倾角15°，第一层锚杆位于桩顶标高下1.5 m，长度19.0 m；第二层锚杆位于桩顶标高下3.5 m，长度17.0 m。水平间距2.2 m，锚杆采用 2 根 1860 级钢绞线，锚杆轴向抗拉承载力设计值分别为370 kN、350 kN。锚杆注浆采用 P·O 32.5 水泥配制的水泥浆，水灰比为 0.5 ~ 0.6。

（三）桩顶冠梁及锚杆腰梁

冠梁的作用是提高基坑支护结构的整体性，冠梁的截面为800（宽）mm×500（高）mm。

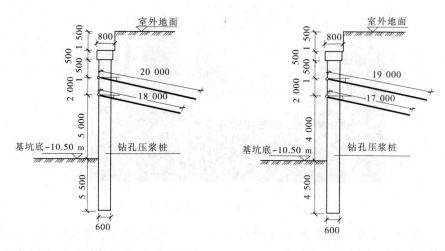

图 6-48　ZH-1 支护结构剖面图　　　图 6-49　ZH-2 支护结构剖面图

两侧各配置主筋 4 Φ 20,上下面各配置主筋 2 Φ 16,箍筋为 Φ 8@ 200,混凝土强度等级为 C30。锚杆腰梁采用双 32a 槽钢,背靠背安装。

三、施工要点及注意事项

（一）排桩

采用泥浆护壁,应对泥浆进行严格控制,清孔时间不少于 20 min。在灌注混凝土时,灌注速度要快,混凝土灌至钢筋笼底端时,灌注速度应适当放慢,提升导管应小心,以防钢筋笼上浮。

为避免对相邻建筑物及周围道路管线等造成影响,排桩应间隔跳打,至少"隔五打一",且每栋楼每侧 24 h 施工桩数不超过 2 根。

（二）锚杆

排桩施工完成后,向下开挖施工锚杆时采用间隔开挖,深度以满足每层锚杆的施工为准,不能超挖,也不能大面积开挖。

锚杆钻机进行钻孔前,应调整好钻机的倾角,使之符合设计和相关规范要求。

锚杆注浆时孔口应进行封口,第一次注浆待孔口返浆时停止,压力为 1.0 ~ 1.5 MPa。待水泥初凝后,进行第二次加压注浆,压力为 2.0 ~ 4.0 MPa。

腰梁安装时吊线,以保证腰梁在一条直线上,使其均匀受力,同时腰梁应与排桩面紧密接触。

锚杆锚头部位应设置台座,其承压面平整且与锚杆的轴线方向垂直。待锚固体强度达到设计强度的 75% 后张拉锁定。若 48 h 内发现有明显的应力损失,应进行补偿张拉。

案例二　地下连续墙支护工程案例分析

一、工程概况

××市某下穿式隧道工程(见图 6-50)总长 880 m,其中隧道长 286 m,净高 4.6 m,断面形式为双孔箱涵,单孔净跨 8 m,东西引坡长分别为 85 m 及 205 m。

工种所处道路为交通主干道,现状 35 m 道路用地控制范围下密布各种市政管线,对隧道结构影响较大的是路中北 11 m 处直径 1 m 的给水主干管,距离支护结构净距不足 1 m。

图 6-50　××市某下穿式隧道工程

根据该工程岩土工程勘察报告,表层为 0.3 m 厚水泥地坪;以下至约 2 m 为填土;2.0 ~ 32.0 m 为第四纪全新冲积形成的地层,以粉土、粉质黏土、粉细砂为主;32.0 m 以下为第四纪晚更新世冲积形成的地层,以粉质黏土为主。

地下水位较高,最高水位埋深 1 m 左右,常水位埋深 3.5 m 左右。

二、基坑支护设计方案

本工程基坑最大开挖深度 12.5 m,考虑到该处地下水位较高,采用地下连续墙 + 内支撑支护结构,地下连续墙墙厚 80 cm,在施工阶段作为支护结构,在使用阶段为箱涵侧墙,地下连续墙"两墙合一"作为结构的一部分共同受力。

三、施工工艺

(一)导墙施工

导墙采用 C20 钢筋混凝土现场浇筑。导墙的定位直接决定了地下连续墙的位置精确度,放线要正确,同时导墙之间距离比挖槽设备大 4 cm;模板、钢筋配置要符合设计及规范要求;导墙在拆模后立即用方木在左、右导墙之间进行支撑,以防导墙在早期强度不够的情况下变形。同时,沿地下连续墙方向换填黏土,按回填土要求分层夯实;严格控制好导墙的墙顶标高,除按设计图纸施工外,墙顶标高要高于地下连续墙顶标高 15 ~ 20 cm;严格控制导墙内壁垂直度小于 1/100。

(二)泥浆的配制

施工过程中,泥浆的主要作用是护壁,另外还有挟砂、冷却、润滑的作用。由于泥浆的用量很大,其成分是膨润土、纤维素、纯碱和水,泥浆的主要技术指标有比重、黏度、pH、失水量和泥皮厚度。根据经验,确定如下控制指标:陶土粉 10% ~ 12%,纯碱 0.5%,CMC 0.3%,黏度 18 ~ 25 s,比重 1.05 ~ 1.07,失水量 < 10 mL/30 min,泥皮厚 < 1 mm/30 min,pH = 7 ~ 9,胶体率 98%。根据以上指标和××市实际情况,通过试验,确定泥浆的配合比为纯碱:纤维素:膨润土:水 = 2:3:100:1 000。泥浆质量的好坏直接影响地下连续墙的质量,在成槽施工过程中要随时控制各项指标。

(三)成槽与清孔

成槽施工中要随时观测槽体的垂直度,应控制在 5‰,还要观察槽壁是否稳定,如果槽内泥浆迅速下降,必须马上停止施工。如果出现槽壁坍塌,应及时回填,1 周后再行施工。为保证成槽质量,液压抓斗在开孔入槽前检查仪表是否正常,纠偏推板是否能正常工作,液压系统是否有渗漏等。开始成槽时,挖掘速度不要太快。在整个成槽过程中随时进行纠偏,始终保持精度在良好范围内。整幅槽段挖到底后进行清孔,挖除铲平抓接部位的壁面及铲除槽底沉渣,以消除槽底沉渣对将来墙体的沉降。施工方法是:有次序地从一端向另一端铲挖,每移动 50 cm,使抓深控制在同一设计标高。

（四）钢筋笼的制作与安装

钢筋笼在现场加工制作。墙段钢筋设计计算除满足受力的需要,还要满足吊装的需要,网片要有足够的刚度。吊点选在钢筋笼支撑桁架处,并且在重心位置(因端头处采用工字钢接头,所以重心不在钢筋笼的几何中心)。根据设计图纸对钢筋笼进行加工制作,其中纵向钢筋底端距槽底的距离在 $10 \sim 20$ cm 以上,水平钢筋的端部至混凝土表面留 $5 \sim 15$ cm 的间隙。为防止入钢筋笼时碰撞槽壁,采用厚 3.2 mm(30 cm × 50 cm)的钢板作为定位垫块焊接在钢筋笼上,即在每个单元槽段的钢筋笼前后两个面上分别在水平方向设置 3 块纵向间隔 5 m 的定位垫块。根据单元槽长度确定钢筋笼预留灌注混凝土导管位置,槽段宽度基本在 6 m 左右,预留导管间距不大于 3 m,预留导管位置和槽段端部接头部位不大于 1.5 m。将网片组焊成骨架,吊装时采用 120 t 及 60 t 吊车各一台配合起吊。在下笼过程中,发现下笼困难必须查明原因,及时采取有效措施。现场若出现槽壁垂直度控制偏差过大,下笼困难,此情况下不能勉强硬性下笼,随时吊出钢筋笼,对槽壁重新修正后再吊装。

（五）混凝土浇筑

地下连续墙的混凝土是在护壁泥浆下导管进行灌注的,地下连续墙的混凝土浇筑按水下浇筑混凝土进行制备和灌注。混凝土的配合比按设计要求通过试验确定,根据混凝土浇筑速度,可适当加入缓凝剂。钢筋笼就位后,检测槽底沉淀物不超过设计要求在 4 h 内浇筑混凝土。浇筑混凝土采用双管浇筑,严禁单管浇筑,管位置要适当,这样会使混凝土浇筑面均匀上升,利于浮浆上浮。严格控制混凝土的坍落度,特别是入槽前的坍落度,因为是水下混凝土,坍落度控制在 $18 \sim 20$ cm,以保证混凝土的密实度。为直观反映混凝土的质量,施工完毕后,做 20% 的超声波检测试验,通过试验证明混凝土强度的合格率为 100%,墙身完好率为 100%。

习　题

1. 排桩的主要形式有哪些? 各有哪些特点?

2. 地下连续墙具有哪些特点? 地下连续墙是一种比钻孔灌注桩和深层搅拌桩造价高的结构形式,为什么还要采用?

3. 排桩桩身配筋方式平面上可以采用哪两种布置方式? 在竖向可以采用哪两种布置方式?

4. 排桩、地下连续墙支护结构的设计内容包括哪些? 基坑稳定性分析的主要内容有哪些?

5. 简要叙述排桩、地下连续墙和锚杆的施工工序。

6. 某高层建筑基坑开挖深度 6.0 m,拟采用钢筋混凝土桩支护。地基土分为 2 层:第一层为黏质粉土,天然重度 $\gamma_1 = 16.8$ kN/m³,内摩擦角 $\varphi_1 = 25°$,黏聚力 $c_1 = 20$ kPa,厚度 $h_1 = 3.0$ m;第二层为黏土,天然重度 $\gamma_2 = 19.2$ kN/m³,内摩擦角 $\varphi_2 = 16°$,黏聚力 $c_2 = 10$

kPa，厚度 $h_2 = 10.0$ m。地面超载 $q = 10$ kPa。采用悬臂式支护桩，试确定其嵌固深度。

7. 基坑及土层条件同上题，若在地表之下 1 m 处设置一道水平内支撑，试确定其嵌固深度。

8. 某支护工程采用 $\phi 600$ 灌注桩，桩中心矩 750 mm，桩身纵向受力钢筋采用 HRB335 级钢筋，保护层厚度 $a_s = 50$ mm，经计算桩身最大弯矩 $M_{max} = 410$ kN·m/m，试进行全截面均匀配筋计算。

项目七 内支撑支护工程

【学习目标】

通过学习本项目,应能掌握支撑体系的组成、不同形式内支撑体系的设计和施工,以及内支撑支护工程的质量检验要点。

【导入】

内支撑支护工程是在基坑内部对基坑进行支护的工程,根据实际基坑工程的规模、现场条件、周边保护要求等选取合适的支撑体系,根据确定的内支撑体系进行相应的支撑体系计算和设计,结合内支撑体系的特点来确定内支撑支护工程的施工重点和质量检验要点。

单元一 支撑体系的组成及形式

一、内支撑支护

作为基坑支护的一种方式,内支撑支护是将来自于基坑侧壁的水平侧压力在基坑内部通过支撑的方式对基坑进行支护。

内支撑支护由支撑结构和围护结构两个体系组成,基坑开挖所产生的对基坑侧壁的水平侧压力首先由基坑周边的围护结构来承担,而围护结构将水平侧压力传递于基坑内部的支撑结构体系,围护结构体系和支撑结构体系共同组成支护系统,来达到基坑支护的目的。

与其他支护形式比较,内支撑支护具有下列优点:

(1)因不占用基坑外侧地下空间资源,其不受基坑外侧场地条件的限制,也不会给基坑外侧场地后续工程造成施工障碍及引起法律上的纠纷。

(2)结构简单、受力明确,整体刚度大、稳定性好,可有效控制基坑变形。

目前,地下空间越来越紧张、基坑周边条件越来越复杂、基坑开挖平面尺寸越来越大、开挖深度越来越深,对支护的要求也越来越高,由于内支撑支护的上述优点,内支撑支护越来越得到广泛的应用,特别是在软土地区及周边环境保护要求高的深大基坑工程中,其已成为优选的设计方案。图7-1为一个应用内支撑支护工程实例。

由于内支撑支护的支撑系统布置于基坑内部,会对基坑内的主体施工造成一定的影响,且一般在功能完成后拆除而需要额外的拆除费用。

围护结构可以采用钢筋混凝土排桩、型钢水泥土搅拌墙、钢板桩或地下连续墙等结构形式,本项目主要为支撑体系方面的内容。

二、支撑体系的组成

支撑体系一般由围檩、支撑和竖向支承三部分组成,其中竖向支承由立柱和立柱桩组成,如图7-2所示。

图 7-1　内支撑支护工程实例

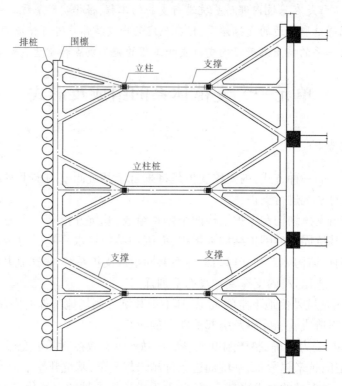

图 7-2　支撑体系组成示意图

　　围檩是将围护结构的受力传递于支撑的重要受力构件,一方面加强了围护结构的整体性,另一方面将其所受的水平力传递给支撑构件,协调支撑和围护结构间受力与变形,应具有较大的自身刚度和较小的竖向位移。

　　支撑是平衡围护结构传来的基坑侧壁水平力的主要构件,支撑布置应传力直接明确、平面刚度大且分布均匀。

　　立柱及立柱桩共同组成竖向支承,其主要作用是承受支撑的竖向荷载、保证支撑的纵向稳定、加强支撑体系的空间刚度。竖向支承结构应具有较好的自身刚度和较小的竖向位移。

三、支撑体系分类

(一)按支撑的材料分

根据承担基坑侧壁水平力的构件材质,支撑体系可分为钢结构、钢筋混凝土结构和组合结构三种形式。

1.钢结构支撑体系

钢结构支撑体系是用钢构件组成的支撑结构体系,工程实例如图 7-3 所示。

图 7-3　钢结构支撑体系工程实例

由于钢材具有质量轻、强度高的材料特性,钢结构支撑体系具有下列优点:

(1)施工方便、快捷,工期较短。

(2)不需要养护,安装后即可发挥作用。

(3)拆除方便,不会产生大量的建筑垃圾,拆除后还可重复使用,节能环保。

由于上述优点,在有条件时可优先采用钢结构支撑。但钢结构支撑的节点构造和安装相对复杂,对施工质量和水平要求较高,特别是对连接节点的质量要求高,如果节点设置不当、施工质量差,不但节点处变形会增大,支撑体系的受力状态也会发生大的改变,从而引起基坑过大的位移甚至产生事故。因此,提高节点的设置水平和施工质量,对钢结构支撑体系是至关重要的。

2.钢筋混凝土结构支撑体系

顾名思义,钢筋混凝土结构支撑体系是支撑采用钢筋混凝土构件来组成的支撑体系,图 7-1 即为采用钢筋混凝土支撑的工程实例。

钢筋混凝土结构支撑体系具有下列优点:

(1)刚度大、整体性好。

(2)布置形式灵活,可满足形状复杂的基坑。

(3)施工质量易保证。

由于钢筋混凝土材料的特殊性,钢筋混凝土结构支撑体系存在下列缺点:

(1)施工速度慢、工期较长。

(2)需要养护,制作后不能立即发挥作用,需要养护达到一定的强度后方可使用。

(3)拆除麻烦,产生大量的建筑垃圾,清理工作量大,支撑材料不能重复利用,不利于绿色环保;采用爆破方法拆除时,也会对周围环境产生影响。

实际工程中,为了缩短混凝土的养护时间,一般在混凝土中添加早强剂,以缩短整个支护工程的施工工期。

3.组合结构支撑体系

组合结构支撑体系是采用钢与混凝土组合而成的结构支撑体系,图7-4即为钢与混凝土组合支撑工程实例。

图7-4　钢与混凝土组合支撑工程实例

组合结构支撑体系常用的有下列两种组合形式。

1)同层组合支撑

同层组合支撑即在同一支撑平面内,由钢结构与钢筋混凝土结构两种不同材料的支撑组合而成。

2)分层组合支撑

分层组合支撑即在不同支撑平面各自采用不同材料的支撑体系。

组合结构支撑体系由于利用了钢与钢筋混凝土支撑体系各自的优点,既能有效控制基坑变形、确保支护功能,又能降低施工难度、缩短工期、降低造价。

(二)按支撑的布置形式分

支撑体系的形式,主要是根据支撑的布置形式或材质来划分的。根据支撑的布置形式,支撑体系可分为平面支撑体系和竖向斜撑体系。

1.平面支撑体系

所谓平面支撑体系,是支撑基坑侧壁水平力的构件水平布置的支撑体系,其水平布置的支撑一端支撑于基坑侧壁的围护结构上,而另一端可支撑于另一侧的基坑侧壁围护结构或前期施工的主体结构之上。平面支撑体系示意图见图7-5,图7-1即为采用平面支撑体系的工程实例。

平面支撑体系的平面布置可根据基坑的尺寸、形状等布置成多种形式,而平面支撑体系的竖向可根据基坑深度布置成多层。

1)水平支撑体系的平面布置

支撑体系的布置既要做到体系受力合理、简单明确,满足承载力、变形和稳定性要求,又要考虑方案实施的可行性、经济性,不得对地下室结构施工造成影响。实际工程的水平支撑

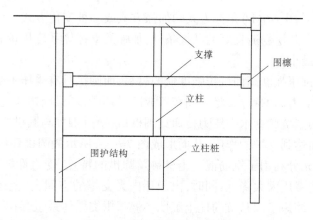

图 7-5　平面支撑体系示意图

体系平面布置形式采用何种布置形式,应根据工程实际情况,综合基坑工程的特点、主体地下结构的布置、基坑周边环境的保护要求和经济性等因素分析确定。

平面支撑体系的布置有众多形式,图 7-6 即为水平支撑体系的几种平面布置形式,实际工程中的基坑一般不规则,布置形式大多比图 7-6 复杂。

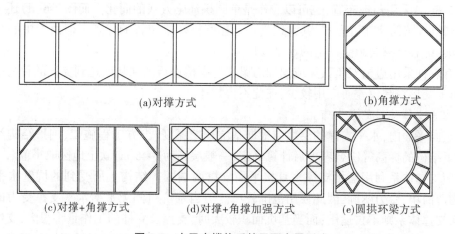

(a)对撑方式　　　　　　　　　　　　　　　　　　　(b)角撑方式

(c)对撑+角撑方式　　　　　(d)对撑+角撑加强方式　　　　(e)圆拱环梁方式

图 7-6　水平支撑体系的平面布置形式

虽然布置形式多种多样,但从整个支撑体系的主要受力方式来归纳各种平面支撑体系的平面布置形式,其大致有如下几种方式:

(1)对撑方式(见图 7-6(a))。

(2)角撑方式(见图 7-6(b))。

(3)对撑+角撑方式(见图 7-6(c))。

(4)组合加强方式(见图 7-6(d)、(e))。

由于实际基坑形状的复杂性,上述简单的对撑、角撑或对撑+角撑方式一般不能满足实际工程的需要,往往需要采取不同的平面布置形式组合而成。为了加强支撑体系的整体刚度、减小支撑单个构件的截面尺寸,采用格构梁等方式对其进行加强,这一类布置方式统称为组合加强方式。如图 7-6(d)可以认为是图 7-6(c)中对撑+角撑组合方式的加强方式,而

图 7-6(e)可以认为是图 7-6(b)角撑方式的加强方式或一种变化方式。

为了给基坑土方开挖创造良好的开挖条件,加强的支撑体系应尽量靠近基坑边布置,以便对土方开挖影响最小。

混凝土是一种抗压强度高而抗拉强度低的材料,而圆拱具有受压不受拉的特点,为了充分利用混凝土抗压能力高的特点,将中间布置成圆拱环梁,环梁周边通过桁架构件与围檩相连,围护结构传来的基坑侧壁水平压力传递给围檩后,通过围檩与圆拱之间的桁架构件传递于圆拱环梁中,从而达到支撑的作用,从而形成图 7-6(e)所示的圆拱环梁布置方式。

圆拱支撑体系充分利用了钢筋混凝土材料及圆拱的特点,受力性能合理,其刚度大、变形小,使得支撑工程费用大大降低;同时,由于环内无支撑的空间大,挖运土作业条件较好,挖土速度大大提高,缩短了深基坑的挖土工期。但圆拱支撑体系也存在不利的因素,如根据该支撑形式的受力特点,要求土方开挖流程应确保圆环支撑受力的均匀性,圆环四周坑边土方应均匀、对称挖除,同时要求土方开挖必须在上道支撑完全形成后进行,因此对施工单位的管理与技术能力要求相对更高,也不能实现支撑与挖土流水化施工。

圆拱环梁支撑形式的支撑杆件可采用组合结构环形内支撑的形式,受力大且主要承受压力。环形支撑采用钢筋混凝土支撑材料,承受的轴向压力相对较小,其余杆件采用施工速度快、可回收及经济性较好的钢结构材料。

图 7-6(b)采用角撑布置,也可以看作是单圆拱环梁方式的简化。而图 7-6(d)还可以看作是双圆拱环梁简化布置方式,其大致具有上述圆拱环梁布置的优点。但由于中心支撑并不是环梁,中心支撑会承受一定的弯矩及拉力。

还有一种采用边桁架鱼腹梁或预加力梁来对围檩进行加强从而达到支撑的目的的支护方式,由于变形控制较差而应用较少,在此不再赘述。

　2)水平支撑体系的竖向布置

在竖向平面内,水平支撑的层数应根据基坑开挖深度、土方工程施工、围护结构类型及主体地下结构的标高等综合考虑后计算确定,一般层高为 3~5 m,软土地区取小值。

平面支撑体系利用互相支撑来直接平衡支撑两端围护结构上所受到的坑壁水平侧压力,其构造简单,受力明确,因此使用范围较广。但当基坑对侧无平衡水平支撑受力的结构时,平面支撑体系则不再适用;而当基坑面积较大时,支撑及立柱的工作量将很大,支撑长度也会较长,水平的支撑自身的水平变形也会较大,应考虑支撑自身的弹性压缩及温度应力等因素对基坑位移的影响。

　2.竖向斜撑体系

竖向斜撑体系是支撑基坑侧壁水平力的构件斜向布置的支撑体系,其斜向布置的支撑一端支撑于基坑侧壁的围护结构之上,而另一端一般支撑于前期施工的主体基础结构之上,其示意图见图 7-7,工程实例见图 7-8。

当基坑工程的面积大而开挖深度不太深时,若采用常规的按整个基坑平面布置的水平支撑体系,支撑和立柱的工程量将十分巨大,而且施工工期长,采用竖向斜撑的支撑体系可能是相对较好的支护方式,即在围护结构施工完成后,基坑内边放坡预留土墩,先开挖基坑中部土体并将基坑中部施工主体基础结构作为支撑的基础,设置竖向斜撑后在斜撑的支挡作用下,再挖除基坑周边预留的土坡,进行基坑周边的主体结构的施工,最后在地下室整体形成、基坑周边密实回填后,再拆除竖向斜撑。

对于基坑平面尺寸较大、深度不太深、形状不太规则的基坑,采用竖向斜撑体系施工相对方便,还可节省支撑材料。但当基坑较深、预留土墩的土质较差、需要较缓的放坡斜撑较长时,应考虑支撑的压缩变形;而由于场地限制、预留土墩无法采取较缓放坡时,需要采取支护措施对预留土墩进行临时支护,从而增加支护费用。另外,由于不像水平支撑体系抵抗基坑侧壁的侧向水平力受力那样直接,竖向斜撑尚应承担一定的竖向荷载,基坑较深、面积较小、斜撑的斜度较陡时,竖向斜撑的截面会较水平支撑体系大而不经济。

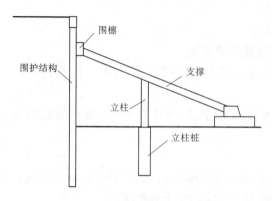

图 7-7 竖向斜撑体系示意图

图 7-8 竖向斜撑体系工程实例

为了施工的方便,竖向斜撑一般采用钢管支撑,在端部穿越结构外墙段用 H 型钢替代,以方便与结构外墙交叉处的结构处理及止水措施的设置。

单元二 支撑体系的设计

支撑体系的设计包括支撑体系的选型(支撑材料、支撑结构布置形式)、计算(支撑结构内力和变形计算、支撑构件的强度和稳定性计算)、支撑构件及节点的设计,以及支撑结构的安装和拆除。

一、支撑体系选型

(一)支撑体系选型的概念及基本原则

1.支撑体系选型的概念

支撑体系的选型,包括支撑材料的选择及布置形式的确定。

1)支撑材料

选用钢结构支撑体系、钢筋混凝土结构支撑体系还是钢与钢筋混凝土组成的组合结构支撑体系。

2)布置形式

选用平面支撑体系还是竖向斜撑体系,以及支撑体系的结构具体布置方式。

2.选型基本原则

各种形式的支撑体系根据其材料特点具有不同的优缺点和适用范围,而实际工程的基坑规模、工程条件、保护要求、主体结构布置及施工方式等的不同,选型时需要考虑的因素众多,应结合具体工程的实际情况,遵循安全可靠、经济合理、施工方便的基本原则进行选取。

(二)不同支撑体系的适用范围

1.钢结构支撑体系

钢结构支撑体系的突出优点是施工方便快捷、时效快、节能环保,但存在刚度较小、施工要求较高等缺点。钢结构支撑体系一般适用于下列基坑:

(1)开挖深度较浅、平面形状规则的基坑。

(2)开挖平面尺寸较小、狭长形的简单基坑。

下列几种基坑不适合采用钢结构支撑体系:

(1)形状不规则,钢结构支撑体系平面布置复杂的基坑。

(2)开挖平面尺寸大、钢支撑长、拼接节点施工偏差累计较大、传力可靠性不能保证的基坑。

(3)开挖平面尺寸大且较深,支撑体系整体刚度较小、控制基坑变形和保护周边的环境较弱的基坑。

2.钢筋混凝土结构支撑体系

由于钢筋混凝土结构支撑体系灵活性强,其适用范围较广,但由于拆撑麻烦及产生大量垃圾、费用较高等缺点,钢筋混凝土结构支撑体系一般应用于下列基坑:

(1)形状不规则的深基坑。

(2)开挖平面尺寸较大且深的基坑。

(3)对基坑变形控制严格的基坑。

(4)软土地区的较深基坑。

3.组合结构支撑体系

组合结构支撑体系利用钢支撑和钢筋混凝土支撑各自的优点,扩大了单一的钢结构支撑体系或钢筋混凝土结构体系使用范围,一般用于下列基坑。

1)形状局部规则的基坑

利用钢支撑施工方便快捷、造价低的优点,在基坑宽度较窄、形状规则处设置钢支撑对撑,而在基坑不规则或钢支撑节点复杂不宜布置钢支撑处,采用施工难度较低、刚度更大的钢筋混凝土支撑。

2)顶部变形要求严格的基坑

利用钢筋混凝土支撑刚度大、控制变形能力强的优点,在顶部变形要求较严格的首层支撑中采用钢筋混凝土支撑,而在其他支撑层采用钢支撑。

3)开挖深度较深的基坑

利用钢筋混凝土支撑刚度大、承载力高的优点,在支撑受力大、要求支撑刚度大的较深基坑下层支撑中采用钢筋混凝土支撑,而在其他受力较小的支撑层采用钢支撑。

4.平面支撑体系

平面支撑体系因其构造简单、受力明确而得到了广泛应用,但下列基坑可能是不适用的:

(1)单边开挖、对侧无平衡水平支撑力的结构的基坑。

(2)开挖平面尺寸大而不太深的基坑。

(3)要求基坑中部主体结构先施工的基坑。

另外,不同的平面布置形式分别适用于下列基坑:

（1）对撑方式适用于规则的长条形基坑,如地铁站基坑。

（2）角撑方式适用于较小的、基本呈方形的基坑。

（3）对撑+角撑方式通常用于大致呈长方形的基坑。

（4）组合加强方式适用性较强,其中圆拱环梁支撑形式特别适用于基本呈方形、圆形的基坑工程中,也可用于不规则基坑中,此时可布置成直径大小不同的多圆环形支撑、椭圆拱支撑或半圆拱支撑等方式。

5.竖向斜撑体系

竖向斜撑体系适用于平面尺寸很大、基坑深度不太深、形状不太规则的基坑,而不太适用于下列基坑:

（1）开挖深度较深的基坑。

（2）基坑内土质较差、土墩需要较缓的放坡而斜撑需要很长的基坑。

（3）开挖平面尺寸较小且基坑较深、斜撑的斜度较陡的基坑。

（三）影响选型的因素

支撑体系选型需要考虑的因素众多,实际工程中主要结合下列因素进行选型。

1.基坑规模及形状

（1）基坑较浅、形状规则,可优先考虑采用平面支撑体系、钢结构支撑。

（2）基坑较深、形状不规则,可采用钢筋混凝土支撑,或采用组合结构支撑,在受力较大、变形控制较严的部位采用钢筋混凝土支撑,而在受力较小的部位采用钢结构支撑。

（3）基坑较浅、形状极不规则、平面尺寸很大时,可以考虑竖向斜撑体系。

（4）基坑基本呈正方形或圆形时,应优先考虑采用圆拱环梁支撑。

（5）基坑形状局部规则,采用组合平面布置方式的平面支撑体系。

2.工程地质条件

（1）土质条件差,应优先考虑钢筋混凝土结构支撑体系,并采用受力明确的对撑、角撑等加强方式。

（2）土质条件一般,可考虑组合结构支撑体系,受力大的支撑平面层采用钢筋混凝土结构支撑体系,而受力小的支撑平面层采用钢结构支撑体系。

（3）土质条件较好,应优先考虑钢结构支撑体系。

3.周边环境条件及保护要求

（1）周边环境条件复杂、保护要求严格,应优先考虑钢筋混凝土结构支撑体系,并采用受力明确的对撑、角撑等加强方式。

（2）周边环境条件简单、保护要求较松,可优先考虑钢结构支撑体系。

4.主体结构布置

（1）支撑体系平面布置避开地下室结构主体的墙柱。

（2）支撑体系平面布置时应考虑尽量利用工程桩作为立柱桩。

5.土方工程的施工

（1）平面布置尽量靠近基坑侧壁,以减少对土方开挖的影响。

（2）可能的情况下尽量采用圆拱环梁支撑。

（3）有出土栈桥要求时平面布置与栈桥相结合。

(四)支撑体系选型方法

由于实际工程的复杂性,影响选型的因素众多,很难给出一套支撑体系选型的标准方法,实际工程选型时应根据影响选型的主要因素,结合各种支撑体系的优缺点和适用范围,在确保基坑工程安全可靠的前提下,整个支撑体系经济合理、施工方便,综合比较分析来进行。

二、支撑体系的计算

(一)支撑体系的计算方法

1.极限平衡法

极限平衡法是选取一定围护结构入土深度,用经典土力学理论计算作用于围护结构上的主动土压力和被动土压力,假设一定的条件,求解插入深度的高次方程得到支护结构旋转点的位置、插入深度及结构的内力,并分析支护结构的稳定性。

目前,国内极限平衡法中采用较多的是静力平衡法和等值梁法。

1)静力平衡法

静力平衡法假设转动点以上围护结构作用着主动土压力,坑内侧开挖面以下作用着被动土压力,而转动点以下则相反。因此,作用在支护桩上各点的净土压力为各点两侧的被动土压力和主动土压力之差。据此,可按静力平衡条件计算支护桩的内力。

2)等值梁法

等值梁法假设弯矩零点位置与净土压力零点位置相等,则可将计算单元在净土压力零点处分开后变为简支梁,简支梁的受力与原梁相等,即为所谓的等值梁。根据等值梁的平衡方程计算桩的入土深度并最终由等值梁计算内力。

极限平衡法计算简单,但其不能反映支护体系的变形情况,也无法考虑深基坑的空间效应,并且不能模拟分步开挖施工过程,所以极限平衡法在实际工程应用中有很大的局限性,一般仅用于悬臂式及单支点支护结构的计算。

2.土抗力法

土抗力法又称为基床系数法或地基反力法。当假定地基为弹性时也称为弹性地基反力法。土抗力法在横向受荷桩的分析中被广泛应用。根据对地基反力模型的不同假设,土抗力法主要分为以下三种。

1)极限地基反力法

该方法主要针对刚性结构的应力问题,按极限状态下的静力平衡计算桩的横向抗力,没有考虑桩的变形,即假设地基反力只是深度的函数。

2)弹性地基反力法

该方法假定地基土为服从虎克定律的弹性体,按梁的弯曲理论求解桩的横向抗力,同时假定单位面积地基反力与桩的挠度 y 的 n 次方成比例。当 $n=1$ 时,为线性弹性地基反力法;假设基床系数在第一个零变位点以下 n 为常数时为 K 法;假设基床系数随深度成系数 m 正比例增加时为 m 法;假设基床系数随深度成抛物线规律增加时为 C 法。

3)复合地基反力法($p—y$ 曲线法)

该方法把桩周土分为塑性区和弹性区两个区域,对塑性区按极限地基反力法计算,对弹性区按线性或非线性弹性地基反力法计算。从理论上说,该法更符合实际情况,但是由于对弹、塑性区的划分及土性的模拟十分困难,处理不当将使最终计算结果严重失真,所以目前还需要进一步研究。

这些方法不同程度地考虑了桩与土之间的共同作用,故土抗力法应用较多,目前应用最多的计算土抗力的方法是 m 法,即假定地基反力系数为深度的线性函数的线性弹性地基反力法,其一定程度上反映了支护结构与土的共同作用,可模拟整个基坑工程的施工过程,还可从支护结构的水平位移初步估计基坑开挖对周围环境的影响。但弹性地基反力法在应用中不能考虑深基坑支护体系内支撑结构的支护效应和体系的共同作用,与工程实际仍存在一定的差距,需做进一步的研究和完善。

需要说明的是,土抗力法与其说是支撑体系的计算方法,倒不如说是水平侧压力的一种计算方法更准确,只是因为土抗力法计算时将围护结构的变形和土的抗力联系了起来,而围护结构的变形又与支撑结构体系的受力相关联,所以为了与静力平衡法相区别,将该类方法统称为土抗力法。

3.数值分析法

数值分析法把包括地基土在内的整个深基坑作为一个结构体系,经过一定的假定,考虑基坑开挖过程、支护结构与土共同作用、渗流、时间、温度应力等因素的影响,采用数值计算来综合分析支护结构的内力、位移及开挖引起的环境效应。数值分析法有有限差分法和有限单元法两种,其中有限单元法由于其优越性被广泛地应用于深基坑工程分析中。

有限单元法主要有二维有限元方法和三维有限元方法两种。

1)二维有限元方法

对深基坑支护体系进行二维有限元分析,是把空间结构分解成竖直面结构和水平面结构两个平面进行分析的:

首先对竖直面分析,即将基坑开挖影响范围内的各构件离散为有限元单元,根据施工工况计算支护结构的应力、应变和位移状态,求解过程与一般弹性力学有限元方法类似;然后将竖直面分析求得的支撑反力作为外荷载,利用支点位移作为边界条件进行水平面分析;最后将两个平面的认识和分析结果加以综合,得到关于深基坑工程支护结构体系的整体认识和分析结果。

二维有限元方法在水平面分析时只是将竖直面分析得到的支撑反力和支点位移作为外荷载和边界条件,并不能反映竖直面和水平面的协同工作,而且分析过程中并没有考虑竖直面与水平面各构件刚度的匹配问题,容易出现位移不协调现象。

2)三维有限元方法

三维有限元方法通过建立整体基坑的空间模型,全面模拟支护结构与周围土体的共同作用,既可以进行线性分析,又可以进行非线性分析,而且可以模拟基坑开挖过程中各种施工因素对基坑的影响,全面又精确地计算支护结构的内力和位移,更加符合工程实际情况。目前,三维有限元方法主要有两种,即杆系有限元法和实体有限元法。

A.杆系有限元法

杆系有限元法用空间梁单元模拟支护结构和内支撑结构,并采用土弹簧模拟土体的抗力,其弹簧刚度系数采用 m 法计算,并根据不同的施工阶段取多种工况进行计算,能有效模拟基坑开挖过程中随开挖深度的增加支撑层数的变化、支撑架设后支撑轴力随着开挖过程的变化、支撑预加轴力等各种因素对挡土结构内力和变形的影响。

该方法计算相对简单,参数选取也积聚了一定的经验,是目前应用最多的一种方法。但是杆系有限元法仅考虑土压力随位移的线形变化,无法模拟土体真实的应力分布状况,而且不考虑桩周土体的水平向侧摩阻力及土体的流塑性对结构的影响。

B.实体有限元法

三维实体有限元法通过建立实体单元模拟土体,可以考虑土体的流塑性,以及基坑开挖引起的土体回弹和隆起,更加真实地反映土体的应力分布状况,能更加真实地模拟支护桩在各个工况的各种受力状况,与工程实际比较接近,并可以较全面地考虑多种复杂因素的影响。

三维实体有限元法由于存在土体模型和土性参数难以准确确定、计算工作量大、成本高等问题,目前条件下与工程实际应用还有一定距离,仅用于某些重要工程的辅助设计。

(二)支撑结构体系的计算要点

支撑结构体系所承受的主要作用力是由围护结构传来的水平侧压力,而支撑结构体系和围护结构体系是互相关联的,围护结构的水平侧压力传递于支撑结构体系,而支撑结构体系的布置形式、变形等又会影响围护结构的受力,因此对支撑结构体系的设计计算一般需要与围护结构组合成整体来计算,而支撑结构体系的计算是根据围护结构传递于支撑结构体系的荷载,同时结合支撑结构体系本身的一些要求,来对支撑结构体系的承载力、变形、稳定性进行计算。

三、支撑结构体系的设计

(一)支撑结构体系的设计要点

支撑结构体系的设计包括围檩、支撑及竖向支承等构件的设计,并包括一些必要的节点构造等内容。

1.围檩

(1)水平支撑体系首层支撑的围檩一般兼作围护结构的圈梁(如图7-3所示)。当首层支撑体系的围檩不能兼作围护结构的圈梁时,应另外设置围护结构的圈梁,来将离散的排桩连接起来,加强围护结构整体刚度,减小围护结构的顶部水平变形。

(2)构件尺寸应与支护的工作面宽度、施工方便性等结合,在满足构件自身的承载力、变形、稳定性等要求的情况下,尽量减少构件尺寸及对施工的影响。

(3)围檩应有可靠的连接措施与围护结构相连,以便围檩自身的稳定和传递围护结构的荷载于支撑体系中。

2.支撑

(1)首层水平支撑宜尽量布置在顶部并与围护结构的顶圈梁相结合,在环境条件容许时,可尽量降低首道支撑标高。

(2)基坑设置多道支撑时,最下道支撑的布置在不影响主体结构施工和土方开挖条件下,宜尽量降低;当基础底板的厚度较大,且征得主体结构设计认可后,也可将最下道支撑留置在主体基础底板内。

(3)在满足支撑构件自身的承载力、变形、稳定性等要求的情况下,尽量减小构件尺寸。

(4)支撑与支撑、支撑与围檩之间应有可靠的连接措施,并有节点处的结构加强措施。

3.竖向支承

(1)当支撑长度较长时应设置竖向支承,来减小支撑的竖向变形,并加强整个支撑体系的刚度,减小支撑体系的变形。

（2）在满足支撑构件自身的承载力、变形、稳定性等要求的情况下，应考虑与结构交叉处的防水、连接等措施。

（3）支撑与竖向支承之间应有可靠的连接措施。

（二）水平支撑体系

水平支撑体系一般由围檩、水平支撑和竖向支承等构件组成。

1.围檩

（1）应结合围护结构的形式进行设计，尽量与围护结构的形式一致。

（2）一般首层支撑的围檩兼作圈梁并采用混凝土构件，以便圈梁与围护结构连接并加强围护结构的刚度。

（3）采用钢围檩时应在围护结构上设置竖向牛腿。

（4）围檩与围护结构之间应采用混凝土充填密实。

2.水平支撑

当采用桁架、拱形圆环等支撑时，承受围护结构水平荷载起主要作用的支撑通常称作主支撑，而把主要起结构联系作用的支撑称作连系梁或副支撑。

（1）主撑构件长细比不宜大于75，连系构件的长细比不宜大于120。

（2）采用钢结构支撑时常采用 $\phi609\times16$ 的钢管或 H700×300、H500×300 以及 H400×400 型钢。

（3）采用混凝土结构时支撑构件的尺寸、支撑的截面高度应尽量一致。

（4）支撑系统上如需设置施工栈桥作为施工作业平台，应进行专门设计。

（5）支撑长度较大（一般>10 m）时应在其中部设置竖向支承（竖向支承的设计见单元三）。

（三）竖向斜撑体系

竖向斜撑体系一般由圈梁、斜撑及其基础等构件组成，必要时还包括竖向支承构件，同时还要确保预留土墩的稳定。

1.圈梁

（1）应结合围护结构的形式进行设计，尽量与围护结构的形式一致。

（2）一般采用混凝土构件，以便圈梁与围护结构连接并加强围护结构的刚度。

2.斜撑

（1）斜撑一般采用钢管支撑或型钢支撑，钢管支撑一般采用 $\phi609\times16$，型钢支撑一般采用 H700×300、H500×300 以及 H400×400。

（2）斜撑的坡率不宜大于 1：2，并应尽量与基坑内土堤的稳定边坡坡率相一致。

（3）斜撑水平间距当支撑系统采用钢筋混凝土围檩时不宜大于 9 m，采用钢围檩时不宜大于 4 m；当斜撑水平间距较大时，应在支撑端部两侧与围檩之间设置八字撑，八字撑宜左右对称，与围檩的夹角不宜大于 60°。

（4）斜撑与围檩、斜撑与基础之间的连接，应满足斜撑的水平分力和竖向分力的荷载要求。

（5）斜撑水平投影长度较大（一般>15 m）时应在其中部设置竖向支承。

3.斜撑基础

（1）斜撑基础与围护结构之间的水平距离宜大于围护结构插入深度的 1.5 倍。

（2）斜坡基础尽量采用筏板、承台等构件，并在其连接处进行加强。

4.预留土墩

（1）预留土墩的边坡一般采用放坡的方式。

（2）必须保证预留土墩在基坑中部的土方开挖后、斜撑未形成前的边坡稳定性，当无足够场地进行放坡、预留土墩的稳定性无法保证时，应对土墩边坡进行支护。

（四）支撑节点构造

支撑结构的节点构造，特别是对钢结构支撑来说，直接影响支撑体系的整体刚度和变形。支撑结构的设计，除确定构件截面外，尚需进行节点的构造设计。

1.钢支撑

1）钢支撑的拼接

钢结构支撑构件的拼接应满足强度要求。常用的连接方式有焊接和螺栓连接。螺栓连接施工方便但整体性不如焊接，为减小节点变形，宜采用高强螺栓。构件在基坑内的接长，由于焊接条件差，焊缝质量不易保证，通常采用螺栓连接。

2）钢支撑交叉节点

为了加强支撑体系的整体刚度，两个方向的钢支撑交错时，应避免上下分层错开放置，而应采用在同一标高上"十"字节点连接（见图7-9）。为了使得构造简单，钢支撑交叉处尽量成正交方式，尽量避免斜向交叉方式。当支撑与围檩斜交时，宜在围檩上设置水平向牛腿。

图7-9　钢支撑的"十"字连接

3）预加力端部

由于钢支撑构件之间安装可能会产生一定的间隙，也为了减小基坑的变形，钢支撑往往需要施加预加力。为了预加力施加的需要，一般将钢支撑与围护结构连接的端部设置成活动端，也可以采用在支撑中间布置千斤顶等设备将活动端设置在支撑的中部。目前，基坑工程使用的活动端有两种形式：一种为契式活动端，另一种为箱式活动端，见图7-10、图7-11。

图 7-10　钢支撑契式活动端

图 7-11　钢支撑箱式活动端

2.钢筋混凝土支撑

对于钢筋混凝土支撑,应在节点处按照钢筋混凝土规范采用加腋角和加强筋的方式进行加强(见图 7-12),并在节点处宜采用整体浇筑,以加强节点的整体刚度。

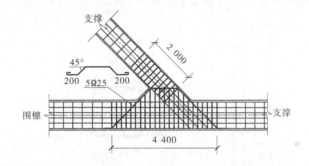

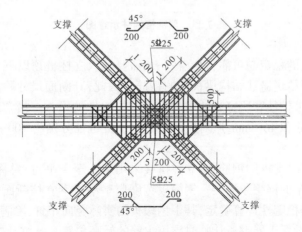

图 7-12　钢筋混凝土支撑节点处加强

四、竖向支承的设计

竖向支承系统主要用来承受支撑杆件的自重荷载,通常采用钢立柱插入立柱桩的形式,因此竖向支承的设计包括立柱和立柱桩的设计两部分。

(一)立柱

立柱的设计一般按轴心受压构件进行设计计算,同时应考虑所采用的立柱结构构件与水平支撑的连接构造要求及与底板连接位置的止水构造要求。

1.立柱的结构形式

1)立柱的形式

竖向支承的钢立柱有角钢格构柱、H 型钢柱或钢管混凝土立柱三种。由于角钢格构柱构造简单、加工方便且承载能力较大,稳定性较好,成为目前采用最多的立柱形式。

2)角钢格构柱

最常用的型钢格构柱采用 4 根角钢拼接而成的缀板格构柱,可选的角钢规格品种丰富,工程中常用∟120 mm×12 mm、∟140 mm×14 mm、∟160 mm×16 mm 和∟180 mm×18 mm 等规格,钢材常采用 Q235B 或 Q345B。典型的型钢格构柱如图 7-13 所示。

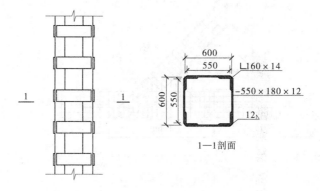

图 7-13　型钢格构柱示意图

为满足下部连接的稳定与可靠,钢立柱一般需要插入立柱桩顶以下 3~4 m。角钢格构柱在梁板位置也应当尽量避让结构梁板内的钢筋。因此,其断面尺寸除需满足承载能力要求外,尚应考虑立柱桩桩径和所穿越的结构梁等结构构件的尺寸。最常用的钢立柱断面边长为 420 mm、440 mm 和 460 mm,所对应的最小立柱桩桩径分别为 700 mm、750 mm 和 800 mm。

为了便于避让临时支撑的钢筋,钢立柱拼接采用从上至下平行、对称分布的钢缀板,而不采用交叉、斜向分布的钢缀条连接。钢缀板宽度应略小于钢立柱断面宽度,钢缀板高度、厚度和竖向间距根据稳定性计算确定,其中钢缀板的实际竖向布置,除满足设计计算的间距要求外,也应当尽量设置于能够避让临时支撑主筋的标高位置。基坑开挖施工时,在各道临时支撑位置需要设置抗剪件以传递竖向荷载。

2.立柱的设计要点

1)位置及垂直度要求

竖向支承钢立柱由于柱中心的定位误差、柱身倾斜、基坑开挖或浇筑桩身混凝土时产生位移等原因,会产生立柱中心偏离设计位置的情况,过大偏心将造成立柱承载能力下降,同时会给支撑与立柱节点位置钢筋穿越处理带来困难,还会产生立柱与主体梁柱的矛盾问题。因此,施工中必须对立柱的定位精度严加控制,并应根据立柱允许偏差按偏心受压构件验算施工偏心的影响。设计图纸中应明确位置及垂直度的要求,并对立柱放置角度提出具体要求,以利于水平支撑杆件钢筋穿越钢立柱。

一般情况下,钢立柱的垂直度偏差不宜大于 1/200,立柱长细比应不大于 25,位置偏差不大于 5 mm。

2)最不利工况的选取

钢立柱的可能破坏形式有强度破坏、整体失稳破坏和局部失稳等几种。一般情况下,整体失稳破坏是钢立柱的主要破坏形式;强度破坏只可能在钢立柱的受力构件截面有削弱的条件下发生。应根据每一施工工况对立柱进行承载力和稳定性验算。同时,当基坑开挖至坑底、底板尚未浇筑时,最底层一跨钢立柱在承受最不利荷载的同时计算跨度也相当大,一般情况下,该工况是钢立柱的最不利工况。

3.钢立柱的计算要点

钢立柱的竖向承载能力一般由整体稳定性控制,若在柱身局部位置有截面削弱,则须进行竖向承载的抗压强度验算。

一般截面形式的钢立柱计算,可按国家标准《钢结构设计规范》(GB 50017)等相关规范中关于轴心受力构件的有关规定进行。具体计算中,在两层支撑之间的立柱计算跨度可取为上一层支撑杆件中心至下一层支撑杆件中心的距离,最低层一跨立柱计算跨度可取为上一道支撑中心至立柱桩顶标高之间的距离。

钢立柱在实际施工中不同程度存在水平定位偏差和竖向垂直度偏差等施工偏差情况,因此在计算钢立柱的承载力时,尚应按照偏心受压构件验算一定施工偏差下钢立柱的承载力,以确保足够的安全度。此外,基坑开挖土方钢立柱暴露出来之后,应及时复核钢立柱的水平偏差和竖向垂直度,应根据实际的偏差测量数据对钢立柱的承载力进一步校核,如有施工偏差严重者,应采取限制荷载、设置柱间支撑等措施确保钢立柱承载力满足要求。

(二)立柱桩

1.立柱桩形式

立柱基础一般采用桩基的形式,将承担立柱荷载的桩称为立柱桩,一般有预制桩、灌注桩、钢管桩三种形式。

立柱桩除了需具有一定的承载能力,还需具有与上部立柱可靠的连接措施。由于预制桩与上部的立柱连接不便且承载力较低,因此很少采用;钢管桩造价相对较高,其与立柱连接构造也相对复杂,其应用范围也不广泛;而灌注桩具有与立柱连接方便的优点,且可以根据承载力要求灵活调整桩身设计尺寸,故立柱桩多采用灌注桩的形式,在成孔后将桩身钢筋笼和立柱一起放入桩孔,调整立柱的位置和垂直度满足设计要求后,浇筑桩身混凝土成桩。

2.立柱桩的设计要点

立柱桩的布置应结合支撑布置形式来专门设置。为了降低支护工程的造价,在条件允许的情况下也可以利用主体结构的工程桩作为立柱桩。

立柱桩的承载力计算方法与主体结构的工程桩相类似,可根据相应规范按受压桩的要求进行设计。

由于立柱桩的位置和垂直度直接影响到上部的立柱,因此立柱桩设计中应给出其桩位及垂直度的控制要求。

采用灌注桩做立柱桩时,立柱需插入立柱桩直径 3~5 倍深度,并确保在插入范围内灌注桩的钢筋笼内径大于立柱的外径或对角线长度。若遇钢筋笼内径小于立柱外径或对角线长度,可将灌注桩上部一定范围进行扩径处理,其做法如图 7-14 所示。

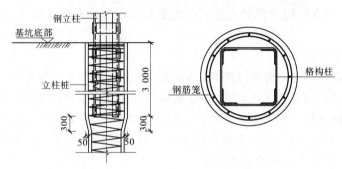

图 7-14　立柱与立柱桩的连接示意图

(三)竖向支承系统的连接构造

竖向支承系统钢立柱与临时支撑节点的设计应确保节点在基坑施工阶段能够可靠地传递支撑的自重和各种施工荷载,下面结合常用的格构柱介绍如下。

1.角钢格构柱与支撑的连接构造

角钢格构柱与支撑的连接节点,施工期间主要承受支撑竖向荷载引起的剪力,设计一般根据剪力的大小,在支撑底面位置对应的钢立柱上设置型钢甚至荷载大时设置牛腿等抗剪加强措施。图 7-15 为钢格构柱设置抗剪加强措施的示意图。

2.钢立柱在底板位置的止水构造

由于钢立柱需在水平支撑全部拆除后方可割除,水平支撑则随着地下结构由下往上逐层施工而逐层拆除,因此钢立柱需穿越基础底板,钢立柱穿越基础底板范围将成为地下水往上渗流的通道,为防止地下水上渗,钢立柱在底板位置应设置止水构件,通常采用在钢立柱构件周边加焊止水钢板的形式。

对于角钢拼接格构柱,通常止水构造是在每根角钢的周边设置止水钢板,通过延长渗水途径起到止水目的,图 7-16 为角钢格构柱在底板位置止水构造。对于钢管混凝土立柱,则需要在钢管位于底板的适当标高位置设置封闭的环形钢板作为止水构件。

五、换撑设计

当基坑采用临时围护结构时,由于围护结构与结构外墙之间通常会留设不小于 800 mm 的施工作业面作为地下室外墙外防水的施工操作面,地下结构施工阶段需对该施工空间进行换撑处理,该区域的换撑标高应分别对应地下各层结构平面标高,以利于水平力的传递。

(一)换撑板带

围护结构与地下各层结构之间的换撑一般采用钢筋混凝土换撑板带的方式,如图 7-17 所示。

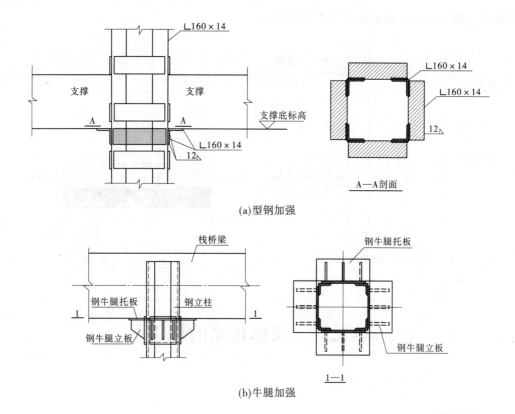

(a)型钢加强

(b)牛腿加强

图 7-15　钢格构柱抗剪加强措施

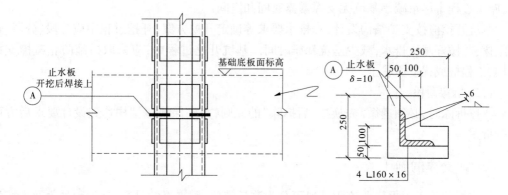

图 7-16　角钢格构柱止水构造示意图

换撑板带与地下结构同步浇筑施工,其标高可取相邻地下结构的标高,换撑板带应根据施工人员作业荷载对其计算并适当配筋。

(二)工作下人孔

换撑板带应间隔设置工作下人孔(见图 7-18),作为施工人员拆除外墙模板及外墙防水施工作业的通道,以及将来围护结构与外墙之间密实回填处理的通道,孔的大小应能满足施工人员的通行要求,一般不应小于 1 000 mm×800 mm,孔的水平中心距离一般控制在 6 m 左右,也可根据实际施工要求适当调整其间距。

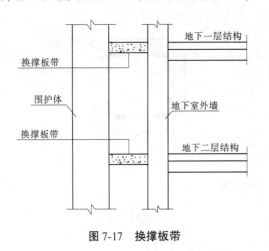

图 7-17　换撑板带

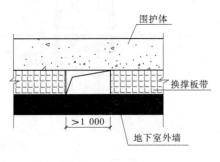

图 7-18　工作下人孔

单元三　支撑体系的施工

一、支撑施工总体原则

(一)开挖阶段

支撑体系应遵循"先撑后挖、及时支撑、分层开挖、严禁超挖"的原则按照设计进行施工,施工过程中尽量减小基坑无支撑暴露时间和空间。

基坑开挖应按支护结构设计、降排水要求等确定开挖方案,开挖过程中应分段、分层、随挖随撑,并做好基坑排水,减少基坑暴露时间。基坑开挖过程中,应采取措施防止碰撞支护结构、工程桩或扰动原状土。

(二)拆撑阶段

支撑拆除时,必须遵循"先换撑、后拆除"的原则,并确保换撑结构达到设计要求后方可进行拆撑。

二、钢支撑的施工

钢支撑的施工根据作业流程一般可分为测量定位、钢支撑的吊装、施加预加力及支撑的拆除等步骤。

(一)测量定位

施工测量的工作主要有平面坐标系内轴线控制网的布设和场区高程控制网的布设。

1.平面坐标系内轴线控制网的布设

平面坐标系内轴线控制网应按照"先整体、后局部"和"高精度控制低精度"的原则进行布设。

2.场区高程控制网的布设

场区高程控制网应根据城市规划部门提供的高程控制点,用精密水准仪进行闭合检查,布设一套高程控制网。场区内至少引测三个基准点,支撑系统中心标高误差控制在 30 mm 之内。

在整个施工全过程中应加强对控制点的保护。

钢支撑施工前应做好测量定位工作,必须精确控制其平直度,以保证钢支撑能轴心受压。在围护结构上做好基本控制点标记,再引测至支撑安设位置,标记出钢支撑的安装标高、水平位置。

(二)钢支撑的吊装

首层钢支撑施工时,空间上无遮拦,相对有利,如支撑长度一般,可将某一方向的支撑在基坑外按设计长度组装成一段,采用多点起吊的方式将组装的支撑段吊运至设计位置后分段安装。

首层以下的钢支撑在施工时,由于已经有首层支撑系统的影响,一般已无条件采用分段安装的方式,需采用多节钢支撑拼接,按"先中间、后两头"的原则进行吊装,并尽快将各节支撑连接起来,法兰盘的螺栓必须拧紧,快速形成支撑。

对于长度较小的斜撑,可先在地面进行分段预拼装,然后分段吊装、连接。

(三)施加预加力

钢支撑安放到位后,将液压千斤顶放入活动端,按设计要求施加预加力。为了确保支撑的安全性,预加力应分级施加。预加力施加到设计要求后将活动端牢固固定。

采用钢支撑特别是采用多道钢支撑支护时,存在的主要问题是支撑预加力的损失,钢支撑预加力损失,严重影响基坑的变形控制。因此,在基坑施工过程中,应加强对钢支撑应力的检查,并采取有效的措施,对支撑进行预加力复加。

(四)支撑的拆除

支撑拆除前应检查换撑的情况,确保换撑结构达到设计要求后再进行拆除,拆除前先解除预加力。

三、钢筋混凝土支撑

钢筋混凝土支撑应结合土方开挖方案,按照"分区、分块、对称"的原则,进行施工分区和流程的划分,随挖随支,尽可能减少开挖段无支撑的时间,以控制基坑工程的变形和稳定性。钢筋混凝土支撑的施工由多项分部工程组成,根据施工的先后顺序,一般可分为施工测量、钢筋工程、模板工程及混凝土工程。

(一)施工测量

与钢支撑一样,施工测量的工作主要有平面坐标系内轴线控制网的布设和场区高程控制网的布设。在布设平面坐标及高程控制网点并在围护结构上做好标记后,再引测至支撑设计的相应位置处。

(二)钢筋工程

钢筋工程的重点是粗钢筋的定位和连接以及钢筋的下料、绑扎,确保钢筋工程质量满足相关规范要求。

1.原材料

钢筋进场必须附有出厂证明(试验报告)、钢筋标志,并根据相应检验规范分批进行见证取样和检验。

2.钢筋加工制作

受力钢筋加工应平直,无弯曲,否则应进行调直。各种钢筋弯钩部分弯曲直径、弯折角度、平直段长度应符合设计和相关规范要求。

3.钢筋的连接

支撑及腰梁内纵向钢筋接长根据设计及相关规范要求,可以采用直螺纹套筒连接、焊接连接或者绑扎连接,钢筋的连接接头应设置在受力较小的位置,位于同一连接区段内纵向受拉钢筋接头数量不大于50%。

4.隐蔽工程验收记录

钢筋工程属于隐蔽工程,钢筋绑扎、安装完毕后,应进行自检,在浇筑混凝土前应对钢筋进行验收,及时做好隐蔽工程验收记录。

(三) 模板工程

1.围檩(腰梁)与支撑底模

钢筋混凝土腰梁与支撑的模板一般采用土模,即在挖好的原状土面上施工30~100 mm的混凝土垫层或水泥砂浆垫层作为底模。垫层施工应紧跟挖土及时分段进行,两边各宽出支撑100 mm。为避免开挖后支撑底部垫层清除困难,可在垫层面上铺设油毛毡进行隔离。

2.腰梁与围护结构体的结合处

为了保证腰梁与围护结构体紧密接触,避免腰梁与围护结构体之间存在空隙,将腰梁与围护结构体接触部分混凝土表面凿毛清理干净后,再进行腰梁施工,以便保证腰梁与围护结构连成整体。

3.模板体系的拆除

模板拆除时间以同条件养护试块强度为准。

模板拆除后,在土方开挖时,必须清理掉附着在钢筋混凝土支撑上的底模,防止底模附着在支撑上而在后续施工过程中坠落,从而造成安全事故。特别是在钢筋混凝土支撑节点处,由于附着的底模可能比较大,安全隐患更大,应特别注意清除。

(四) 混凝土工程

1.混凝土的技术要求

1) 坍落度

支撑的混凝土一般采用泵送浇筑方式,其坍落度要求入泵时最高不超过20 cm,最低不小于16 cm。

2) 和易性

为了保证混凝土在浇筑过程中不产生泌水、离析,保证混凝土的稳定性和可泵性,混凝土必须具有一定的和易性。

3) 凝结时间

为了保证各个部位混凝土的连续浇筑,要求混凝土的初凝时间保证在7~8 h;为了保证后道工序及时施工,要求混凝土终凝时间控制在12 h以内。

2.混凝土的浇筑

一般采用商品混凝土泵送浇筑,泵送前应在输送管内用适量的与支撑混凝土成分相同的水泥浆或水泥砂浆润滑内壁,以保证泵送顺利进行。混凝土浇捣采用分层滚浆法浇捣,防止漏振和过振,确保混凝土密实。浇筑完毕后用木泥板抹平、收光,在终凝后及时铺上草包或者塑料薄膜覆盖,防止水分蒸发而导致混凝土表面开裂。

3.混凝土养护

表面采用覆盖薄膜进行养护,侧面在模板拆模后采用浇水养护,一般养护时间不少于7 d。

(五)支撑拆除

1.钢筋混凝土支撑拆除要点

钢筋混凝土支撑拆除时,应严格按设计工况进行支撑拆除,遵循先换撑、后拆除的原则。钢筋混凝土内支撑拆除要点为:

(1)拆撑前制订详细的拆撑方案,专家论证审批后按方案执行。

(2)主体结构和换撑结构均达到规定的强度等级、可承受该层内支撑的内力时,方可进行支撑拆除。

(3)拆除支撑时不得对主体结构造成损伤,并做好立柱穿越底板位置处的防水处理措施。

(4)在拆除每层内支撑的前后必须加强对周围环境的监测,发现异常时立即停止拆除工作并采取应急措施,确保换撑安全、可靠。

2.钢筋混凝土支撑拆除方法

目前,钢筋混凝土支撑拆除方法一般有人工拆除法、静态爆破拆除法和炸药爆破拆除法。

1)人工拆除法

人工拆除法即采用人力的方式利用大锤和风镐等简单工具人工拆除支撑,其优点是施工简单;缺点是施工效率低、安全性差,锤击与风镐的噪声、粉尘对周围环境也有一定污染。

2)静态爆破拆除法

静态爆破拆除法是在混凝土支撑构件的钻孔中灌入膨胀剂,利用膨胀力将混凝土胀裂,再结合人工的方法拆除。该方法的优点在于其替代了人工拆除的一部分工作,施工变得相对简单,无粉尘、噪声污染;缺点是钻孔工作量大,膨胀剂封堵措施不当时喷射而出会对人员造成伤害,钢筋切断和混凝土的剥离还需要人工方法,成本相对较高。

3)炸药爆破拆除法

炸药爆破拆除法即用炸药爆破的方法将钢筋混凝土支撑结构拆除。该办法的优点是效率高、工期短,缺点是炸药爆破时产生的声音、震动和飞石,都会对周围环境造成一定程度的影响。

上述三种支撑拆除方法中,炸药爆破拆除法由于施工速度快、效率高及爆破之后后续工作相对简单的特点,得到了广泛的应用,但由于安全管制的原因,目前应用已经越来越少。

四、竖向支承的施工

(一)立柱

1.立柱的制作

立柱一般采用钢格构柱的形式,其在工厂分段制作,单段长度一般最长不超过 15 m。

2.安装

钢格构柱现场安装一般采用"地面拼接、整体吊装"的施工方法,首先将分段钢立柱在地面拼接成整体,其后将整个钢格构柱吊装至安装孔口,和立柱桩的钢筋笼连接成一体后随钢筋笼一起下放至孔中。

3. 固定

钢立柱的位置直接影响支撑体系的整体性,而垂直度直接影响钢立柱的竖向承载力,因此施工时必须采取措施控制其位置和垂直度偏差在设计要求的范围之内,必须采用专门的定位调垂设备对其进行定位和调垂。

目前,钢立柱的定位调垂方法一般是:钢立柱沉放至设计标高后,在钻孔灌注桩孔口位置设置 H 型钢支架,在支架的每个面设置两套调节丝杆,一套是用于调节钢格构柱的垂直度的斜向连接调节丝杆,另一套是用于调节钢格构柱轴线位置的水平调节丝杆,通过对这两套丝杆的调节来对立柱进行固定。

(二)立柱桩

1. 立柱桩的桩位及垂直度

由于立柱桩上部与立柱相连,而立柱的垂直度和位置直接影响支撑体系的受力和安全,因此为了确保立柱的垂直度和位置,应首先确保立柱桩的桩位和垂直度达到设计要求。

2. 沉渣厚度

立柱桩的沉降会引起与之相连支撑的内力重新分配,从而影响整个支撑体系的安全,因此施工过程中应注意立柱桩沉渣厚度的控制,一般允许沉渣厚度小于 50 mm。

单元四　支撑体系的质量检验

一、质量检验的依据及项目

(一)依据标准

(1)钢结构支撑体系。《钢结构工程施工质量验收规范》(GB 50205)。

(2)钢筋混凝土结构支撑体系。《混凝土结构工程施工质量验收规范》(GB 50204)。

(3)钢立柱。《钢结构工程施工质量验收规范》(GB 50205)。

(4)立柱桩。《建筑地基基础工程施工质量验收规范》(GB 50202)。

(二)检验项目

检验项目分为主控项目和一般项目:

(1)主控项目。主控项目指那些涉及安全、环保及功能的、关键的项目。

(2)一般项目。一般项目大致可分为影响表面质量、观感等的次关键项目,以及可以有一定偏差的、不太关键的允许偏差项目。

(三)检验批的验收

检验批的质量验收应通过实物检查和资料检查,符合下列要求的为合格:

(1)主控项目的质量经抽样检验应合格。

(2)一般项目的质量经抽样检验应合格;当采用计数抽样检验时,除规范有专门规定外,其合格点率应达到80%及以上,且不得有严重缺陷。

(3)应具有完整的质量检验记录,重要工序应具有完整的施工操作记录。

由于检验的项目众多,本单元仅给出检验的要点,具体检验项目检验方法对照相应的规范执行。

二、钢支撑的质量检验要点

(1)材料及构件。检查材质证明文件及复验报告。

(2)构件。重点检查构件的尺寸偏差、焊接质量等内容,电焊工应持证上岗,确保焊缝质量达到设计及国家有关规范要求,焊缝质量由专人检查。

(3)安装。平面轴线、立面标高的误差在允许范围内,节点的焊接或螺栓连接质量等符合设计及国家有关规范的要求。

(4)预加力。应检查预加力的情况,允许偏差±50 kN;对整个支撑过程中的预加力损失进行检验,发现预加力损失较大时应及时进行复加。

三、钢筋混凝土支撑的质量检验要点

(一)钢筋工程

(1)材料。检查钢筋的材质证明文件及复验报告。

(2)安设。根据设计图纸检查钢筋的型号、直径、根数是否正确,长度、间距等是否在误差范围之内,以及钢筋接头的位置及搭接长度是否符合相关规范规定。

(3)垫层及保护层。钢筋的保护层厚度按临时工程设置,一般为 30 mm。

(二)模板工程

(1)模板底座。如采用直接在地基土上支设模板,应检查地基土的质量及均匀性,并按临时工程设置不小于 30 mm 的水泥砂浆垫层;如采用支架,支架竖杆下应有底座或垫板,并应保证支架基础的稳定性。

(2)稳定性。应检查模板的侧向支撑是否稳定可靠。

(3)尺寸偏差。重点检查轴线位置和模板内部尺寸的偏差,其中轴线位置允许偏差为 5 mm,模板内部尺寸允许偏差为 ±10 mm。

(三)混凝土工程

(1)原材料。检查原材料的复验报告。

(2)混凝土。检查混凝土入模时的坍落度和混凝土试块强度报告。

(3)构件。检查外观质量和尺寸偏差,不得有空洞、露筋等现象,尺寸偏差在允许偏差范围之内。

(四)支撑拆除

(1)换撑的施工质量。对照设计图纸,现场检查换撑的设置是否按设计进行设置。

(2)换撑材料。检查换撑材料的强度检验报告,换撑材料强度未达到设计要求强度前严禁拆撑。

四、竖向支承的质量检验要点

(一)立柱

(1)材料及构件。按照上述钢支撑的检验要点进行检验。

(2)安设。对立柱的固定装置进行检验,以及检验位置尺寸偏差是否在允许范围之内。

(3)施工质量。立柱开挖出露后检查施工的立柱平面位置,平面允许偏差为 50 mm,并随开挖检查立柱的垂直度。

(二)立柱桩

(1)钻孔前对立柱桩的放线位置进行检验。

(2)对沉渣厚度及垂直度、灌注质量等进行检验。

(3)当发现立柱沉降异常时,通过低应变法对立柱桩的桩身完整性进行检查。

单元五　基坑工程中内支撑体系案例分析

一、工程概况

(一)工程位置及周边环境

本工程位于郑州市主要街区,工程场地原为市政道路,西侧为已建小区,有若干住宅和商业用房,其中小区已经入住;东侧为正在施工的广场项目,基坑深度 19 m,目前基坑工程已施工完毕。为了充分利用地下空间,并将道路东、西两侧的地下室连通,本工程将市政道路开挖建设成地下室,地下室建成回填后对道路进行修复、通行,工程周边环境平面图见图 7-19。

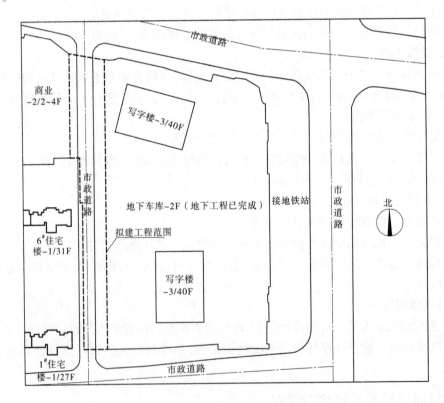

图 7-19　周边环境平面图

(二)基坑基本情况

本基坑地下车库层数为-2F,基坑开挖深度为 12.05 m,形状大致呈长方形,周长大约

530 m。

（三）地质情况

本工程开挖范围内底层以粉土和粉质黏土为主,坑底以下以砂层为主,典型地质柱状图如图 7-20 所示。

值得指出的是,坑底附近的第⑥层和第⑧层粉质黏土为软塑状。

二、支护形式的选择

（一）本工程的难点、重点分析

1.本工程的特点

本支护工程存在如下特点。

1）周边环境条件复杂

该工程西侧紧邻已经交付使用的小区,其地下工程施工时的基坑支护也会对本次支护造成障碍;加之该工程场地原为市政道路,道路管线相当复杂。

2）地质、水文条件复杂

本工程场地上部有若干层较软的粉质黏土,特别是靠近基坑底部的粉质黏土层,容易产生蠕变现象,从而对周边环境造成影响;西侧小区地下工程施工时的基坑开挖后为回填土,回填土的成分复杂、质量较差,也是本次支护的不利因素。

2.本工程的技术难点、重点

根据本工程的上述情况,由于西侧住宅楼距离本次开挖基坑较近且已经入住,对变形控制要求高,而西侧地下工程施工时基坑支护形成的障碍及回填土成分复杂、质量较差,采取何种支护形式确保西侧建筑物的安全,是本次支护的技术难点和重点。

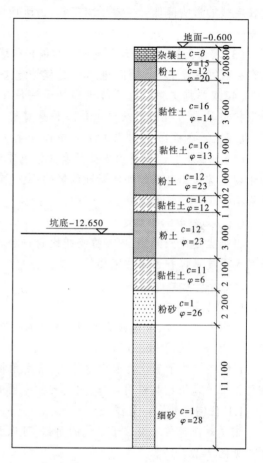

图 7-20　典型地质柱状图

结合上述特点,对于西侧住宅楼的支护主要解决下列两个问题。

1）变形控制问题

由于住宅楼已入住,变形过大产生裂缝会影响住户的心理,因此除必须保证基坑的安全外,尚应确保基坑支护不会产生大的变形,防止建筑物开裂。

2）施工可行性问题

由于环境、地质条件均复杂,施工可能会存在若干问题,因此考虑支护方式时应结合施工的可行性来选取支护方案。

（二）支护形式的比较分析

本单元主要为内支撑支护应用实例,下面主要以西侧两栋住宅楼处的支护来说明内支撑支护的应用。

对于本工程,各种支护方式的可行性及优缺点为:

（1）土钉墙支护。由于该侧无放坡距离，无法采用通常的土钉墙进行支护。而采用复合土钉墙，由于控制变形能力较差，对于必须严格控制变形的要求来说很难达到。

（2）桩锚支护。采用排桩和锚杆即桩锚的方式，也可以有效控制基坑变形，将基坑开挖对住宅楼的影响降低。但对于本工程，由于西侧距离住宅楼较近，锚杆无法施工，方案可行性差。

（3）墙锚支护。采用地下连续墙和锚杆即墙锚的支护方式，除上述桩锚中存在的问题外，还存在西侧基坑支护障碍问题，地下连续墙施工存在极大困难，且造价也高。

（4）双排桩支护。为了解决锚杆无法施工的问题，也可考虑采用双排桩的支护方式。但双排桩从受力机制上来说也是一种悬臂桩，变形控制达不到要求，如采用锚杆来控制变形，也存在上述桩锚、墙锚支护方式中锚杆无法施工的问题。

（5）桩撑支护。采用内支撑可有效控制基坑变形，大大降低对西侧住宅楼的影响，同时由于内支撑施工受基坑外侧场地的影响小，可解决西侧土体为回填土、原有支护、各种管线等影响施工可行性的问题。

（三）支护形式的确定

根据上述比较分析，内支撑支护比较符合本工程的实际情况，其可以有效控制变形，达到最大限度地保护西侧住宅楼的目的。

三、支护设计

（一）布置形式

根据基坑深度，考虑施工的方便性，本次支护采用两道支撑，其中首道支撑位于-1.55 m，第二道支撑位于-6.65 m。

1#住宅楼位于基坑的西南角外侧，采用角撑方式，而位于中间的6#住宅楼，可以利用东侧已施工的地下结构采用对撑方式，支护平面布置图如图7-21所示。

1.1#住宅楼处——角撑

该楼对应部位正好位于基坑的角部，可以利用对角支撑，互相抵消水平力，其具体布置形式见图7-22。

2.6#住宅楼处——对撑

该楼对应部位基坑东侧为已经施工完成的广场项目地下结构，在东侧广场项目已经施工的地下结构和本次支护施工的排桩之间设置对撑，利用东侧广场项目已经施工的地下结构来抵抗水平力，其具体布置形式见图7-23。

（二）设计计算

设计的有关基本参数如下。

1.基坑安全等级

根据周边环境、地质条件等情况，依据《建筑基坑支护技术规程》（JGJ 120—2012），基坑侧壁安全等级取一级，重要性系数为1.1。

2.基坑使用年限

本基坑使用年限为12个月，不适用于永久性支护，当超过设计使用年限时应及时通知设计单位，必要时根据实际情况进行加强。

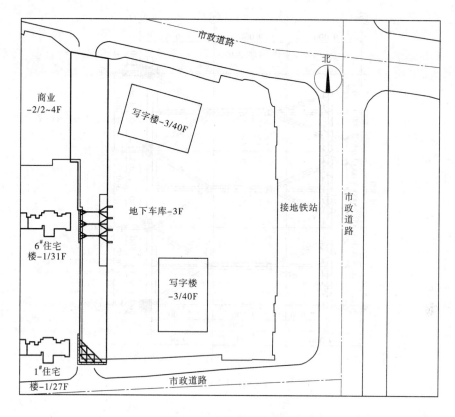

图 7-21 支护平面布置图

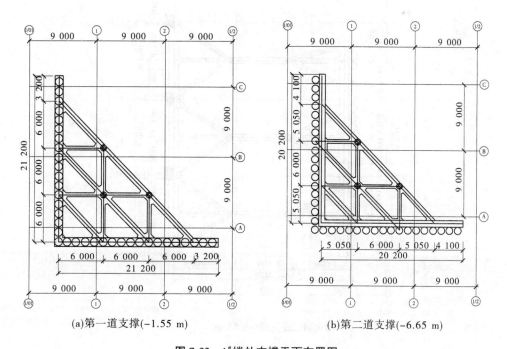

(a)第一道支撑(-1.55 m)   (b)第二道支撑(-6.65 m)

图 7-22 1#楼处支撑平面布置图

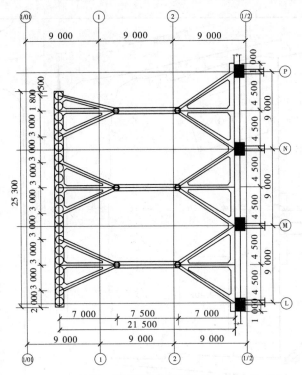

(a)第一道支撑(−1.55 m)

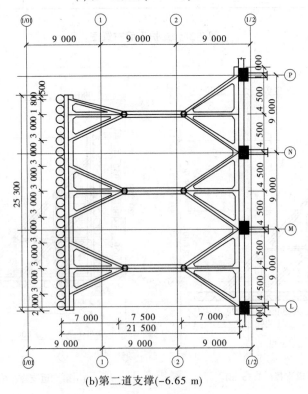

(b)第二道支撑(−6.65 m)

图 7-23　6#楼处支撑平面布置图

3.基坑超载

基坑四侧的设计荷载按照均布20 kPa考虑,在有建筑物位置建筑物按照每层15 kPa超载考虑。

基坑在施工期间严禁在坑边3 m以内堆放材料或施加大的荷载。

在确定好布置形式(平面及竖向两个方向)后,根据现场情况及经验假设构件尺寸,建立计算模型进行受力计算,根据计算结果(主要考虑变形、弯矩、剪力、轴力等),计算结果类似于图7-24来设置构件,当构件尺寸不合适时调整构件重新计算。

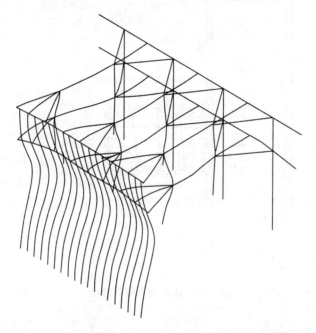

图7-24　整体计算结果示例(6#楼处整体计算开挖至坑底时的变形)

由于挡土结构和支撑结构的相互作用,本工程计算采取弹性分析方法,采用整体结构分析并采用局部计算来复核构件。

另外,内支撑存在拆除问题,在何时拆除直接影响基坑的安全,因此内支撑尚应对拆除工况进行计算。本工程采用验算的方式,即在开挖工况下进行主设计,设计完成后用设计的参数来校核拆除工况的安全情况。

需注意的是,本工程西侧6#住宅楼对应处的对撑利用了东侧广场项目已施工的地下室结构,因此在计算得到支护结构对广场项目已施工的地下室结构所施加的荷载后,尚应对广场项目已施工的地下室结构进行验算。验算结果表明,由于支撑点设置在梁柱节点处,支护产生的荷载对广场项目已施工的地下室结构没有影响。

(三)支护构件

1.挡土结构

由于现场地质条件复杂,采用钢筋混凝土钻孔灌注桩,当遇到西侧地下室工程原有支护形成的障碍物等时采用人工挖孔,桩径1 000 mm,间距1 200 mm,桩身配筋按计算确定。

桩间土采用挂网喷射厚度80 mm的C20混凝土保护。

2.冠梁

采用 1 100 mm×700 mm 的钢筋混凝土冠梁,冠梁施工前将桩顶混凝土浮浆凿除。

3.腰梁(围檩)

由于挡土结构的桩侧为圆形,腰梁与桩的结合处为点接触,必须采取措施使腰梁与桩侧表面大面积结合。本工程采用钢筋混凝土腰梁,凿除桩的保护层,将腰梁与部分排桩钢筋焊接,并采用吊筋来承担腰梁的重力荷载(见图 7-25)。

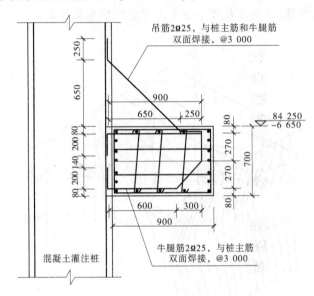

图 7-25　腰梁与排桩的连接

4.支撑梁

考虑到本工程的跨度较大,钢支撑梁与桩的连接处容易有偏差而变形较大,本工程采用钢筋混凝土支撑梁,可避免由于钢结构安装造成的钢支撑梁受力滞后而需要增加预加力的问题。

本工程钢筋混凝土支撑梁的截面采用 700 mm×700 mm 和 500 mm×700 mm 两种。

5.立柱及立柱桩

由于支撑的跨度较大,在支护的支撑梁之间设置格构柱来支撑。立柱桩由桩和格构柱组成,位于坑底以下的桩采用直径 800 mm 的钻孔灌注桩,坑底以上采用 4 根 140 mm×14 mm 的角钢焊接而成的格构柱,见图 7-26。

四、支护施工与监测

(一)1 支护施工

1.施工顺序

本工程的内支撑支护施工分为下列几个步骤:

(1)桩的施工,包括排桩及立柱桩的施工。

(2)第一道支撑体系的施工,包括冠梁、支撑梁的施工。

(3)土方开挖及桩间土的防护施工。

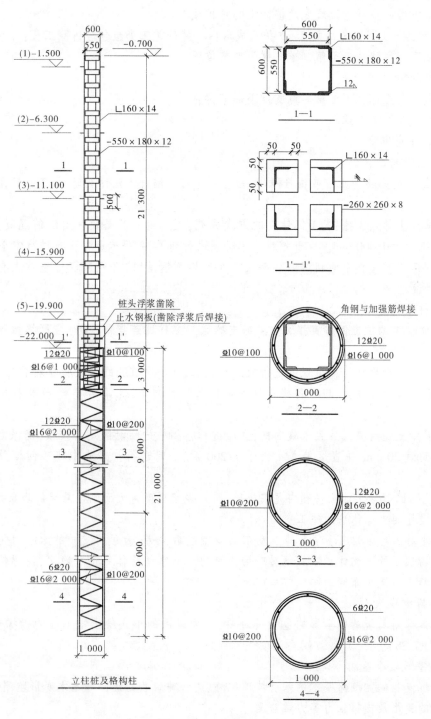

图 7-26　立柱及立柱桩

（4）第二道支撑体系的施工。

（5）土方进一步开挖至坑底及桩间土的防护施工。

不同于其他支护工程的施工,支护完成后内支撑的施工尚应包含拆除工程:

（6）地下室主体施工至第二道支撑下部某位置。

（7）拆除第二道支撑。

（8）地下室主体施工至第一道支撑下部某位置。

（9）拆除第一道支撑。

2.施工注意事项

1）排桩的施工

由于西侧有原支护土钉或锚杆障碍,当遇到土钉或锚杆无法钻孔时,施工按照下列要求进行:

（1）采用上部人工挖孔、下部钻孔的方式成孔,人工挖孔时必须采用钢筋混凝土护壁,护壁高度不大于 1 000 mm。在开挖过程中必须进行通风,并设专职安全员进行安全检查。

（2）人工成孔过程中遇到钢筋需要人工孔内切割钢筋时,必须采取措施防止有毒气体对人体的伤害。

2）立柱桩的施工

由于立柱桩的位置偏差直接影响上部支撑梁与立柱的连接,施工时应严格按照下列要求进行:

（1）钻孔应严格按照施工规范进行放线和施工,并确保桩孔的垂直度偏差不大于0.5%。

（2）在混凝土灌注前,应进行格构柱的定位及临时固定,确保钢筋笼、格构柱中心与桩中心重合。

（3）混凝土浇筑完成后且未凝固前,立即进行格构柱的临时固定及校核,确保立柱中心偏位不得超过 20 mm,垂直度偏差不大于 1/200 后,及时进行细砂或中粗砂回填并振捣密实。

（4）孔内回填砂子前应将孔内泥浆排出,避免泥浆稠度过大而细砂悬浮的现象发生。

3）6#楼处内支撑体系的施工

6#楼处对撑对应的广场项目地下室东侧设置有后浇带,为了将支护的水平力传递于整个东侧广场项目的结构体系中且不对广场项目的地下室结构体系造成隐患,设置传力横柱将荷载传递于后浇带东侧的结构体系中。

（二）拆撑步骤

鉴于拆撑对基坑的安全影响也至关重要,下面以图的形式给出本工程的拆撑步骤（见图 7-27、图 7-28）。

（三）基坑安全监测

本基坑支护的监测除基本的基坑坡顶位移、周边建筑物的沉降等基本变形监测外,还进行了立柱的变形及支撑轴力等力学监测。

监测结果表明,本次支护的内支撑变形最大 <10 mm,而保护的西侧两栋住宅楼沉降均在 5 mm 以内,说明本工程采用内支撑方案有效地控制了住宅楼对应处的基坑变形,大大降低了对基坑相邻住宅楼的影响,取得了满意的效果,达到了预期的目的。

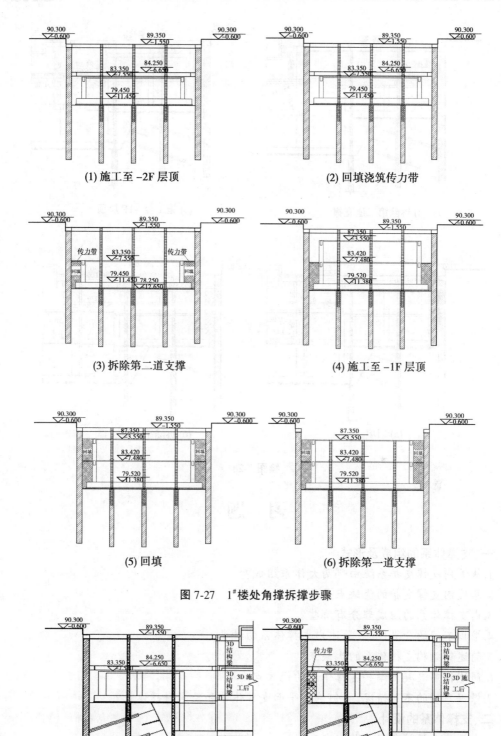

(1) 施工至 −2F 层顶　　　　　　　　(2) 回填浇筑传力带

(3) 拆除第二道支撑　　　　　　　　(4) 施工至 −1F 层顶

(5) 回填　　　　　　　　　　　　(6) 拆除第一道支撑

图 7-27　1#楼处角撑拆撑步骤

(1) 施工至 −2F 层顶　　　　　　　　(2) 回填浇筑传力带

图 7-28　6#楼处对撑拆撑步骤

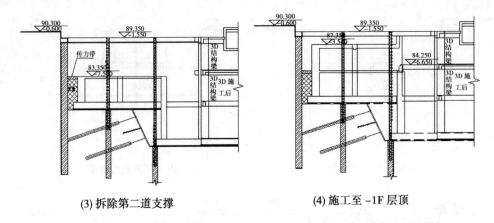

(3) 拆除第二道支撑　　　　　　　(4) 施工至 −1F 层顶

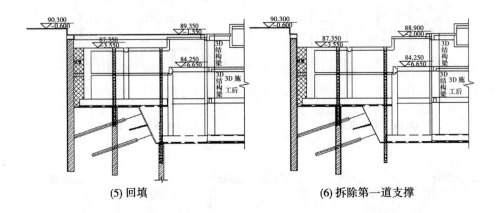

(5) 回填　　　　　　　　　　　　(6) 拆除第一道支撑

续图 7-28

习 题

一、支撑体系的组成及形式

1.基坑内支撑支护系统由哪两大体系组成?

2.基坑内支撑支护的优缺点是什么?

3.内支撑体系的组成部分有哪些?

4.根据不同的分类情况,简述内支撑体系的种类。

5.简述钢结构支撑体系的优缺点。

6.简述钢筋混凝土结构支撑体系的优缺点。

7.根据基坑的不同情况,如何选择平面支撑体系和竖向斜撑体系?

二、支撑体系的设计

1.支撑体系设计包括哪些内容?

2.支撑体系选型包括哪些基本内容?其基本原则是什么?

3.结合钢结构支撑体系的优缺点来说明其适用范围。

4.根据钢筋混凝土结构支撑体系的优缺点来说明其适用范围。

5.组合结构支撑体系一般用于什么情况下的基坑支护?

6.支撑体系选型需考虑哪些主要因素?

7.某一基坑深22 m,基坑形状呈不规则状,基坑四周8~10 m均有建于早期的6层砖混结构既有建筑需要保护,场地10~15 m有一层软塑状粉质黏土,拟采用内支撑支护,请问选型是什么?

8.目前基坑内支撑支护的计算方法有哪些? 各有什么优缺点?

9.内支撑体系计算时是否可以与围护结构的计算分开单独进行?

10.目前常用的内支撑支护设计计算方法是什么?

11.静力平衡法主要用于什么情况的内支撑支护计算? 为什么?

12.土的抗力计算方法有几种? 常用的是哪种计算方法?

13.内支撑支护有限元计算方法有哪些? 常用的有限元计算方法是什么?

14.简述支撑体系的计算要点。

15.为什么钢支撑体系的节点构造显得很重要?

16.竖向支承系统包括哪两部分?

17.立柱的形式有哪几种? 使用最广的立柱形式是什么?

18.绘图说明目前常用的立柱形式构造。

19.立柱桩的形式有哪几种? 常用的立柱桩形式是什么?

20.立柱一般插入立柱桩深度为多少?

21.支护计算时换撑工况是否需要计算?

22.一般采用什么方式换撑? 换撑板带预留下人孔的目的是什么?

三、支撑体系的施工

1.支撑体系施工的总体原则是什么?

2.钢支撑的施工包括哪几个主要方面的内容?

3.首层钢支撑的吊装和其他层的吊装有何区别? 分别是怎么吊装的?

4.钢支撑预加力的方法是什么?

5.钢支撑拆除前应注意哪些事项?

6.钢筋混凝土支撑施工包括哪几项?

7.钢筋混凝土支撑的底模一般采用什么模板? 注意事项是什么?

8.钢筋混凝土支撑拆除方式有哪几种? 各有什么优缺点?

9.分别简述立柱和立柱桩施工时需要重点控制的事项。

10.拆撑前需要注意的首要事项是什么?

四、支撑体系的质量检验

1.不同支撑体系检验依据的主要标准是什么?

2.检验项目分哪两大项?

3.检验批验收合格的标准是什么?

4.简述钢支撑的质量检验要点。

5.钢筋混凝土支撑的钢筋工程质量检验要点是什么?

6.简述钢筋混凝土支撑的混凝土工程质量检验要点。

7.立柱的施工质量检验要点是什么?

8.当发现立柱沉降较大时,用什么方法检查立柱桩的情况?

项目八　　逆作法

【学习目标】

通过学习本项目,应能掌握逆作法施工的原理、特点、构造设计、施工要点等方面内容,理解施工安全等相关内容。

【导入】

常规基坑支护的施工方法有周期长、变形大、支撑拆除复杂等一系列问题。逆作法施工是对大深度地下结构施工进行研究后,以解决上述施工问题的一种行之有效的方法。

单元一　概　述

1935 年日本首次提出逆作法工艺概念并随后应用于地下工程中,在经历了 80 余年的研究和工程实践后,已在多层地下室、大型地下商场、地下车库、铁路、隧道等方面大量应用。逆作法施工的基坑围护结构主要采用地下连续墙,既可作为基坑围护墙,也可作为地下永久结构的外墙。近年来,也有一些工程采用其他围护结构进行逆作法施工,如南京地铁珠江路车站采用了加筋水泥土墙进行逆作法施工,该围护结构仅作为基坑围护墙,尚未用作地下主体结构外墙。

一、逆作法工艺原理

逆作法工艺的原理(见图 8-1)如下:

(1)先沿建筑物地下室轴线或周围施工地下围护结构,围护结构多采用地下连续墙。通常围护结构仅做到顶板搭接处,其余部分用便于拆除的临时挡土结构维护,也可采用排桩支护,排桩采用冲孔桩、钻孔桩、挖孔桩等。

【课堂思考】　沿轴线施工围护结构和沿周围施工围护结构,围护结构的作用有什么不同?

(2)在建筑物内部的相关位置(由设计院和施工单位共同研究确定)浇筑或打下中柱桩,作为施工期间与地下室底板封底之前承受上部自重和施工荷载的支撑。中柱桩可按照钻孔灌注桩进行设计施工,插入钢立柱(钢管柱或型钢柱),挖土完成后再做外包混凝土。

(3)在地面开挖至主体结构顶板地面标高,利用未开挖的土体作为土模浇筑形成地下结构的永久顶板,该顶板兼作围护结构的第一道水平支撑,在此层预留出若干个挖土方的出土口。若有道路通行要求,在顶板上回填土后恢复道路,可以铺设永久性路面。

(4)按上述方法逐层向下挖土和浇筑地下室各层的顶板,同时各层结构中的中柱或隔墙也逐层向下施工,直至地下室底板封底,完成地下室结构的施工。

【特别提示】　在逆作法施工中,地下连续墙和中间支撑柱既是基坑开挖的支护结构,又是永久性结构工程的组成部分,所以在上述各程序施工中必须预埋或预留出逆作法施工的特殊预埋件和预留孔。

【课堂思考】　　跟传统的基坑支护施工方法相比,逆作法施工有什么优点?

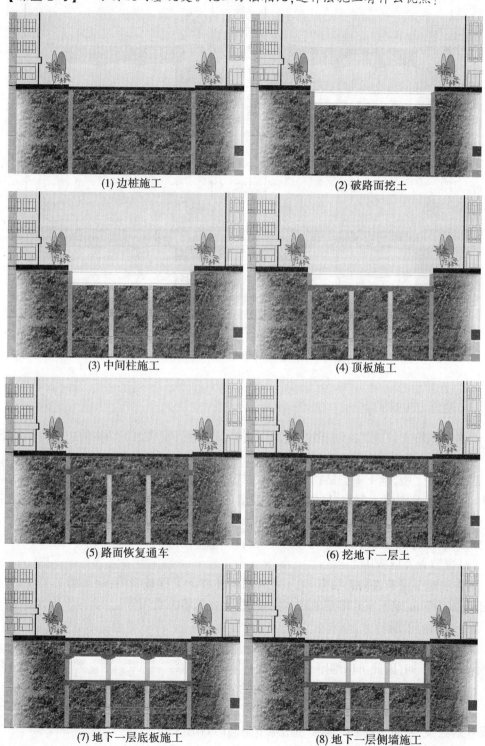

(1) 边桩施工　　　　　　　　　　　　(2) 破路面挖土

(3) 中间柱施工　　　　　　　　　　　(4) 顶板施工

(5) 路面恢复通车　　　　　　　　　　(6) 挖地下一层土

(7) 地下一层底板施工　　　　　　　　(8) 地下一层侧墙施工

图 8-1　逆作法工艺原理

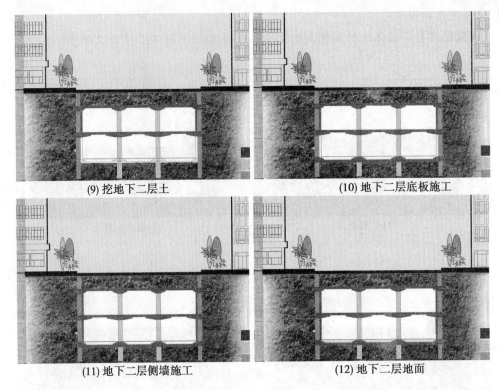

(9) 挖地下二层土　　　　　　　　(10) 地下二层底板施工

(11) 地下二层侧墙施工　　　　　　(12) 地下二层地面

续图 8-1

二、逆作法的特点

与常规基坑支护施工方法相比,逆作法施工多层地下室或地下结构的技术特点如下:

(1) 基坑变形小、相邻建筑物沉降小。

逆作法施工中,地下围护结构的内部支撑为逐层浇筑的地下室结构,由于地下结构水平构件比临时支撑刚度大很多,所以地下连续墙的侧向变形相对较小,加上中间支撑柱的存在,浇筑后的底板称为多跨连续板结构,跨度减小,从而底板的隆起减小,因此逆作法施工有利于减小基坑变形与沉降。

(2) 可节省大量费用。

逆作法施工可节省的费用有:地下室外墙及外墙下工程桩费用;简化施工工序、节省工期而节省的费用;地下室外墙建筑防水层费用;土方挖填方费用等。

(3) 可缩短工期。

采用逆作法施工,一般只有地下一层绝对工期,其他各层地下室可与地上结构同时施工,不占绝对工期,因此可以缩短总工期。

(4) 可最大限度地利用城市规划红线内的地下空间,扩大地下室建筑面积。

逆作法施工在满足室外管线或构筑物布置的条件下,作为地下室外墙的地下连续墙可紧靠规划红线,从而达到最大限度利用地下空间的目的。

(5) 有利于结构抗浮、抗风、抗震。

逆作法施工时底板的支点增多,跨度减小,较易满足抗浮要求,甚至可减少底板配筋;逆作法施工时地下连续墙与原状土体黏结在一起,避免了基坑回填土不易夯实的缺点,抗风、抗震性能大大提高。

【课堂思考】 逆作法施工有哪些缺点?

单元二 逆作拱墙设计(含构造)

逆作法不仅是一种施工方法,而且是主体工程地下结构与围护结构相结合的设计方法。在逆作法施工中,其主要受力构件均采用了主体结构构件,如主体地下室外墙与围护墙的结合。主体地下结构水平构件(楼盖结构)作为内支撑,竖向立柱与主体地下结构柱相结合。而主体地下结构在逆作法施工阶段发挥着不同于使用阶段的作用,其承载和受力机制与正常使用阶段迥然不同,主体结构设计和围护结构设计的脱离将造成逆作法实施过程中出现诸多问题,因此在进行逆作法的工程结构设计时,应考虑施工工艺和施工工况,按施工期和使用期的荷载和计算模式分别进行计算。

逆作法设计的内容主要包括逆作法的总体设计、地下结构外墙与围护墙相结合的设计,中间支撑柱(中柱、桩)的设计和墙、柱、梁、板的接头构造处理。本单元只介绍墙、柱、梁、板的接头构造处理。

逆作法施工与常规施工方法、工作环境、施工条件都有很大变化,所以结构节点与常规施工也有较大变化,需要满足以下要求:

(1)既要满足结构永久受荷状态下的设计要求,又要满足施工状态下的受荷要求,即节点设计既要符合结构设计规范的要求,又要满足施工工况受荷条件下的受力要求。

(2)节点形式和构造必须在工艺上满足现有的工艺手段与施工能力的要求。即设计的节点是可行、可操作的,在满足受力前提下愈简单愈好。

(3)节点构造必须满足抗渗防水要求,不能因为节点施工而降低抗渗要求,造成永久性的渗漏。

(4)不能影响建筑物的使用功能,如不能占用过大空间等。

一、地下连续墙的接头设计

地下连续墙的接头可分为两大类:施工接头和结构接头。施工接头是指地下连续墙槽段与槽段之间的接头,施工接头连接相邻两单元槽段;结构接头指地下连续墙与主体结构构件(底板、楼板、墙、梁、柱)相连的接头,通过结构接头的连接,地下连续墙与主体地下结构连为一体,共同承担上部结构的荷载,结构接头将在地下连续墙与梁连接节点部分介绍。

二、地下连续墙与梁连接节点

地下室楼盖是地下连续墙的可靠支撑,在结构设计中楼盖梁与地下连续墙多按固结考虑,因此该节点的可靠性十分重要,必须设法确保梁端受力钢筋的锚固或连接、梁断面的抗弯和抗剪强度等设计要求。在设计地下连续墙和主体结构连接接头时,可根据结构的实际情况,采用刚性接头、铰接接头和不完全刚性接头等形式。

(一)刚性接头

当地下连续墙与结构板在接头处共同承受较大的弯矩,且两种构件抗弯刚度相近,同时板厚足以允许配置确保刚性连接的钢筋时,地下连续墙与结构板的连接宜采用刚性连接。常用的连接方式主要有预埋钢筋连接和预埋钢筋接驳器连接(锥螺纹接头、直螺纹接头)等形式,其接头构造如图8-2所示。

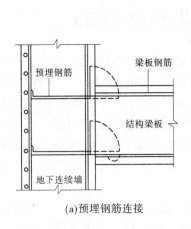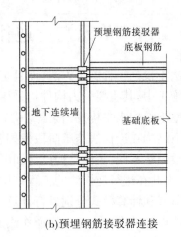

(a)预埋钢筋连接　　　　　　　　　　(b)预埋钢筋接驳器连接

图 8-2　刚性接头连接构造

【知识拓展】　一般情况下,结构底板和地下连续墙的连接通常采用预埋钢筋接驳器连接,底板钢筋通过钢筋接驳器全部锚入地下连续墙作为刚性连接。

(二)铰接接头

若结构底板相对于地下连续墙厚度来说较小(如地下室底板),接头处所承受的弯矩较小,可以认为该节点不承受弯矩,仅起竖向支座作用,此时可采用铰接接头。铰接接头常用连接方式主要有预埋钢筋连接和预埋剪力连接件等形式,接头构造如图8-3所示。

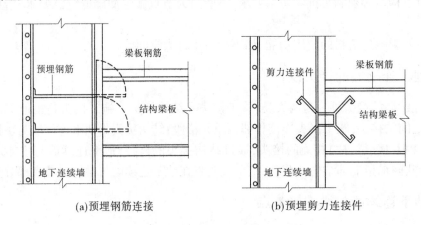

(a)预埋钢筋连接　　　　　　　　　　(b)预埋剪力连接件

图 8-3　铰接接头连接构造

【知识拓展】　地下室楼板和地下连续墙的连接通常采用预埋钢筋连接形式。地下室楼板也可以通过边梁与地下连续墙连接,楼板钢筋进入环边梁,环边梁通过地下连续墙内预埋钢筋的弯出和地下连续墙连接,该接头同样也为铰接连接,只承受剪力。

(三)不完全刚性接头

若结构板与地下连续墙厚度相差较小,可在板内布置一定数量的钢筋,以承受一定的弯矩。但板筋不能配置很多以形成刚性连接时,宜采用不完全刚性连接。

三、地下连续墙与地下室底板连接节点

地下连续墙与地下室底板亦要进行连接,该连接要满足以下两个要求:

(1)使地下室底板与地下连续墙连成整体,与设计假定的刚性节点一致。

(2)使地下室底板与地下连续墙间连接紧密,达到防水的要求。

为了保证连接质量,沿地下连续墙四周对地下室底板进行加强处理,加配一些钢筋。在地下室底板与地下连续墙接触面处设止水条,增强防水能力。有时可在连接处设剪力键增强抗剪能力,如图8-4所示。

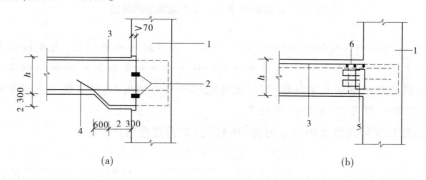

1—地下连续墙;2—电焊钢筋;3—梁内钢筋;4—支托加强钢筋;5—预埋剪力连接件;6—附加钢筋

图8-4　地下室底板与地下连续墙的连接

四、中间支撑柱与梁连接节点

中间支撑柱与梁连接节点的设计,主要是解决梁钢筋如何穿过中间支撑柱或与中间支撑柱连接,保证在复合柱完成后,节点质量和内力分布与设计计算简图一致。该节点的构造取决于中间支撑柱的结构形式。

(一)H型钢中间支撑柱(中柱桩)与梁连接节点

H型钢中间支撑柱与梁的连接,主要有钻孔钢筋通过法和传力钢板法。

1.钻孔钢筋通过法

此法是在梁钢筋通过中间支撑柱处,在中间支撑柱H型钢上钻孔,将梁钢筋穿过,如图8-5(a)所示。

【知识拓展】　钻孔钢筋通过法优点是节点简单,柱梁接头混凝土浇筑质量好;缺点是在H型钢上钻孔削弱了截面,降低了承载力。因此,在施工中不能同时钻多个孔,而且梁钢筋穿过定位后,立即双面满焊将钻孔封闭。

2.传力钢板法

传力钢板法即在楼盖梁受力钢筋接触中间支撑柱H型钢的翼缘处,焊上传力钢板(钢板、角钢等),再将梁受力钢筋焊接在传力钢板上,从而达到传力的作用,如图8-5(b)所示。

【知识拓展】　传力钢板可以水平焊接,也可以竖向焊接。水平传力钢板与中间支撑柱

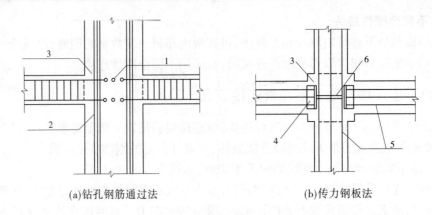

(a)钻孔钢筋通过法　　　　　　(b)传力钢板法

1—钻孔；2—型钢；3—复合柱；4—竖向传力钢板；5—梁钢筋；6—H 型钢中间支撑柱

图 8-5　H 型钢中间支撑柱与梁钢筋的连接

焊接时，钢板或角钢的焊缝施焊较困难，而且浇筑接头混凝土亦难保证，需在钢板上钻出气孔。当中间支撑柱断面尺寸不大时，水平放置的传力钢板可能会与柱的竖向钢筋相碰。采用竖向传力钢板则可避免上述问题，焊接难度比水平传力钢板小，节点混凝土质量也易于保证。缺点是当配筋较多时，材料消耗较多。

(二) 钢管和钢管混凝土中间支撑柱(中柱桩)与梁连接节点

钢管中间支撑柱与梁受力钢筋的连接，同 H 型钢中间支撑柱，可用钻孔钢筋通过法和传力钢板法(如图 8-6 所示)，多以后者为主。钢管混凝土中柱桩与梁受力钢筋的连接可用传力钢板法。将传力钢板焊在钢管混凝土的钢管壁上，梁受力钢筋焊在传力钢板上。

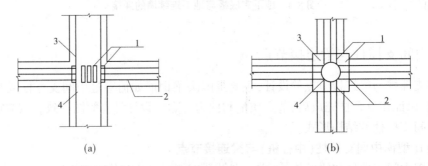

(a)　　　　　　　　　　　　(b)

1—竖向传力钢板；2—梁受力钢筋；3—复合柱；4—钢管中柱桩

图 8-6　钢管中间支撑柱的传力钢板

(三) 钻孔灌注桩中间支撑柱与梁连接节点

为便于钻孔灌注桩与梁受力钢筋的连接，施工钻孔灌注桩时，在地下室各楼盖梁的标高处预先设置一个由 20 mm 厚钢板焊成的钢板环套(与桩主筋焊接)，当地下室挖土至地下室楼盖梁底时，再焊接传力钢板和锚筋，利用锚筋与地下室楼盖梁钢筋进行可靠连接，如图 8-7 所示。

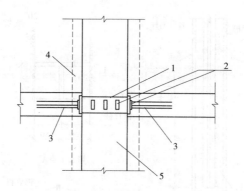

1—钢板环套；2—传力钢板；3—锚筋；4—复合柱；5—钻孔灌注桩

图 8-7　钻孔灌注桩中间支撑柱的钢板环套

五、中间支撑柱与桩连接节点

当中间支撑柱采用灌注桩时，钢立柱与立柱桩的节点连接较为便利，可通过桩身混凝土浇筑使钢立柱底端锚固于灌注桩中。施工中需采取有效的调控措施，保证立柱桩的准确定位和垂直精度，如图 8-8 所示。

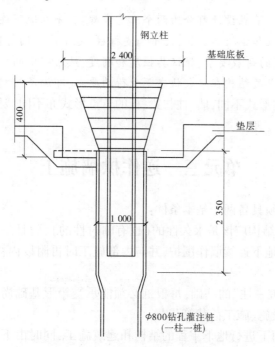

图 8-8　钢立柱与灌注桩节点连接构造

当中间支撑柱采用钢管桩时，可在钢管桩顶部桩中插焊十字加劲肋的封头板，立柱荷载由混凝土传至封头板和钢管桩。为使柱底与混凝土接触面有足够的局部承压强度，在柱底可加焊钢板，并在钢板上留有浇筑混凝土导管通过的缺口。在底板以下的钢立柱上可增焊栓钉，以增强柱的锚固并减小柱底接触压力，如图 8-9 所示。

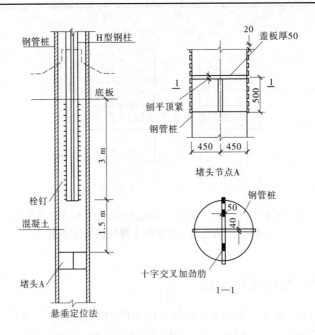

图 8-9　钢立柱与钢管桩节点连接构造

【知识拓展】　上述节点设计都分为两个工艺步骤:首先在地下连续墙和中间支撑柱上预埋钢筋、焊接传力钢板和钢板环套等,使中间支撑柱、地下连续墙与楼盖梁进行连接,以满足逆作法施工时各工况的荷载要求,保证其强度和刚度;然后将中间支撑柱和地下连续墙形成复合柱和复合墙,以满足结构在永久状态下受荷的要求,即满足结构设计的要求。

由于地下室的结构形式不同,墙、柱与梁、板的节点形式亦不同,要在满足施工和设计要求的原则下,灵活加以处理。

单元三　逆作拱墙施工

采用逆作法施工,须具备两个基本条件:

(1)其施工用围护结构应该是永久性的(也有临时性的),而且是建筑物主体受力结构的一部分,所以一般是地下连续墙作围护,并与内部施工时再附以内衬,成为一个复合共同受力结构。

(2)必须采用"一桩一柱"的基础,每根桩必须能承受箱形基础尚未完成前的上部和地下结构自重以及施工设施、施工荷载等荷载。

地下室工程由上而下进行地下工程的结构和建筑施工,同时由下而上进行地上工程的施工,施工作业程序如图 8-10 所示。

属于逆作法施工的内容,包括地下连续墙、中间支撑柱和地下室结构的施工。逆作法施工原理简单,效果明显,但施工控制不好会得到相反的结果。

一、地下连续墙的总体质量要求

本单元主要介绍地下连续墙的总体质量要求。

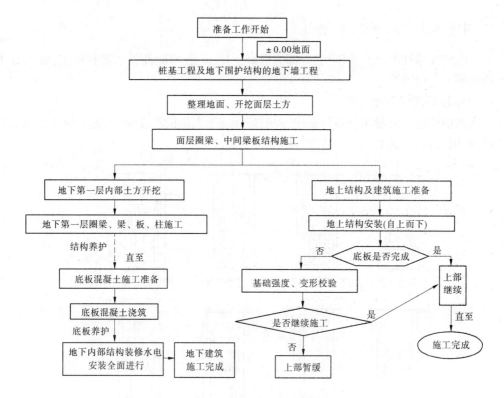

图 8-10　逆作法施工作业程序

(一)地下连续墙墙面倾斜度和平整度要求

(1)墙面倾斜度要求达到 1/300~1/250。

(2)墙表面局部突出和墙面倾斜之和不应大于 100 mm。

(3)地下连续墙上预埋连接件的偏差不大于 50 mm。

(二)地下连续墙变形引起周围地面沉降的控制要求

基坑开挖过程中地下连续墙的变形将引起基坑周围地面沉降,其沉降量控制应以保证相邻建筑物和市政管线等不受损害、不影响其安全使用为原则。具体控制标准应以基坑工程具体情况分析确定。

(三)地下连续墙墙体位移或转动达到破坏状态时的控制值

地下连续墙墙体位移或转动达到破坏状态时的控制值见表 8-1。

表 8-1　墙体位移或转动达到破坏状态时的控制值

土质	x/H	
	主动	被动
密实无黏性土	0.001	0.02
松散无黏性土	0.005	0.06
硬黏土	0.010	0.02
软黏土	0.020	0.04

注:x 为水平位移,H 为墙体高度。

二、中柱桩(中间支撑柱)施工

由于中间支撑柱上部多为钢柱、下部为混凝土柱,一般用灌注桩法进行施工,成孔方法视土质和地下水位而定。

(一)中柱采用钢管柱施工

为确保中柱施工质量达到设计要求,同时确保施工人员的操作安全,施工应遵循以下工艺流程,见图 8-11、图 8-12。

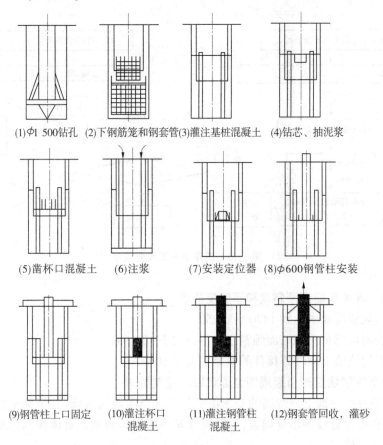

(1)φ1 500钻孔　(2)下钢筋笼和钢套管　(3)灌注基桩混凝土　(4)钻芯、抽泥浆

(5)凿杯口混凝土　(6)注浆　(7)安装定位器　(8)φ600钢管柱安装

(9)钢管柱上口固定　(10)灌注杯口混凝土　(11)灌注钢管柱混凝土　(12)钢套管回收,灌砂

图 8-11　钢管柱施工工艺流程

(二)中柱采用套管式

中间支撑柱(中柱桩)亦可用套管式灌注桩成孔方法(见图 8-13),它是边下套管边用抓斗挖孔。由于有钢套管护壁,可用串桶浇筑混凝土,亦可用导管法浇筑,边浇筑边拔套管。支撑柱上部用 H 型钢或钢管,下部浇筑成扩大的桩头,混凝土柱浇至底板标高处。套管与H 型钢间的空隙用砂或土填满,以增加上部钢柱的稳定性。

【知识拓展】　中间支撑柱也有用挖孔桩施工的,侧模拆除后应立即填砂。

有时中间支撑柱用预制打入桩(多数为钢管桩),则要求打入的位置十分准确,以便位于地下结构柱、墙的位置,且要便于与水平结构的连接。

图 8-12　施工中的钢管柱

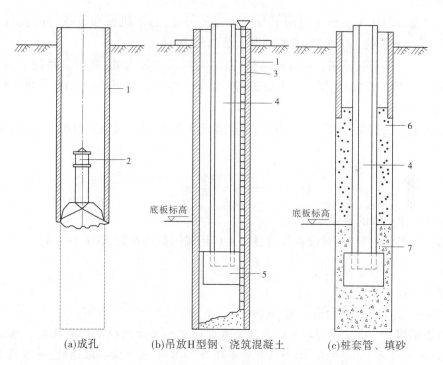

(a)成孔　　　　　(b)吊放H型钢、浇筑混凝土　　　　(c)桩套管、填砂

1—套管;2—抓斗;3—混凝土导管;4—H 型钢;5—扩大的桩头;6—填砂;7—混凝土柱

图 8-13　中间支撑柱用大直径套管式灌注桩施工

三、土方开挖

(一)施工孔洞布置

【课堂思考】　逆作法施工是在顶部楼盖封闭条件下进行的,施工过程中为便于出土、机械和材料进出、施工人员出入和通风,需布置一定数量的施工孔洞,如图 8-14 所示。这些

施工孔洞该如何布置呢?

图 8-14　施工中的孔洞

1.出土口

(1)出土口的作用。出土口用于开挖土方的外运,施工机械和设备的吊入与吊出,钢筋、模板、混凝土等的运输通道,开挖初期人员的出入。

(2)出土口的布置原则。应选择结构简单、开间尺寸较大处,靠近道路便于出入处,有利于开挖后开拓工作面处,便于完工后进行封堵处。要根据地下结构布置、周围运输道路情况等综合确定。

(3)出土口的数量。取决于土方开挖量、挖土工期和出土机械的台班产量,可采用下式计算:

$$n = \frac{K\overline{V}}{TW} \tag{8-1}$$

式中　n——出土口的数量;

　　　K——其他材料、机械设备等通过出土口运输的备用系数,取 1.2~1.4;

　　　$\overline{V}$——土方开挖量,m^3;

　　　T——挖土工期,d;

　　　W——出土机械的台班产量,m^3/d。

【知识拓展】　出土口的数量还应综合考虑通风和土方翻驳要求来确定。地下自然通风有效距离一般为 15 m 左右,挖土机有效半径为 7~8 m,土方需要驳运时,一般最多翻驳两次为宜。综合考虑并结合实践经验,出土口的净距可量化如下:出土口的净距,可考虑在30~35 m;出土口的大小在满足结构受力情况下,尽量开大。

2.上人口

在地下室开挖初期,一般都利用出土口作为上人口,将挖土工作面扩大后,宜设置上人口,一般一个出土口对应一个上人口。

3.通风口

地下室在封闭状态下开挖土方时,不能形成自然通风,需要进行机械通风。通风口分送风口和排风口,一般情况下出土口就作为排风口,在地下室楼板上另预留孔洞作为通风管道入口。送风口的数量目前不进行定量计算,其间距不宜大于 10 m。

【知识拓展】 一般情况下,逆作法施工的通风设计和施工应注意以下几点:

(1)在封闭状态下挖土,尤其是我国目前多以人力挖土为主,劳动力比较密集,换气量要大于一般隧道和公共建筑的换气量。

(2)送风口应使风吹向施工操作面,送风口与施工操作面的距离一般不宜大于 10 m,否则应接长风管。

(3)单件风管的质量不宜太大,要便于人力拆装。

(4)取风口距排风口(出土口)的距离应大于 20 m,且高出地面 2 m 左右,保证送入新鲜空气。

(5)为便于已完成楼板上的施工操作,宜在满足通风需要的前提下尽量减少预留送风孔洞数量。

(二)降低地下水位

在软土地区进行逆作法施工,降低地下水位是必不可少的。通过降低地下水位,使土体产生固结,便于在封闭状态下挖土和运土,减少地下连续墙的变形,更便于地下室各层楼盖利用土模进行浇筑。

由于用逆作法施工的地下室一般较深,在软土地区中多用深井泵或加真空的深井泵降低地下水位。

布置井位时一定要避开地下结构的重要构件(如梁等),因此要精确定位,误差宜控制在 20 mm 以内。定位后埋设成孔钢护筒,成孔机械就位后要校正钻杆的垂直度。成孔后清孔,吊放井管时要在井管上设置限位装置,以确保井管在井孔的中心。在井四周填砂时,要四周对称,确保井位居中。

降水时,一定要在坑内水位降至各工况挖土面以下 1 m 以后方可进行挖土。在降水过程中,要定时观察,记录坑内外的水位,以便掌握挖土时间和降水速度。

【课堂思考】 确定深井数量时要合理有效,不能过多或过少,为什么?

【知识拓展】 深井数量过多时,间距小,一方面费用高,另一方面会给地下室挖土带来困难,由于挖土和运土时都不能碰撞井管,会使挖土效率降低;但如果数量过少,降水效果差,或不能完全覆盖整个基坑,会使坑底土质松软,不利于在坑底土体上浇筑楼盖。

(三)用电与照明

逆作法施工在土方开挖中一定要设地下用电和照明设施,照明和用电安全是逆作法施工安全措施中重要的组成部分,这方面稍有不慎就会酿成事故,给施工带来严重影响。

地下施工动力、照明线路应设置专用的防水线路,并埋设在楼板、梁、柱等结构中,专用的防水电箱应设置在柱上,不得随意挪动。随着地下工作面的推进,电箱及各电气设备的线路均需采用双层绝缘电线,并架空铺设在楼板底。施工完毕应及时收拢架空线,并切断电箱电源。在整个土方开挖施工过程中,各施工操作面上均需派专职安全巡视员检查各类安全措施。

(四)地下室土方开挖

封闭式逆作法中,挖土是在封闭环境中进行的,有一定的难度,但其施工周期要控制在合理范围之内,不能拖得太长。在逆作法的挖土过程中,随着挖土的进展和地上、地下结构的浇筑,作用在周边地下连续墙和中间支撑柱(中柱桩)上的荷载愈来愈大,挖土周期过长,不但因为软土的时间效应会增大围护墙的变形,还可能造成地下连续墙和中间支撑柱间的沉降差异过大,直接威胁工程结构的安全和影响周围环境。

在确定出土口之后,要在出土口上设置提升取土设备,用来提升地下挖土集中运输至出土口处的土方,并将其装车外运。

挖土要在地下室各层楼板浇筑完成后,在地下室楼板底下逐层进行,如图 8-15 所示。

图 8-15　挖掘机入内挖土

各层的地下挖土,先从出土口处开始,形成初始挖土工作面后,再向四周扩展。挖土采用"开矿式"逐皮逐层推进,挖出的土方运至出土口处提升外运。

在挖土过程中要保护深井管,避免碰撞失效,同时要进行工程桩的截桩(如果工程桩是钻孔灌注桩等)。

挖土可用小型机械或人力开挖。目前,我国在逆作法的挖土工序上主要采用人力挖土。人力挖土有一定的劳动强度,挖土要逐皮逐层进行,开挖的土方坡面不宜大于 75°,防止塌方,更严禁掏挖,防止土方塌落伤人。人力挖土多采用双轮手推车运土,沿运输路线上均应铺设脚手板,以利于坑底土方的水平运输。

【课堂思考】　小型机械开挖和人力开挖分别有哪些优缺点?

【知识拓展】　小型机械开挖的优点是效率高、进度快。缺点是各种障碍较多,难以高效挖土,遇有工程桩和深井管,需先凿桩和临时解除井管,然后才能挖土;机械在坑内的运行会扰动坑底的原土,当降水效果不良时,会使坑底土体松软泥泞,影响楼盖的土模浇筑;柴油挖土机在施工过程中会产生废气污染,加重通风设备负担。

人力开挖的优点是机动灵活;挖土和运土便于绕开工程桩、深井管等障碍物;对坑底土扰动小;随着挖土工作面的扩大,可以投入大量人力挖土,施工进度可以控制;便宜。

地下室挖土与楼盖浇筑交替进行,每挖土至楼板底标高,即可进行楼盖浇筑,然后开挖下一层的土方,如图 8-16 所示。

四、地下室结构浇筑

(一)逆作水平结构浇筑

根据逆作法的施工特点,地下室结构不论哪种结构形式都是由上而下分层浇筑的,地下室结构的浇筑方法有两种:利用土模浇筑梁板和利用支模方式浇筑梁板。

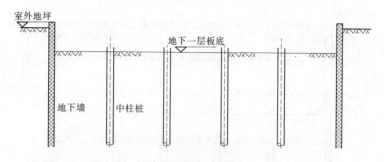

(a)开挖地下一层土方

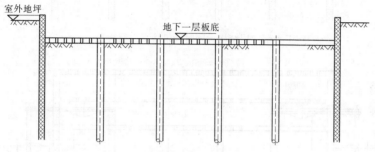

(b)浇筑地下一层楼盖

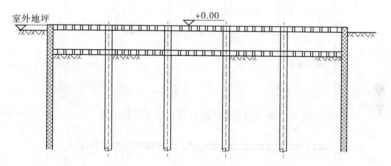

(c)浇筑±0.00标高处楼盖

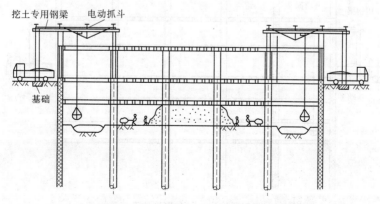

(d)施工上部一层结构,同时开挖地下二层土方

图8-16 逆作法施工顺序与垂直运输

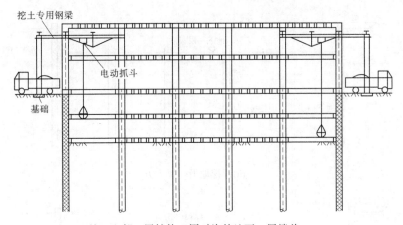

(e)施工上部二层结构，同时浇筑地下二层楼盖

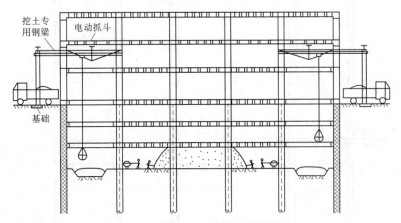

(f)施工上部三层结构，同时开挖地下三层土方

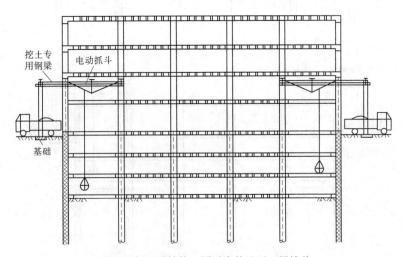

(g)施工上部四层结构，同时浇筑地下三层楼盖

续图 8-16

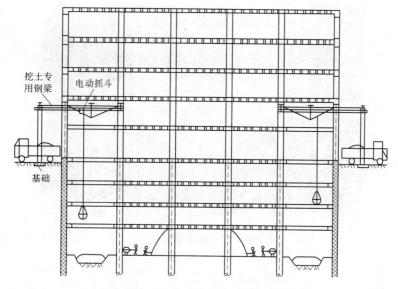

(h)施工上部五层结构，同时开挖地下四层土方

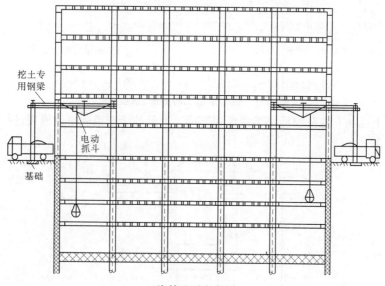

(i)浇筑地下室底板

续图 8-16

1.利用土模浇筑梁板

对于地面梁板或地下各层梁板，挖至其设计标高后，将土面整平夯实，浇筑一层约 100 mm 的 C10 素混凝土(土质条件好时抹一层砂浆即可)，然后刷一层隔离剂，即成楼板模板。现场施工见图 8-17。

对于梁模板，如土质好，可用土胎模，按梁断面挖出槽穴(见图 8-18(b))即可；如土质较差，可用模板搭设或砖砌梁模板(见图 8-18(a))。所浇筑的素混凝土层，待下层挖土时一同挖去。

柱模板如图 8-19 所示，施工时先把柱头处的土挖至梁底下 500 mm 左右，设置柱子的施工缝模板，为使下部柱子易于浇筑，该截面宜呈斜面安装，柱子钢筋穿通模板向下伸出接头长度，

图 8-17　浇筑首层板

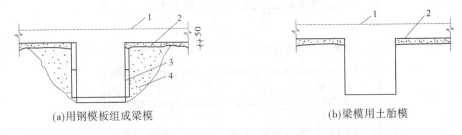

(a)用钢模板组成梁模　　　　　　　　　(b)梁模用土胎模

1—楼板面;2—素混凝土层与隔离层;3—钢模板;4—填土

图 8-18　逆作法施工时的梁、板模板

在施工缝模板上面的立柱头模板与梁模板相连接。下部柱子挖出后搭设模板进行浇筑。

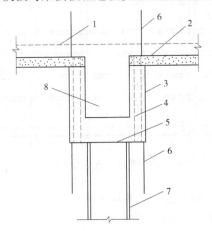

1—楼板面;2—素混凝土层与隔离层;3—柱头模板;4—预留浇筑孔;
5—施工缝;6—柱筋;7—H 型钢;8—梁

图 8-19　柱头模板与施工缝

2.利用支模方式浇筑梁板

用此法施工时,先挖去地下结构一层高的土层,然后按常规方法搭设梁板模板,浇筑梁板混凝土,再向下延伸竖向结构(柱或墙板)。为此需解决两个问题:一个是设法减少梁板支撑的沉降和结构的变形,另一个是解决竖向构件的上、下连接和混凝土浇筑。

为了减少楼板支撑的沉降和结构变形,施工时需对土层采取措施进行临时加固。加固方法有两种:一种是浇筑一层素混凝土,以提高土层的承载能力和减小沉降量,待梁、柱浇筑完毕,开挖下层土方时随土一起挖去,这就要额外耗费一些混凝土;另一种加固方法是铺设砂垫层,上铺枕木以扩大支撑面积,这样上层柱子或板墙的钢筋可插入砂垫层,以便于下层后浇筑结构的钢筋连接。

还可采用悬吊模板来解决模板支撑问题。模板悬吊在上层已浇筑的结构上,用吊筋悬吊模板,模板骨架用刚度较大的型钢,面板用压型钢板,压型钢板同时作为主体结构的组成部分。悬吊支模施工速度快,不受坑底土质影响,但构造复杂,成本高。

竖向结构混凝土的浇筑方法,由于混凝土从顶部的侧面入仓,为便于浇筑和保证连接处的密实性,除对竖向钢筋的间距适当调整外,竖向结构顶部的模板宜做成喇叭形。

由于上下层竖向结构的结合面在上层构件的底部,再加上地面土的沉降和刚浇筑混凝土的收缩,在结合处易出现缝隙,这对受压构件是不利的。为此,宜在结合面处的模板上预留若干个压浆孔,需要时用压力灌浆消除缝隙,保证竖向结构连接处的密实性。

(二)逆作竖向结构浇筑

结构柱逆作法施工时,通常分两次支模浇筑,因此结构柱施工缝的浇筑方法尤其重要,国内外常用的施工缝处的浇筑方法有三种,即直接法、充填法和注浆法。

直接法(见图 8-20(a))即在施工缝下部继续浇筑混凝土时,仍然浇筑相同的混凝土,有时添加一些铝粉以减少收缩;为浇筑密实可做出一假牛腿,混凝土硬化后可凿出。填充法(见图 8-20(b))即在施工缝处留出充填接缝,待混凝土面处理后,再在接缝处充填膨胀混凝土或无浮浆混凝土。注浆法(见图 8-20(c))即在施工缝处留出缝隙,待后浇混凝土硬化后用压力压入水泥浆充填。三种方法中,直接法成本最低,施工最简单,施工时可对接缝处混凝土进行二次振捣,以进一步排除混凝土中的气泡,确保混凝土密实和减少收缩。

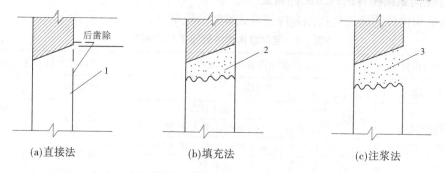

(a)直接法　　　　　(b)填充法　　　　　(c)注浆法

1—浇筑混凝土;2—充填无浮浆混凝土;3—压入水泥浆

图 8-20　逆作竖向结构施工缝的浇筑方法

(三)墙梁、柱梁的节点施工

先在中柱桩预留的钢圈上与地下连续墙预留的埋件上分别焊上钢板,在钢板上再焊上钢筋,然后绑扎梁的钢筋,浇捣混凝土。待基础大底板完成后,再浇筑外包复合柱和梁墙的混凝土。然后将主筋穿透垫层再按设计的搭接倍数长度插入土中,地下连续墙与地下结构的楼层梁连接可采用刚性接头连接或铰接接头连接。

【知识拓展】 从这些节点构造与施工顺序中可见,一般横向构件先浇筑完成,竖向构件再分两次完成,因此施工中预埋位置必须准确,后续焊接必须牢靠。后浇混凝土要采取可靠措施,做到密实无收缩裂缝,这些都是逆作法施工中必须采取的技术措施。

(四)柱桩与底板连接

逆作法的基础底板,在逆作期间须对基坑的围护桩墙起水平支撑作用,当地下室有不同的底板标高时,应加强底板的整体水平刚度,并使底板与地下室柱子之间连接成整体。当底板下为筏板基础时,应将柱子的轴力传给筏板;当地下室基础为"一柱一桩"时,底板应起拉结和围护作用(见图 8-21(a));当为群桩基础时,宜在与底板相交的钢管外围焊接钢板传力环(见图 8-21(b))。

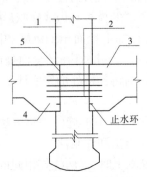
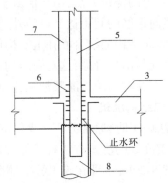

(a)挖孔桩和基础底板的连接　　　(b)钢管混凝土立柱和底板及灌注桩的连接

1—挖孔桩;2—桩中预埋拉结筋;3—基础底板;4—底板局部加厚
5—钢管立柱;6—传力环;7—外包混凝土;8—灌注桩

图 8-21　基础底板与柱桩的连接

(五)竖向结构构件的施工允许偏差

竖向结构构件的施工允许偏差应符合表 8-2 的规定。

表 8-2　竖向结构构件的施工允许偏差

竖向结构构件			垂直度允许偏差(mm)	构件尺寸允许偏差(mm)		
混凝土桩施工工艺			$H/100$	桩径 D		-20
柱	钢管混凝土施工工艺	单层柱 $H≤10\ m$	$H/1\,000$	直径 D		$±D/500$
		单层柱 $H>10\ m$	$H/1\,000$ 且不大于 25.0			$±5.0$
		多节柱 单节柱	$H/1\,000$ 且不大于 10.0	构件长度 L		3.0
		多节柱 柱全高	35.0			
	型钢柱施工工艺	单层柱 $H≤10\ m$	$H/1\,000$	截面高度 H	$H≤500$	$±2.0$
		单层柱 $H>10\ m$	$H/1\,000$ 且不大于 25.0		$500<H≤1\,000$	$±3.0$
		多节柱 单节柱	$H/1\,000$ 且不大于 10.0		$H>1\,000$	$±4.0$
		多节柱 柱全高	35.0		截面宽度 B	$±2.0$
墙	地下连续墙施工工艺		$H/350$	宽度 W		$W+35$
				墙面平整度		<5
	下返墙施工工艺		$H/300$	宽度 W		$W+40$
				墙面平整度		<5

【课堂思考】　与施工组织类和安全类课程相结合,逆作法施工前应做哪些方面的准备?

【知识拓展】　在地下建筑工程逆作法施工前,应编制详细的施工组织设计和安全措施;施工组织设计应满足逆作法设计要求;在地下建筑工程逆作法施工前应向施工班组进行施工方案、安全措施交底;地下水控制的设计和施工应满足逆作法设计和施工要求,应根据场地及周边工程地质条件、水文地质条件和环境条件并结合施工方案综合分析、确定。

单元四　逆作法施工的安全

基坑开挖应注意两方面问题:一是基坑支护结构的安全与稳定,二是基坑开挖对周围环境的影响。因此,在基坑开挖及地下结构施工期间,应进行施工监测,如发现问题可及时采取措施,以保证支护结构和周边环境的安全。

一、监测内容

基坑开挖后支护结构会发生位移与变形,坑外土体也会随之发生变形,进而导致周边环境的位移与变形,特别是基坑支护截水帷幕没有做好影响更大,因此需要对基坑周边环境进行监测,随时掌握其变形与位移情况,发现问题并及时解决问题。在逆作法施工时,现场应监测如下内容:

(1)围护结构及中间支撑结构的变形。

(2)围护结构及外岩土体的变形。

(3)围护结构周边邻近建(构)筑物的变形。

(4)围护结构周边邻近地下管线的变形和渗漏。

(5)围护结构、中间支承结构开挖影响范围内的地下水位及孔隙水压力。

(6)围护结构、中间支承结构、基坑底部岩土体卸载回弹变形及建筑物沉降观测。

(7)施工现场环境条件(对人体有害气体的类型、含量、浓度及邻近地表水体渗流)。

具体监测项目、监测点的布置、监测频率等可参考《地下建筑工程逆作法技术规程》(JGJ 165—2010)相关规定执行。

二、安全措施

地下室逆作法施工中的安全技术主要有两方面,一是基坑支护本身的安全及由于基坑支护变形而引起的周围建筑物、地下管线的安全使用,二是逆作法施工期间及特定情况下的安全措施。

(一)技术措施

(1)由于基坑大都处于城市建筑群密集、周边环境复杂、工程地质水文地质条件较差、施工场地狭小等地段,因此对支护结构除必须进行严密的设计计算和精心的施工组织外,还要结合多种有效监测手段进行信息化施工。

(2)基坑土方开挖对支护结构整体稳定性和变形都有较大影响,因此土方开挖施工方案应符合设计要求,软土地基中一般从中间向四周分层开挖至设计标高,任何情况下都不允许超挖和无序挖土,挖土机不得碰撞梁板及支撑柱结构,严格控制坑外地面堆土等。

(3)当坑底有承压水存在时,应验算支护结构入土深度和底板的抗浮稳定性,做好坑周排水,严禁场地施工用水流入坑内,围护墙出现渗漏水时须及时采取措施堵漏止水,当周围环境允许时,也可采用坑外降水。

(二)施工措施

(1)逆作法地下结构施工时,进坑的动力及照明电线应使用电缆,并设计其走向,在支撑或坑壁上要可靠地进行固定。一般要求电源线位置高于操作面 2 m 以上,坑内应有足够的照明度,照明应架设在上层楼板下方,做到有序排列并使用低压电气设备。

(2)当逆作层数较多,操作层空气不流通时,每隔一定距离在地下层梁板处预留通风洞口,并在洞口处架设通风设备以调节坑内空气。

(3)逆作法施工时由于坑洞和孔洞较多,要设围护栏杆,上下要设有专用上下人梯。上下同时作业防护措施应得当,垂直孔洞应有专项安全方案和具体要求。

单元五　工程案例

上海地铁 2 号线××车站半逆筑法

上海地铁 2 号线××车站位于繁华商业街上,其主体结构位于车行道下。为了缩短封路时间,尽量减少商业和交通等各方面的损失,经过专家多方论证后,结合车站施工的实际情况,并参照地铁 1 号线某车站的施工实践经验,最后确定大部分采用"二明一暗"的半逆筑法施工方案。

(1)车站段明挖施工范围由顶板及少部分中楼板(一明二暗)扩大为顶板、中楼板及少部分底板(二明一暗),以减小暗挖施工的工作量,使暗挖挖土量由 26 000 m³ 减少到 10 000 m³。

(2)车站逆筑段立柱桩下部的 ϕ 900 mm 钢管桩改用 ϕ 100 mm 竹节钻孔灌注钢筋混凝土桩。

(3)车站逆筑段立柱由 H 型钢外包钢筋混凝土改为钢管混凝土桩,方便了施工。钢管柱在钻孔泥浆中进行高精度一次定位。

(4)车站段基坑内取消抽条注浆加固的地基处理措施。

(5)端头井采用钢管斜支撑方案,取消了与车站段相接处的临时地下连续墙,并采用先施工各层梁板结构,后拆除斜支撑及脚手支架,内衬采用逆筑法施工的方案。由于采取了上述各项方案优化措施,不仅节省了大量钢材,加快了总进度,而且大幅度降低了工程造价,取得了明显的经济效益。

结论:

(1)有力地降低对商业和交通的影响程度。

(2)地铁车站逆筑法施工的范围要根据具体条件和实际的施工情况因地制宜来确定,只要能满足封路时限及环境保护的要求,应尽可能扩大明挖施工的范围,不但可节省大量施工费用,而且可加快车站施工的总进度。

习　题

1.关于逆作法基坑支护技术,说法正确的有(　　　)。

　A.没有水平临时支撑　　　　　B.需要插入格构式临时支撑

　C.经济效益较低　　　　　　　D.施工组织较难

E.安全性能得到大幅提高

2.某基坑开挖深度为 15 m,可以考虑选用的基坑支护方案有(　　)。

A.逆作法施工　　　　　　　　B.地下连续墙+内支撑

C.SMW 工法+内支撑　　　　　D.钢板桩

E.悬臂支护桩

3.适用于坑深大、土质差、地下水位高、邻近有建(构)筑物、采用逆作法施工的是下列哪种基坑支护技术(　　)?

A.地下连续墙　　　　　　　　B.柱列式灌注桩

C.土锚杆　　　　　　　　　　D.土钉墙

4.(　　)是建筑基坑支护的一种施工技术,它通过合理利用建(构)筑物地下结构自身的抗力,达到支护基坑的目的。

A.复合土钉墙支护　　　　　　B.钢筋及预应力技术

C.水泥粉煤灰碎石桩复合地基　D.逆作法

5.试述逆作法的优缺点。

项目九　基坑变形估算与环境保护技术

【学习目标】

通过学习本项目,应根据基坑变形规律,掌握基坑变形的计算方法,具有分析基坑施工对周围环境的影响,采取相应的环保措施的能力。

【导入】

在基坑开挖过程中,坑内土体被挖除,挡墙向坑内移动变形,墙后土体应力平衡被打破,土体产生变形和应力重分布。土体距基坑距离的不同而产生不同的变形,导致不同位置土体的竖向不均匀沉降。

单元一　基坑变形规律

一、概述及研究现状

(一)基坑变形控制的研究现状

深基坑开挖不仅要保证基坑本身的安全与稳定,而且要有效控制基坑周围地层移动以保护周边环境。在地层较好的地区(如可塑、硬塑黏土地区,中等密实以上的砂土地区,软岩地区等),基坑开挖所引起的周围地层变形较小,如适当控制,不至于影响周围的市政环境。但在软土地区(如天津、上海、福州等沿海地区),特别是在软土地区的城市建设中,由于地层软弱复杂,进行基坑开挖往往会产生较大变形,严重影响深基坑周围的建筑物、地下管线、交通干道和其他市政设施,因此基坑支护是一项复杂且具风险性的工程。

基坑的变形计算理论能否较好地反映实际情况受很多因素的制约,除围护体系本身及周围土体特性外,较多地受地下水及施工因素影响,计算参数难以准确选取,每一个计算理论都有其适用范围,故计算中必须充分考虑。

此外,在软土地区,基坑的变形计算还需考虑时空效应的影响,一般认为,在具有流变性的软土中,基坑的变形(墙体、土体的变形)随着时间的增长而增大,分块开挖时预留土墩的空间作用对基坑变形具有很好的控制作用,时间和空间两个因素同时协调控制可有效减少基坑的变形。

目前,在城市基坑工程设计中,变形控制要求越来越严格,此前以强度控制设计为主的方式逐渐被以变形控制设计为主的方式所取代,因而基坑的变形分析,成为基坑工程设计中的一个极重要的组成部分。国内外有多种预测深基坑稳定性的计算理论,但很少有对基坑周围地层移动性进行估算的方法。近几年大量的基坑工程实践积累了丰富的经验,也产生了一些较满意的地层移动经验预测方法,实际应用效果较好。

我国在基坑工程施工变形控制方面的研究始于20世纪90年代。变形控制的基本思想是要求支护结构在满足强度及结构稳定的前提下,尚需满足控制变形和位移的正常使用要求。既要保证其结构安全、不失稳，又要对周围环境不造成超出允许变形限值的不利影响。

对施工变形的研究方法主要有安全系数法、经验公式法、数值方法（正分析与反分析）、地层损失法、系统分析方法。

（二）基坑变形预估方法综述

采用的方法主要有物理模拟法、数值模拟法、半理论解析法、经验公式预测法及非线性预测方法等。

在实际工程中常采用一种或几种相结合的预测方法，而以经验公式所计算的墙后地面最大沉降量和以半理论解析法所计算的墙体最大水平位移量，为验证和调整各种计算方法所用参数及计算结果的主要可信参照数据。

总体上，采取理论导向、测试定量和经验判断相结合的方法，以求可靠、实用、简易的技术效果。

（三）深基坑变形预估方法

1. Clongh 和 Schmidt 经验方法

G. Wayne Clongh 和 Birger Schmidt 将深基坑开挖释放应力引起的墙体移动分为 Ⅰ 和 Ⅱ 两种基本形式（见图 9-1）。

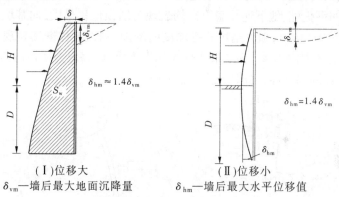

（Ⅰ）位移大　　　　　　　　　　　　（Ⅱ）位移小
δ_{vm}—墙后最大地面沉降量　　　　　　δ_{hm}—墙后最大水平位移值

图 9-1　深基坑变形预估方法

2. 候学渊经验方法

对于第 Ⅰ 种形式：

沉降影响范围

$$\chi_0 = (H + D)\tan\left(45° - \frac{\varphi}{2}\right) \tag{9-1}$$

最大地面沉降

$$\delta_0 = 2S_w / (H + D)\tan\left(45° - \frac{\varphi}{2}\right) \tag{9-2}$$

对于第 Ⅱ 种形式；

沉降影响范围 χ_0 同上。

地面沉降量

$$\delta(\chi) = a\left[1 - \exp\left(\frac{\chi + \chi_m}{\chi_0} - 1\right)\right] \tag{9-3}$$

(四)基坑变形预警值的研究

某项研究中采用的各类变形预警值如下:

(1)允许地面最大沉降量 $\delta \leqslant 0.3\% H$,H 为坑深,如按 50 m 计,则 δ 应小于或等于 15 cm。

(2)允许围护墙体的最大水平位移值 $\Delta \leqslant 0.4\% H$,则 Δ 应小于或等于 20 cm。

(3)允许的最大坑深高程处的基底隆起量 $\Delta \leqslant 0.7\% H$,则 Δ 应小于或等于 35 cm。

(4)变形速率:墙体水平位移 $\leqslant 6$ mm/d,坑周地表位移 $\leqslant 4$ mm/d。

(5)对长江大堤变形控制的警戒值:最大容许变形 δ 应小于或等于 5 cm,最大容许变形速率 δ 应小于等于 2 mm/d。

二、基坑变形破坏现象

(一)基坑变形现象

1.墙体的变形

1)墙体水平变形

当基坑开挖较浅,还未设支撑时,不论是对刚性墙体(如水泥搅拌桩墙、旋喷桩桩墙等)还是柔性墙体(如钢板桩、地下连续墙等),均表现为墙顶位移最大,向基坑方向水平位移呈三角形分布(见图9-2(a)),随着基坑开挖深度的增加,刚性墙体继续表现为向基坑内的三角形水平位移或平行刚体位移,而一般柔性墙如设支撑,则表现为墙顶位移不变或逐渐向基坑外移动,墙体腹部向基坑内突出(见图9-2(b))。

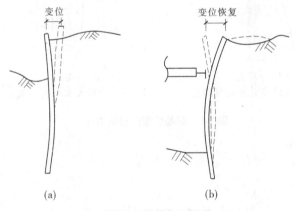

(a)　　　　　　　　　　　(b)

图9-2　墙体水平位移

2)墙体竖向变位

在实际工程中,墙体竖向变位量测往往被忽视,事实上基坑开挖土体自重应力的释放使墙体有所上升。有工程报道,某围护墙上升达 10 cm 之多。墙体的上升移动给基坑的稳定、地表沉降及墙体自身的稳定性均带来极大的危害。特别是对于饱和的极为软弱的地层中的基坑工程,更是如此。当围护墙底下因清孔不净有沉渣时,围护墙在开挖中会下沉,地面也下沉。

2.基坑底部的隆起

在开挖深度不大时,坑底为弹性隆起,其特征为坑底中部隆起最高(见图9-3(a));当开挖达到一定深度且基坑较宽时,出现塑性隆起,隆起量也逐渐由中部最大转变为两边大、中间小的形式(见图9-3(b)),但对于较窄的基坑或长条形基坑,仍是中间大、两边小的分布形式。

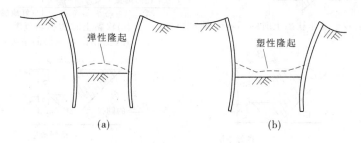

图9-3 基底的隆起变形

3.地表沉降

根据工程实践经验,地表沉降的两种典型的曲线形状如图9-4所示。图9-4(a)的情况主要发生在地层较软弱而且墙体的入土深度又不大时,墙底处显示较大的水平位移,墙体旁边出现较大的地表沉降。图9-4(b)的情况主要发生在有较大的入土深度或墙底入土在刚性较大的地层内。墙体的变位类同于梁的变位,此时地表沉降的最大值不是在墙旁,而是位于离墙一定距离的位置上。

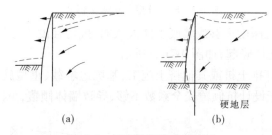

图9-4 地表的沉降曲线形式

地表沉降的范围取决于地层的性质、基坑开挖深度、墙体入土深度、下卧软弱土层深度及开挖支撑施工方法等。沉降范围一般为$(1\sim4)H$,日本对于基坑开挖工程,提出图9-5所示的影响范围。基坑变形过大将导致基坑失稳破坏。

(二)基坑破坏现象

设计上的过错或施工上的不慎,往往造成基坑的失稳。致使基坑失稳的原因很多,主要可以归纳为两个方面:一是因结构(包括墙体、支撑或锚杆等)的强度或刚度不足而使基坑失稳,二是因地基土的强度不足而造成基坑失稳。

基坑的破坏主要表现为以下一些形式。

1.放坡开挖基坑

由于设计放坡太陡,或雨水、管道漏水等原因导致土体抗剪强度降低,引起基坑边土体滑坡,如图9-6所示。

2.无支撑刚性挡土墙基坑

刚性挡土墙为由水泥土搅拌桩、旋喷桩等加固土组成的宽度较大的一种基坑围护形式,其破坏方式有如下几种:

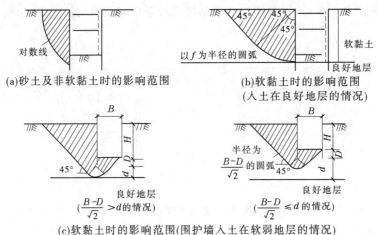

(a)砂土及非软黏土时的影响范围

(b)软黏土时的影响范围
(入土在良好地层的情况)

$(\dfrac{B-D}{\sqrt{2}}>d$的情况)

半径为$\dfrac{B-D}{\sqrt{2}}$的圆弧

$(\dfrac{B-D}{\sqrt{2}}\leqslant d$的情况)

(c)软黏土时的影响范围(围护墙入土在软弱地层的情况)

图 9-5　基坑开挖变形的影响范围

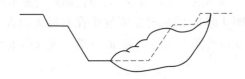

图 9-6　放坡开挖基坑破坏形式

　　(1)由于墙体的入土深度不够或墙底土体太软弱、抗剪强度不够等,导致墙体及附近土体整体滑移破坏,基底土体隆起,如图 9-7(a)所示。

　　(2)由于基坑周围打排土桩或其他挤土施工、基坑边堆载、重型施工机械行走等引起墙后土压力增加,或者由于设计抗倾覆安全系数不够,导致墙体倾覆,见图 9-7(b)。

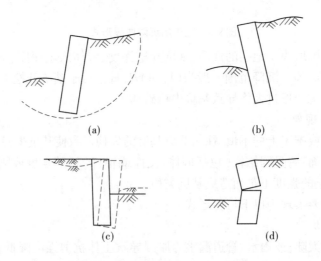

(a)　　　　　　　　　　　(b)

(c)　　　　　　　　　　　(d)

图 9-7　刚性挡土墙基坑破坏形式

　　当设计抗滑安全系数不够或墙前被动区土体强度较低时,导致墙体变形过大或整体刚性移动,见图 9-7(c)。

（3）当设计挡土墙抗剪强度不够，或由于施工不当造成墙体的抗剪强度达不到设计要求，导致墙体剪切破坏，见图9-7(d)。

3. 无支撑柔性围护墙围护基坑

柔性围护墙是相对于刚性围护墙而言的，包括钢板桩墙、钢筋混凝土板桩墙、柱列式墙、地下连续墙等，其主要破坏形式如下：

（1）当挡土墙刚度较小时，会导致墙后地面产生较大的变形，危及周围地下管线、建筑物、地下构筑物等，见图9-8(a)。

（2）当挡土墙强度不够，而插入又较深或插入较好的土层，在土压力的作用下会导致墙体折断，见图9-8(b)。

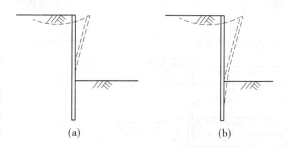

(a)　　　　　　　　　　　(b)

图9-8　无支撑柔性围护墙基坑破坏形式

4. 内支撑基坑

由于施工抢进度，超量挖土，支撑架设跟不上，使围护墙缺少大量设计上必须的支撑，或者由于施工单位不按图施工，抱侥幸心理，少加支撑，致使围护墙体应力过大而折断或支撑轴力过大而破坏或产生危险的大变形，见图9-9(a)。

支撑设计强度不够，或加支撑不及时、坑内滑坡、围护墙自由面过大，使已加支撑轴力过大，或外力撞击，基坑外注浆、打桩、偏载造成不对称变形等，导致围护墙四周向坑内倾倒破坏，俗称"包饺子"，见图9-9(b)。

在饱和含水地层（特别是有砂层、粉砂层或其他的夹层等透水性较好的地层）中，围护墙的止水效果不好或止水结构失效，致使大量的水夹带砂粒涌入基坑，严重的水土流失会造成支护结构失稳和地面塌陷，还可能先在墙后形成洞穴而后突然发生地面塌陷，见图9-9(c)。

由于支撑的设计强度不够或由于支撑架设偏心较大达不到设计要求而导致基坑失稳，有时也伴随着基坑的整体滑动破坏，见图9-9(d)。

由于基坑底部土体的抗剪强度较低，坑底土体产生塑性流动而产生隆起破坏，见图9-9(e)。

在隔水层中开挖基坑时，当基底以下承压含水层的水头压力冲破基坑底部土层，发生坑底突涌破坏，见图9-9(f)。

在砂层或粉砂地层中开挖基坑时，在不打井点或井点失效后，会产生冒水翻砂（即管涌），严重时会导致基坑失稳，见图9-9(g)。

在超大基坑，特别是长条形基坑（如地铁车站、明挖法施工隧道等）内，分区放坡挖土，放坡较陡、降雨或其他原因导致滑坡，冲毁基坑内先期施工的支撑及立柱，致使基坑破坏，见图9-9(h)。

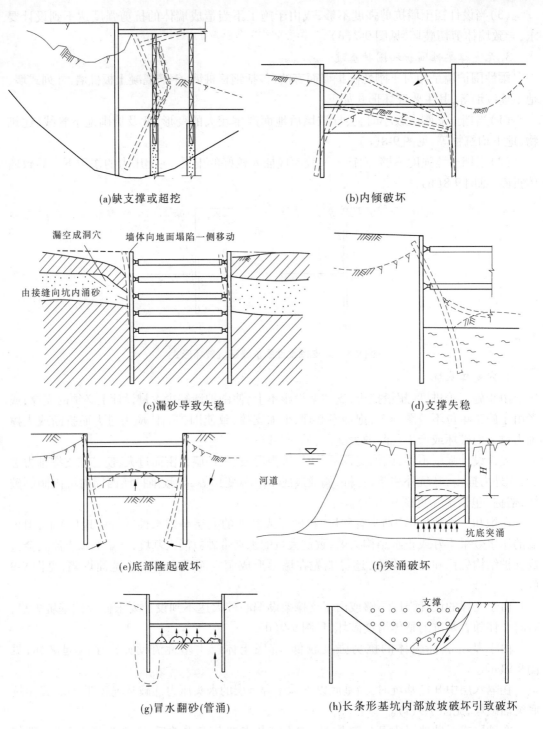

(a)缺支撑或超挖

(b)内倾破坏

(c)漏砂导致失稳

(d)支撑失稳

(e)底部隆起破坏

(f)突涌破坏

(g)冒水翻砂(管涌)

(h)长条形基坑内部放坡破坏引致破坏

图9-9　内支撑基坑的破坏形式

5. 锚拉基坑

锚杆和围护墙、锚杆和锚碇连接不牢,锚杆张拉不够、太松弛,设计或施工造成锚杆强度不够或抗拔力不够,施作锚杆后出现未预料的超载,锚碇处有软弱夹层存在等,导致基坑变形过大或基坑破坏,见图9-10(a)。

围护墙入土深度不够,或基坑底部超挖,导致基坑踢脚破坏,见图9-10(b)。

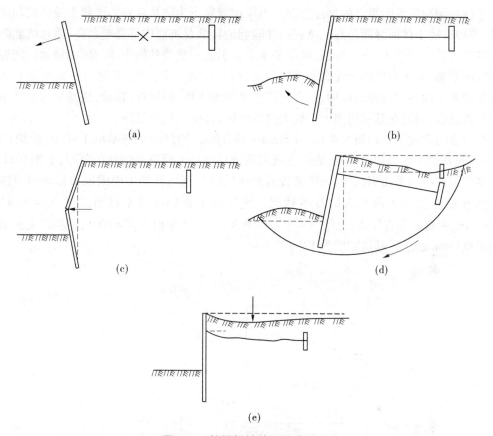

图9-10　拉锚板桩基坑的破坏形式

选用围护墙截面太小,对土压力做了不正确的估计,墙后出现未预料的超载等,导致围护墙折断,见图9-10(c)。

设计锚杆太短、锚杆整体均位于滑裂面以内致使基坑整体滑动破坏,见图9-10(d)。

墙后地面超量沉降,使锚杆变位,或产生附加压力,危及基坑安全,见图9-10(e)。

锚杆基坑的破坏形式类似于拉锚基坑,此处略。

三、基坑变形机制

基坑变形包括围护墙的变形、坑底隆起及基坑周围地层移动。基坑周围地层移动是基坑工程变形控制设计的首要问题,故本单元主要讨论地层移动机制,其中也包括围护墙的变形机制和坑底隆起变形机制。

(一)基坑周围地层移动的机制

基坑开挖的过程是基坑开挖面上卸荷的过程,卸荷引起坑底土体产生以向上为主的位移,同时引起围护墙在两侧压力差的作用下产生水平向位移和因此产生墙外侧土体的位移。可以认为,基坑开挖引起周围地层移动的主要原因是坑底的土体隆起和围护墙的位移。

1. 坑底上体隆起

坑底土体隆起是垂直向卸荷改变坑底土体原始应力状态的反应。在开挖深度不大时，坑底土体在卸荷后发生垂直的弹性隆起。当围护墙底下为清孔良好的原状土或注浆加固土体时，围护墙随土体回弹而抬高。坑底弹性隆起的特征是坑底中部隆起最高，而且坑底隆起在开挖停止后很快停止。这种坑底隆起基本不会引起围护墙外侧土体向坑内移动。随着开挖深度的增加，基坑内外的土面高差不断增大，当开挖到一定深度，基坑内外土面高差所形成的加载和地面各种超载的作用，就会使围护墙外侧土体向基坑内移动，使基坑坑底产生向上的塑性隆起，同时在基坑周围产生较大的塑性区，并引起地面沉降。

在旧金山勒威斯特拉斯大楼（Levi Strauss Building）的黏性土深基坑工程中，曼纳（Mana）按不同开挖深度以理论预测，做出基坑周围地层移动矢量场及塑性区分布，如图 9-11 所示。基坑围护结构采用钢板桩，该图能较清楚地反映深基坑开挖中周围地层移动的范围和幅度随开挖深度加大而增大的基本状况。该基坑工程的不排水抗剪强度 $S_u = 8.83 + 0.2\,\sigma'_{v0}$，$\sigma'_{v0}$ 为有效垂直压力，土的重度 $\gamma = 17.8$ kN/m³，压缩模量 $E = 300 S_u$。基坑支护墙是用钢板桩打入硬土层，基坑宽度为 12 m。

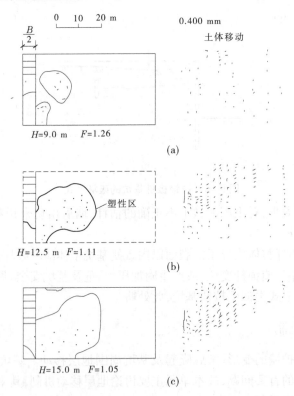

H—开外深度；F—抗隆起安全系数；B—基坑宽度

图 9-11　软黏土基坑随开挖深度增加基坑周围土体移动及塑性区的发展

在宝钢最大铁皮坑工程中，成功地在黏性土层中采用圆形围护墙进行深基坑施工。其内径为 24.9 m，开挖深度为 32.0 m，围护墙插入深度为 28 m，墙厚 1.2 m，围护墙有内衬。由于圆形围护墙结构在周围较均匀的荷载作用下受到环向箍压力，因此槽段接头压紧，结构稳定。在开挖过程中不用支撑，墙体变形很小，在该深基坑工程中，基坑周围地层移动一般

是由坑底隆起引起的,施工单位对此圆形基坑的坑底隆起随开挖加深而增大的变化进行了
较详细的观测。观测结果说明:在开挖深度为 10 m 左右时,坑底基本为弹性隆起,坑中心最
大回弹量约 8 cm,而在自标高 −13 ~ −32.2 m 的开挖过程中,坑底产生塑性隆起,观测到的
坑底隆起线呈两边大、中间小的形式,见图 9-12。

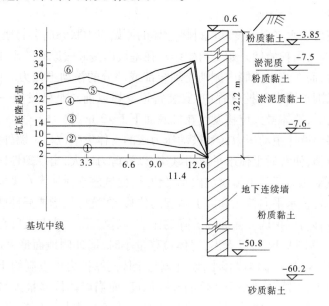

①挖至 −0.7 m 时,坑底隆起线;②挖至 −10.4 m 时,坑底隆起线;③挖至 −13.2 m 时,坑底隆起线;
④挖至 −22.6 m 时,坑底隆起线;⑤挖至 −23.4 m 时,坑底隆起线;⑥挖至 −32.2 m 时,坑底隆起线;

图 9-12　随开挖加深观测的坑底隆起线

在坑底塑性隆起中,基坑外侧土体向坑内移动。图 9-13 表示出开挖深度到标高 −32.2
m 时,围护墙底下及围护墙外侧 3 m、9 m、18 m、30 m 处土体向基坑的水平位移曲线。

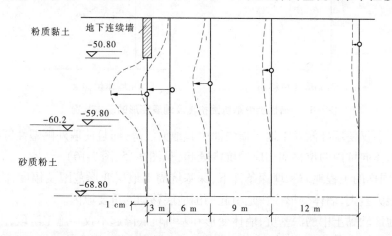

图 9-13　开挖至标高 −32.2 m 时土体向坑内水平位移

圆形基坑坑底隆起在直径与开挖深度之比较小的条件下,由于圆形基坑的支护结构和
坑底土体的空间作用,在隆起形式和幅度上与条形支护基坑者有所不同,但两种基坑坑底隆
起都是随开挖深度的增加而由弹性隆起发展到塑性隆起,而塑性隆起又伴随着基坑外侧土
体向坑底移动。只是条形支护基坑由于支护结构及坑底土体不像圆形有空间作用,因而在

基坑宽度与开挖深度比较小时,就会产生坑底的塑性隆起。当支护结构无插入深度时,基坑更易在开挖深度较小时即发生坑底的塑性隆起和相伴随的基坑周围地层移动。当塑性隆起发展到极限状态时,基坑外侧土体便向坑内产生破坏性的滑动,使基坑失稳,基坑周围地层发生大量沉降。

2. 围护墙位移

围护墙墙体变形从水平向改变基坑外围土体的原始应力状态而引起地层移动。

基坑开始开挖后,围护墙便开始受力变形。在基坑内侧卸去原有的土压力时,在墙外侧则受到主动土压力,而在坑底的墙内侧则受到全部或部分的被动土压力。由于总是开挖在前,支撑在后,所以围护墙在开挖过程中,安装每道支撑以前总是已发生一定的先期变形。挖到设计坑底标高时,墙体最大位移发生在坑底面下 1～2 m 处。

围护墙的位移使墙体主动压力区和被动压力区的土体发生位移。墙外侧主动压力区的土体向坑内水平位移,使背后土体水平应力减小,以致剪力增大,出现塑性区,而在基坑开挖面以下的墙内侧被动压力区的土体向坑内水平位移,使坑底土体加大水平向应力,以致坑底土体增大剪应力而发生水平向挤压和向上隆起的位移,在坑底处形成局部塑性区。

围护墙水平位移与围护墙外侧地面沉降的比值,以及沉降大小与沉降范围的关系,可大体用图9-14表示。从图9-14可以看出,墙体位移量小时,墙外侧地面最大沉降量约为墙体位移量的70%或更小,由于墙体位移小,墙外侧与土体间摩擦力可以制约土体下沉,故靠近围护墙处沉降量很小,沉降范围小于2倍的开挖深度;而当墙体位移量大时,地面最大沉降量就与墙体位移量相等,此时墙外侧与土体间摩擦力已丧失对墙后土体下沉的制约能力,所以最大沉降量发生在紧靠围护墙处,沉降范围大于4倍的开挖深度。

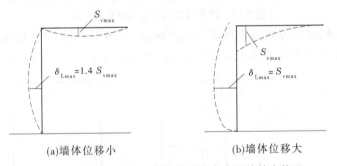

(a)墙体位移小　　　　　　　　　　(b)墙体位移大

图9-14　黏性土中基坑围护墙及地表变形的基本状况

墙体变形不仅使墙外侧发生地层损失而引起地面沉降,而且使墙外侧塑性区扩大,因而增加了墙外土体向坑内的位移和相应的坑内隆起(见图9-15、图9-16)。

因此,在同样的工程地质和埋深条件下,深基坑周围地层变形范围及幅度,因墙体的变形不同而有很大差别,墙体变形往往是引起周围地层移动的重要原因。

在上海地区软黏土中的深基坑,墙体变形和基坑坑底隆起不仅在施工阶段,因产生地层损失引起基坑周围地层移动,而且由于地层移动使土体受到扰动,在施工后期相当长的时间内,基坑周围地层还有渐渐收敛的固结沉降。

(二)周围地层移动的相关因素

在基坑地质条件、长度、宽度、深度均相同的条件下,许多因素会使周围地层移动产生很大差别,因此可以采用相应的措施来减少周围地层的移动。影响周围地层移动的主要相关

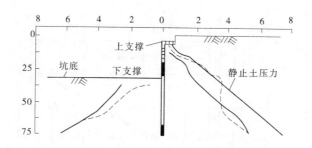

实线表示下支撑加预应力之前的土压力；虚线表示下支撑加预应力之后的土压力

图 9-15　加支撑预应力后墙体上水平土体应力变化预测　（Clough）

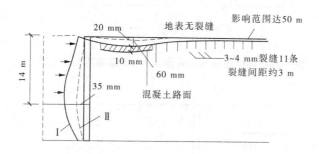

Ⅰ—未及时加支撑预应力；Ⅱ—精心及时加支撑预应力

图 9-16　有无及时加支撑预应力时,墙体及地面变形的对比

因素有以下几点:

（1）支护结构系统的特征。

（2）基坑开挖的分段、土坡坡度及开挖程序。

（3）基坑内土体性能的改善。

（4）开挖施工周期和基坑暴露时间。

（5）水的影响。

（6）地面超载和振动荷载。

（7）围护墙接缝的漏水及水土流失、涌砂。

1. 支护结构系统的特征

墙体的刚度、支撑水平与垂直向的间距一般大型钢管支撑的刚度是足够的。如现在常用 ϕ 609 mm、长度为 20 m 的钢管支撑,承受 1 765 kN(180 t)压力时,其弹性压缩变形也只有约 6 mm。但垂直向间距的大小对墙体位移影响很大。从图 9-17 可见刚度参数与支撑间距 h 的 4 次方成反比,所以当墙厚已定时,加密支撑可有效控制位移。

减小第一道支撑前的开挖深度以及减小开挖过程中最下一道支撑距坑底面的高度,对减小墙体位移有重要作用。第一道支撑的开挖深度 h_1 应小于 $\dfrac{2S_u}{\gamma}$（S_u 为土体不排水抗剪强度,γ 为土重度）,以防止因 h_1 过大而使墙体外侧土体发生较大水平移动和在较大范围内产生地面裂缝,见图 9-18。开挖过程中,最下一道支撑距坑底面的高度越大,则插入坑底墙体被动压力区的被动土压力也相应加大,这必然会增大被动压力区的墙体位移及土体位移,如图 9-19 所示。

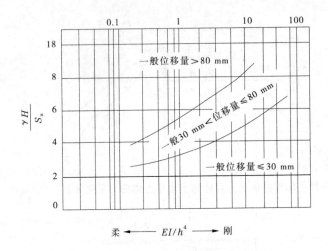

图 9-17　墙体位移与墙体刚度 EI、支撑间距 h 的关系

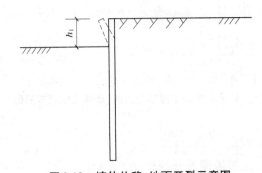

图 9-18　墙体位移、地面开裂示意图

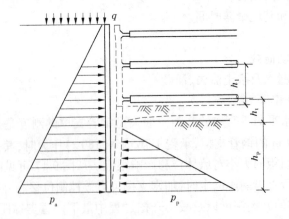

p_p—被动土压力；p_a—主动土压力

图 9-19　墙体、土体位移

1）墙体厚度及插入深度

　　在保证墙体有足够强度和刚度的条件下，恰当增加插入深度，可以提高抗隆起稳定性，也就可减少墙体位移，但对于有支撑的围护墙，按部分地区的工程实践经验，当插入深度 >

$0.9H$(H 为开挖深度)时,其效果不明显。根据上海地铁车站或宽 20 m 左右的条形深基坑工程经验,围护墙厚度一般采用 $0.05H$,插入深度一般采用 $(0.6\sim0.8)H$,对于变形控制要求较严格的基坑,可适当增加插入深度;对于悬臂式挡土墙,插入深度一般采用 $(1.0\sim1.2)H$。

2)支撑预应力的大小及施加的及时程度

及时施加预应力,可以增加墙外侧主动土压力区的土体水平应力,而减小开挖面以下墙内侧被动土压力区的土体水平应力,从而增加墙内、外侧土体抗剪强度,提高坑底抗隆起的安全系数,有效地减少墙体变形和周围地层位移。对加支撑应力后围护墙内侧水平应力的变化,Clough 曾做过有限元分析预测,见图 9-15。根据上海地区已有经验,在饱和软弱黏土基坑开挖中,如能连续地用 16 h 挖完一层(约 3 m 厚)中一小段(约 6 m 宽)土方后,即在 8 h 内安装好 2 根支撑并施加预应力至设计轴力的 70%,可比不加支撑预应力时至少减少 50% 的位移。如在开挖中不按"分层分小段、及时支撑"的顺序,或开挖、支撑速度缓慢,则必然较大幅度地增加墙体位移和墙外侧地面沉降层的扰动程度,因而增大地面的固结沉降,见图 9-20。

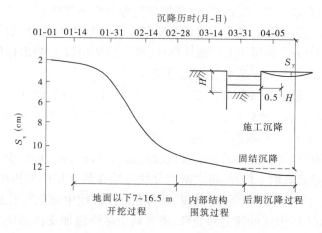

图 9-20　围护墙外侧最大沉降点沉降过程曲线

3)安装支撑的施工方法和质量

支撑轴线的偏心度、支撑与墙面的垂直度、支撑固定的可靠性、支撑加预应力的准确性和及时性,都是影响位移的重要因素。

2.基坑开挖的分段、土坡坡度及开挖程序

长条形深基坑按限定长度 L 分段开挖时,可利用基坑的空间作用,以提高基坑抗隆起安全系数,减少周围地层移动。Skempton 曾对长条形、方形和长宽比为 2 的矩形基坑的抗隆起安全系数提出如下计算公式:

$$F_s = \frac{S_u N_c}{\gamma H + q} \tag{9-4}$$

式中　F_s——抗隆起安全系数;

　　　S_u——不排水抗剪强度,kN/m;

　　　γ——土体重度,kN/m;

　　　H——开挖深度,m;

N_c——从图 9-21 中查出；

q——地面超载。

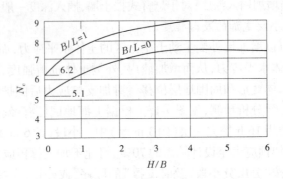

图 9-21   按基坑长、宽、深尺寸查 N_c

参照上述算法，可以认为长条形深基坑按限定长度（不超过基坑宽度）进行分段开挖时，基坑抗隆起安全系数必有一定的增加，增加比例为 10% ~ 20%。

根据上海地区经验，当某长条形深基坑抗隆起安全系数为 1.5 时，如不分段开挖，墙体最大水平位移 δ 为 1%H。这属于大的墙体位移，参照图 9-14(b)，当墙体位移量大时，则相应的地面最大沉降 $S_v = \delta = 1\%H$，地面沉降范围 > 2H。

如分段开挖，抗隆起安全系数增加 20%，$K_s = 1.5 \times (1 + 20\%) = 1.8$，墙体最大水平位移 δ 为 0.6%H，这属于小的墙体位移，参照图 9-14(a)，当墙体位移量小时，则相应的地面最大沉降 $S_v = \delta/1.4 = 0.43\%H$，地面沉降范围 < 2$H$。

由此可清楚地看到，将长条形的基坑按比较短的段分段开挖，对减少地面沉降、墙体位移和地层水平位移是有效的。同样，将大基坑分块开挖亦具有相同的作用。在每个开挖的开挖程序中，如分层、分小段开挖、随挖随撑，就可在分步开挖中充分利用土体结构的空间作用，减少围护墙被动土压力区的压力和变形，还有利于尽快施加支撑预应力，及时使墙体压紧土体而增加土体抗剪强度。这不仅可以减少各道支撑安装时的墙体先期变形，而且可提高基坑的抗隆起安全系数。否则，将明显增大土体位移。

如某基坑在挖到最后第 5 道支撑的一层土时，开挖了 12 m 一段后延迟了 24 h 未加支撑，使地面沉降明显比及时支撑的部分大了 3 ~ 4 mm，见图 9-22。这里表现出基坑开挖中时间效应对墙体和地面变形的明显影响。

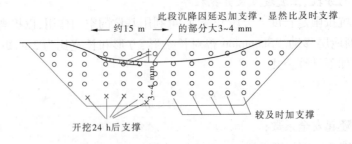

图 9-22   支撑时间与沉降大小关系

3. 基坑内土体性能的改善

在基坑内外进行地基加固以提高土的强度和刚性,对治理基坑周围地层位移问题的作用,无疑是肯定的,但加固地基需要一定代价和施工条件。在坑外加固土体,用地和费用问题都很大,非特殊需要很少采用。一般来说,在坑内进行地基加固以提高围护墙被动土压力区的土体强度和刚性(S_u 和 E),是比较常用的合理方法。

在软弱黏性土地层和环境保护要求较高的条件下,基坑内土体性能改善的范围,应考虑自地面至围护墙底下被挖槽扰动的范围。井点降水、注浆加固等方法都是有效的加固方法。但在上海地区黏性土夹有薄砂层($K_h \geqslant (10 \sim 100) K_v$,$K_h$ 为水平渗透系数,K_v 为垂直渗透系数)或黏性土与砂性土互层的地质条件下,以井点降水加固土体效果明显,使用广泛。当基坑黏性土夹薄砂层时,如开工前一段时间就开始降水,对基坑土体强度和刚性有很大提高。根据上海地区已有经验,降水一个月后土体强度可提高30%,再参照 Teyake Broome 等国际岩土专家试验,黏性土深基坑土体抗剪强度为

$$S_u = 10 + 0.2\sigma'_{ov} \tag{9-5}$$

$$\sigma'_{ov} = \gamma' h \tag{9-6}$$

式中　　γ'——土体浮重度;

　　　　h——土体埋深。

如对基坑自地面至基坑以下6 m 厚的土层进行井点降水,则疏干区以上土层的有效应力为:当计算有效应力时,将土体浮重度改为重度,其数值增加1倍多,这对降水范围及其下卧地层的各层土层可起到预压固结作用。何况超前一段时间降水,还可因排水固结增加强度。特别是夹砂层的水降除后,围护墙内力计算模型中的土体水平向弹簧系数 K_H 也可提高约1倍,这对提高基坑抗隆起安全系数及减少围护墙的位移有很大的作用。当然采用注浆等地基加固法,对提高被动区的土体刚度和强度、减少周围地层移动也有明显作用,但要先从技术经济上与井点降水法做比较论证。

这里也要指出,不适当地加深降水滤管也会影响围护墙外围地层下沉,这要根据地质条件做细致研究。图9-23 表示基坑内降水后对基坑外侧地层静水压力的影响,应注意当围护墙底部存在渗透系数较大的砂性土层,就有坑内降水对坑外地层产生排水固结的影响。图9-24 为某基坑坑内降水引起墙外地表沉降。

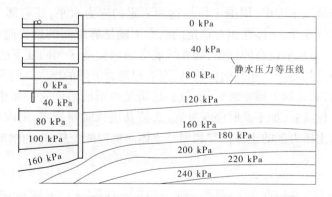

图9-23　基坑内降水后,基坑底下及外侧静水压力变化

为减少此影响,必要时要采取加隔水帷幕或回灌水措施。当基坑坑底黏性土层以下存

在有承压水的砂性土层时,坑底黏性土层要被承压水顶托上抬,乃至被承压水顶破涌砂,产生破坏性隆起,在此地质条件下,则应考虑在砂性土中注浆以形成平衡承压水压力的不透水层,见图 9-25。而确定基坑底至注浆层(不透水层)底面的高度 h,应使 $h\gamma > P_w$(γ 为注浆层底面以上至坑底面的加权平均土重度,P_w 为水压力)。

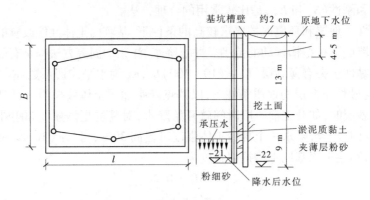

图 9-24　某基坑坑内降水引起墙外地表沉降

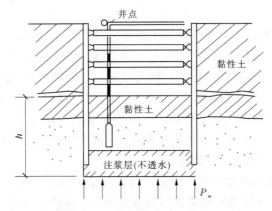

图 9-25　以注浆层平衡承压水压力

4. 开挖施工周期和基坑暴露时间

在黏性土的深基坑施工中,周围土体均达到一定的应力水平,还有部分区域成为塑性区。由于黏性土的流变性,土体在相对稳定的状态下随暴露时间的延长而产生移动是不可避免的,特别是剪应力水平较高的部位,如在坑底下墙内被动区和墙底下的土体滑动面,都会因坑底暴露时间过长而产生相当的位移,以至引起地面沉降的增大。特别要注意的是,每道支撑挖出槽以后,如延迟支撑安装时间,就必然明显地增加墙体变形和相应的地面沉降。在开挖到设计坑底标高后,如不及时浇筑好底板,使基坑长时间暴露,则因黏性土的流变性亦将增大墙体被动土压力区的土体位移和墙外土体向坑内的位移,因而增加地表沉降,雨天尤甚,见图 9-26。

5. 水的影响

雨水和其他积水无抑制地进入基坑,而不及时排除坑底积水时,会使基坑开挖中边坡及坑底土体软化,从而导致土体发生纵向滑坡,冲断基坑横向支撑,增大墙体位移和周围地层位移。

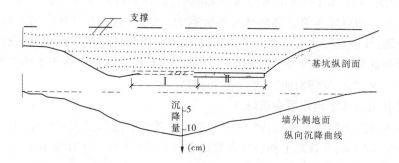

I —此段约 50 m,自开挖到第 5 道支撑到浇好底板历时 47 d;
II —此段约 40 m,自开挖到第 5 道支撑到浇好底板历时 30 d

图 9-26　墙外侧地面沉降量随坑底暴露时间延长而增大

6. 地面超载和振动荷载

地面超载和振动荷载会减小基坑抗隆起安全度,增加周围地层位移。

7. 围护墙接缝的漏水及水土流失、涌砂

围护墙接缝的漏水是时常发生的现象,严重时会产生流土或涌砂,一方面影响基坑内正常施工,另一方面会造成周边土体塌陷,进而影响周边建筑物的安全。

单元二　基坑变形计算的方法

一、地层损失法

(一)概述

由于墙前土体的挖除破坏了原来的平衡状态,墙体向基坑方向的位移必然导致墙后土体中应力的释放和取得新的平衡,引起墙后土体的位移。现场量测和有限元分析表明,此种位移可以分解为两个分量,即土体向基坑方向的水平位移及土体竖向位移。土体竖向位移的总和表现为地面的沉降。

同济大学侯学渊教授在长期的科研与工程实践中,参考盾构法隧道地面沉降 Peck 和 Schmidt 公式,借鉴了三角形沉降公式的思路提出了基坑地层损失法的概念,地层损失法即利用墙体水平位移和地表沉陷相关的原理,采用杆系有限元法或弹性地基梁法,然后依据墙体位移和地面沉降二者的地层移动面积相关的原理,求出地面垂直位移即地面沉降。也有用一个经验系数乘以墙体水平位移而求得地面沉降值的。我国在地下结构和地基基础设计中,较习惯于用经工程考验过的半经验半理论公式,此法已在沿海软土地区逐步普及,加上适当经验系数后,与量测结果一致。

(二)杆系有限元法

杆系有限元单元法简称有限元法,亦称竖向弹性地基梁杆系有限元法,其计算原理是假设围护墙为竖向梁,墙后土压力已知(一般假定为主动土压力),墙前基坑开挖面以下用弹簧模拟地基抗力,用基床系数表示(可根据实际情况假设不同的 K 值分布形式),支撑假设成弹簧,形成一个平衡系统,求解其内力和变形。

用杆系有限元法计算时是不考虑时间影响的,但在具有流变性的软土地层中(如沿海一带软土等),时间对墙体的位移是有明显影响的。因此,为了在计算中考虑时间的影响,可做如下处理:杆系有限元法在每一步计算时,均对支撑处的位移进行修正(支撑架设前的位移),故可借此机会将时间因素考虑进去,即在修正位移上再加上由于土体流变而产生的位移。一般认为,修正位移增加时,墙体弯矩亦增加。

（三）实用公式法求地层垂直沉降法

为了掌握墙后土体的变形(沉降)规律,不少学者先后进行了大量的模拟试验,特别是针对柔性板桩围护墙,在软黏土和松软无黏性土中不排水条件下土体变形情况。

试验表明(见图9-27):

(1)零拉伸线 α 和 β 与主应变的垂直方向成45°角,它们之间相互垂直。

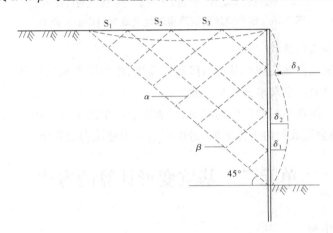

图9-27　恒定体积时变形的简单速度场

(2)墙后地表任一点的位移与墙体相应点的位移相同,因此地表沉降的纵剖面与墙体挠曲的纵剖面基本相同。

(3)1966 年 Peck 和 1974 年 Bransby 曾指出,软黏土中支撑基坑的地表沉降的纵剖面图与墙体的挠曲线的纵剖面图基本相同。

根据以上三条,可以认为地表最大沉降近似于墙体最大水平位移。

这里有两个前提条件:一个条件是开挖施工过程正常,对周围土体无较大扰动;另一个条件是支撑的安设严格按设计要求进行。但是实际工程中是难以完全做到的,所以工程实测得到的地表沉降曲线往往与墙体变形曲线不相同。将它们进行比较后发现:

对于柔性板桩墙,插入深度较浅,插入比 $D/H < 0.5D$(D 为插入深度,H 为开挖深度),最大地表沉降量要比最大墙体位移量大。对于地下连续墙,插入较深的($D/H > 0.5$)柱列式灌注桩墙等,墙体水平位移约为墙后地表沉降的 1.4 倍;地面沉降影响范围为基坑开挖深度的 $1.0 \sim 3.0$ 倍。可采用以下步骤将墙体变形和墙后土体的沉降联系起来。

(1)用杆系有限元法计算墙体的变形曲线(即挠曲线)。

(2)计算出挠曲线与初始轴线之间的面积。

(3)将上述计算面积乘以系数 m,该系数考虑到下列诸因素凭经验选取:

①沟槽较浅(3 m 左右)、地质是上海地区地表土硬层和粉质黏土,无井点降水,施工条

件一般,暴露时间较短(<4个月),轻型槽钢(<□0.22),凹填土条件一般,$m=2.0\sim2.5$。

②沟槽较深(5.0 m左右),地质为淤泥质粉质黏土夹砂或粉质砂土,采用井点降水,施工条件较好,暴露时间较短(<6个月),重型槽钢(>□0.22),回填土夯实质量较好,$m=1.5\sim2.0$。

③深沟槽(>6.0 m),地质为淤泥质粉质黏土夹砂或粉质砂土,采用井点降水,施工条件较好,暴露时间较长(<10个月),重型槽钢$m=2.0$。

④其他情况同上,钢板桩采用拉森型或包钢产企口钢板桩,$m=1.5$。

⑤基坑较深(>10 m),地质为淤泥质粉质黏土、黏土夹砂或粉质黏土,采用拉森型或包钢生产企口钢板桩,采用井点降水,施工条件较好,支撑及时并施加预应力,$m=1.0\sim1.5$。

⑥其他类型的基坑根据实际工程经验选取,如插入较深的地下连续墙、柱列式灌注桩墙,一般$m=1.0$。

选取典型地表沉降曲线如下。

1.三角形沉降曲线

三角形沉降曲线一般发生在围护墙位移较大的情况下,如图9-28所示。

$$x_0 = H_g\tan\left(45° - \frac{\varphi}{2}\right) \quad (9-7)$$

式中 H_g——围护墙的高度;

φ——墙体所穿越土层的平均内摩擦角。

沉降面积与墙体的侧移面积相等,得

$$\frac{1}{2}x_0\delta_{max} = S_W \quad (9-8)$$

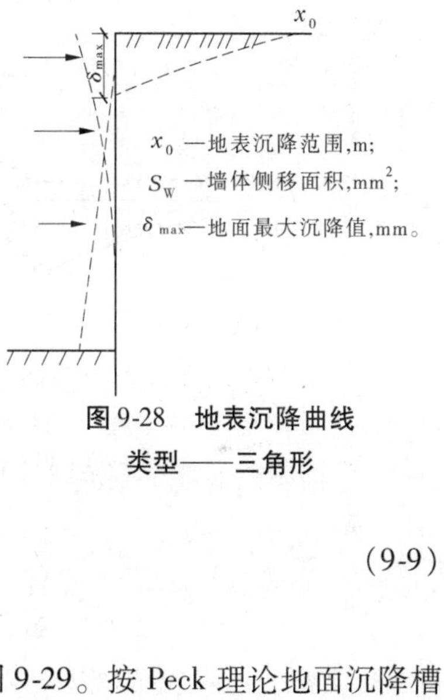

x_0——地表沉降范围,m;
S_W——墙体侧移面积,mm²;
δ_{max}——地面最大沉降值,mm。

图9-28 地表沉降曲线
类型——三角形

$$\delta_{max} = \frac{2S_W}{x_0} \quad (9-9)$$

2.抛物线法

考虑按Peck理论和上海地区实际情况修正模式,见图9-29。按Peck理论地面沉降槽取用正态分布曲线。

根据图9-30所示,在此假定的基础上取

$$x_0 \approx 4i, S_{W1} = 2.5\left(\frac{1}{4}x_0\right)\delta_{m1}, \delta_{m1} = \frac{4S_{W1}}{2.5x_0}, x_0 = H_g\tan\left(45° - \frac{\varphi}{2}\right)$$

$$\Delta\delta = \frac{1}{2}(\Delta\delta_{W1} + \Delta\delta_{W2})$$

式中 $\Delta\delta_{W1}$——围护墙顶位移;

$\Delta\delta_{W2}$——围护墙底水平位移,为了保证基坑稳定,防止出现"踢脚"破坏和上支撑失稳,希望控制在20 mm范围内。

则

$$S_{W2} = \frac{1}{2}x_0\Delta\delta$$

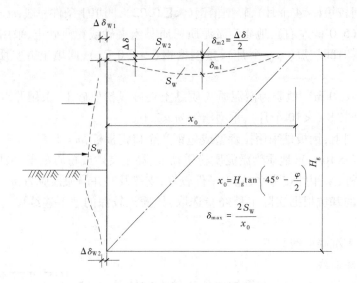

图 9-29　　指数曲线计算模式

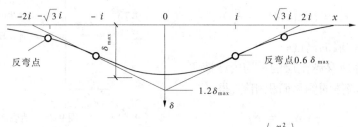

图 9-30　　沉降槽曲线

$$S_{W1} = S_W - S_{W2} = S_W - \frac{1}{2}x_0\Delta\delta$$

$$\delta_{m1} = \frac{4S_{W1}}{2.5x_0} = \frac{4}{2.5}\left(\frac{S_W - \frac{x_0}{2}\Delta\delta}{x_0}\right) = \frac{4S_W}{2.5x_0} - \frac{2\Delta\delta}{2.5} = \frac{1.6S_W}{x_0} - 0.8\Delta\delta$$

可计算出各点沉降值

$$\Delta\delta_i = \delta_{m1}\left(\frac{x_i}{x_0}\right)^2$$

最大沉降值

$$\Delta\delta_{max} = \delta_{m1} + \delta_{m2} = \delta_{m1} + \frac{\Delta\delta}{2} = \frac{1.6S_W}{x_0} - 0.3\Delta\delta \qquad (9\text{-}10)$$

（四）经验系数法求地面垂直沉降

　　如果认为围护墙水平位移量和坑底隆起量与墙后地面沉降量的关系还难以从理论上分析清楚,则可把理论计算与经验观测结合起来。从围护墙最大水平位移量的计算结果加以经验修正,可预测墙后地面最大沉降量。上海市隧道工程设计院等单位根据对国内外有关计算理论和工程试验经验的研究,采用如图 9-31 所示的弹塑性法的计算模型。根据现场测试,围护墙内侧被动区土体在开挖和支撑施工过程中随着坑底基土暴露时间的增加而加大蠕变量,这就使按弹塑性法计算出的不考虑时间效应的围护墙变形量,需要按施工和地质条件乘以经验系数 α ,以使计算结果与实测值相符。α 值按土的性质、土体加固条件、各施工工序历时、开挖到设计标高处的坑底暴露时间及支撑的及时性和应力程度而定。

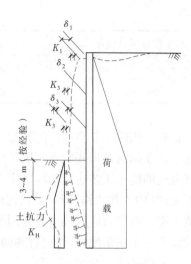

图 9-31　围护墙受荷模型为各道支撑安装前的先期变位

从多个工程测试资料中得出施工阶段墙后最大地面沉降量:

$$\delta_{vm} = \frac{\alpha \delta_{hm}}{\beta} \tag{9-11}$$

式中　α——经验系数;

　　　δ_{hm}——理论计算围护墙最大位移;

　　　β——围护墙实际最大水平位移与施工阶段墙后地面最大沉降量的比值。

α 根据工程经验取值,以上海地铁工程经验为例,即使按目前上海地铁工程所提供的施工要求进行施工,α 系数也大于1,系数参照表9-1,视现场条件选取。β 值根据表9-2选取。

二、估算法

(一)时空效应法

1. 概述

时空效应法是中国工程院院士刘建航为解决深基坑整体稳定和坑周地层位移的控制问题,参考新奥法隧道施工面时空效应理论和上海大量软土基坑实践而提出的一种计算和控制基坑结构变形及周围地层位移的方法。他在和同济大学侯学渊教授近20年合作中结合上海软土深大基坑工程实践,初步认识到在基坑施工过程中每个开挖步骤的开挖空间几何尺寸和围护墙无支撑暴露面积和时间(对于悬臂围护墙,支撑意味着垫层或底板(分块浇))等施工参数,对基坑的稳定和变形具有明显的相关性,从而开始运用时间效应和空间效应的概念,初步试行了按已有工程经验,考虑时空效应的施工工艺和以控制围护墙无支撑暴露时间为主的施工参数,在已试行的深基坑工程中,均取得了显著的技术经济效果。

表 9-1　α 的取值

地质条件	基坑加固情况	基坑抗隆起安全系数	α
软塑黏土夹薄砂	开挖前降水、排水固结	≥15	2 ~ 3
流塑黏土夹薄砂	开挖前降水、排水固结	≥15	3 ~ 4
流塑黏土无夹砂	分层劈裂注浆加固坑底土层、加固厚度 >3	≥1.5	1.5 ~ 2.0
流塑黏土无夹砂层或有黏土层	无注浆加固和排水加固	≥1.5	6
黏性土与砂性土互层	开挖前降水、排水固结	≥1.5	15 ~ 20

表 9-2　β 的取值

水平位移量比挖深	α	β
≥1%	≥4	1 ~ 1.2
≥0.8%	≤4	1.3 ~ 1.4

正确运用时空效应规律的新施工工艺可以使软土基坑工程的设计施工实现重大变革,以改变现在国内外那些软土基坑单纯以大量加固基坑土体来控制变形的做法,而以科学的、经济合理的施工工艺达到基坑稳定和控制变形的要求。时空效应法用于地层自稳性较差、需要支护(内支撑或锚杆等)的情况时效果显著,特别适用于具有流变性的软黏土地层中的基坑工程。时空效应法提出并应用的时间不长,理论尚不完善,正在改进中,时空效应法强调设计和施工密切配合,通过合理的施工工艺、采取相应的措施,达到控制变形的目的。

2. 时间效应

在具有流变性的地层中进行基坑开挖,当施工进行到某一阶段由于某种原因暂停一段时间时,变形会随着时间延长不断地增长(实际上在施工期间,土体也具有这种流变性,只是出于时间较短相对而言不明显罢了),直到稳定或引起基坑因变形过大而破坏。

最大地面沉降由两部分组成:一部分是由于正常施工条件下产生的,定义为 δ''_{vmax} ;另一部分是由于非正常因素所增加的施工沉降量,定义为 δ_{vmax} ,因此

$$\delta_{vmax} = \delta'_{vmax} + \Delta\delta_{vmax} \tag{9-12}$$

正常施工条件下所引起的地面沉降 δ''_{vmax} ,可按前述求地面垂直沉降的方法得到,也可由基坑抗隆起安全系数 F_s 与墙后最大地面沉降关系确定。

根据上海地区的大量工程实践,F_s 和最大地面沉降存在如图 9-32 所示的关系,从图 9-32 中根据 F_s 查得,H 为基坑开挖深度,F_s 按圆弧滑裂面验算公式计算(见项目五基坑稳定性有关内容),即

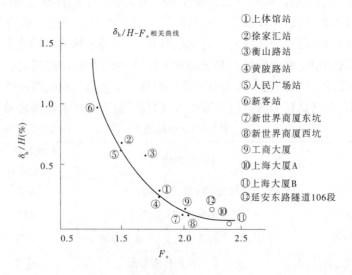

图 9-32　基坑抗隆起安全系数与地面最大沉降关系

$$F_s = \frac{M_r}{M_s}$$

式中　M_r——抗滑力矩；

　　　M_s——滑动力矩。

非正常因素所增加的施工沉降量 $\Delta\delta_{max}$ 主要是开挖缓慢、支撑滞后、坑底暴露时间长以致引起因土体流变性而产生的地面沉降量，可用下式表示

$$\Delta\delta_{max} = \sum a_i t_i + \sum K_i \alpha H \tag{9-13}$$

式中　a_i——某道支撑拖延一天而引起的沉降量，mm/d；

　　　t_i——拖延天数；

　　　K_i——某种施工因素所引起的沉降增量系数。

a_i、t_i、k_i 可根据实际工程经验取值。

单元三　基坑施工对周边环境的影响

随着城市化进程的不断加快，使得城市基础设施、住宅等建（构）筑物的建设与日俱增。随着资源节约型、环境友好型社会理念的提出，人们越来越注重研究工程施工对环境的影响。深基坑工程在城市建设中占据很大的比例。城市深基坑工程施工是其所在地区组织系统的子系统之一，其出现势必打破原有社会组织系统的平衡，两者相互影响并产生作用。因此，城市深基坑工程在环境保护与灾害防治上兼具社会性与技术性的特性，必须加以综合考虑。建（构）筑物在使用过程中，必须满足材料本身承载能力要求和正常使用功能要求。在基坑开挖过程中，坑内土体被挖除，挡墙向坑内移动变形，墙后土体应力平衡被打破，土体产生变形和应力重分布。土体距基坑距离的不同而产生不同的变形，导致不同位置土体的竖向不均匀沉降。土体的不均匀沉降将打破周围环境原有的受力平衡体系，从而使建筑物产生附加应力及变形，严重时将导致建筑物的破坏。

一、城市深基坑工程施工的环境影响分析

（一）深基坑工程破坏导致环境灾难

深基坑工程由挡土支护、支撑、防水、降水、挖土等多个紧密联系的施工环节组成，其中任一个环节都可能引发环境问题。特别是在软土地区、地下水位高等复杂条件下的深基坑工程中，易产生土体滑移、基坑失稳、桩体变位、坑底隆起、支挡结构严重漏水、流砂等工程事故。对邻近建（构）筑物、道路、给排水管道、电缆等管线的安全造成很大威胁，并引发严重的环境问题。简艳春（2001）认为深基坑工程事故的发生率一般约占工程总数的20%，个别地区高达30%，并列举了19项因深基坑工程施工对周围建（构）筑物、相邻管线造成破坏的情况。如上海某基坑靠近马路一侧施工结构支撑破坏，地下连续墙突然向基坑内侧倒塌，马路面下沉面积 5 000 m²，下陷最深处达 6～7 m；埋设在路面下的管线，包括电力电缆、电车电缆、煤气管道、给排水管道均遭到严重破坏，煤气大量外溢，大面积停电、停气、停水，交通被迫中断（张亚奎，2003）。

（二）深基坑工程施工的"三废"、噪声等污染环境

深基坑工程除放坡开挖外，无论采用何种挡土支护方式，特别是灌注桩、地下连续墙等

都会排放泥浆。泥浆不但影响施工场地,而且未经处理的泥浆流入市政排水管道沉淀后会阻塞管道。在深基坑工程开挖中,大量的渣土需要运出施工场地,由于渣土车辆的维修等不到位产生的噪声严重影响周围居民的生活。据测定,3辆老式的渣土运输车在发动时的噪声量相当于一架直升飞机飞行时的分贝。渣土运输中车辆轮胎带泥、渣土散落等造成粉尘飞扬、交通事故等问题。采用内支撑的深基坑工程,在拆除支撑过程中定向爆破、风镐拆卸等既有噪声又有扬尘,拆除的废弃混凝土块的处理也会带来环境问题。

(三)深基坑施工对道路、能源等的需求增加环境压力

在城市建筑密集区进行深基坑工程施工时,由于场地狭小或技术原因,如支护结构受力限制、施工车辆须靠近坑边装渣土、泵送混凝土等,施工材料无法集中堆放在基坑周围,通常要占用一定的公共空间,加上大量施工车辆进出场地,经常造成施工场地周围道路拥堵。施工中泥浆制备、施工机械运行等导致区域内水、电供应紧张。

基坑施工时,若不注重对周边环境的监测与控制,将引起建筑物、地下管线、道路的变形,影响其使用功能与寿命。因此,基坑施工时应加强对周边环境影响监测、评估,并提出切实有效的预防和控制措施。

二、建(构)筑物变形反应衡量参数

基坑开挖施工围护结构产生变形的同时,周围地层也将产生移动。尤其在软土地区(如上海、天津、福州、广州等沿海地区),由于地层的软弱复杂,基坑施工往往会产生较大的变形,严重影响紧靠深基坑周围的建筑物、地下管线、地铁隧道、交通干道和其他市政设施。根据结构承载力要求和正常使用要求,必须确保施工过程中周围建(构)筑物的变形和内力在允许范围之内。基坑施工过程中结构物的变形指标一般通过如下几个参数进行衡量:

(1)沉降量 p 与差异沉降量 δ_p,定义见图9-33,最大沉降量与最大差异沉降量用 ρ_{max} 及 $\delta\rho_{max}$ 表示。

(2)倾角 θ:两点之间倾斜变化量,见图9-33(a)。

(3)挠角比 Δ/L:为相对挠度 Δ 与两点距离 L 的比值,见图9-33(b)。

(4)倾斜量 ω:为建筑物的刚体转动量,如图9-33(c)所示。倾斜量主要会影响建筑的使用及外观效果,但对其增加的应力不大。

(5)角变位 β:即 δ/L,两点连线相对于倾斜的倾角变化量,如图9-33(c)所示。

(6)位移曲线曲率 $1/R$(R 为曲率半径)。

(7)基坑开挖所引起的建筑物的水平向拉伸或压缩作用,用水平应变 ε_h 来表示。

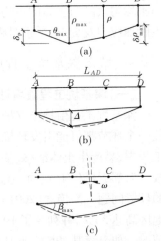

图9-33　结构变形衡量参数

(一)基坑沉降影响区内墙体受力分析

地基不均匀沉降引起墙体裂缝,将削弱墙体截面,破坏墙体的整体性,降低构件的承载能力及抗震性能。由此引发的工程事故不断,造成很大经济损失。由于造价较低、取材相对容易,砌体结构至今仍是我国房屋建筑的主要承重结构或围护结构。不均匀沉降引起的墙体裂缝,一般有三类:

（1）斜裂缝。一般发生在纵墙的两端，大多数裂缝通过窗口的两个对角，向沉降较大的方向倾斜，并由下向上发展。而横墙由于刚度较大，且门窗洞口亦少，一般不会产生较大的相对变形，故很少出现这类裂缝。斜裂缝多出现在墙体下部，向上逐渐减少，宽度为下面大、上面小。斜裂缝的产生主要是地基不均匀下沉，使墙体承受较大的剪切力。当结构刚度较差，材料强度不能满足要求时，导致墙体开裂。

（2）窗间墙水平裂缝。一般在窗间墙的上下对角处成对出现，沉降大的一般裂缝在下，沉降小的一般裂缝在上。窗间墙水平裂缝的产生是由于沉降单元上部受到阻力，使窗间墙受到较大的水平剪力，而发生上下位置的水平裂缝。

（3）竖直裂缝。一般发生在纵墙中央的顶部和底层窗台处，裂缝上宽下窄。当墙体承受较大的弯矩时，由弯矩产生的正应力大于墙体的材料强度，就会出现竖直裂缝。当纵墙顶层设有钢筋混凝土圈梁时，则竖直裂缝较少。竖直裂缝主要由于底层窗台下窗间墙承受荷载后，窗间墙起着反梁作用，特别是较宽大的窗口或窗间墙承受较大的集中荷载情况下，窗间墙因反向变形过大而开裂，严重时还会挤坏窗口，影响窗扇开启。

1. 位于不均匀沉降影响区的墙体分析模式

基坑开挖引起周围土层位移是一个动态过程。基坑开挖时，坑边土体原始受力平衡被打破，从而产生变形，接着又引起旁边的土体变形，这样依次传递下去，所以土体位移存在着一个传递过程。就像波的传递一样，逐渐向外扩展，但大小逐渐衰减。因此，建筑物受地层位移场影响的长度与建筑物高度之比开始时很小，并随着地层移动的扩展而增大。

由于各建筑物墙体长度不一，可根据其长度与沉降影响区的大小及位置关系将受力模式分为两类：

（1）悬臂模式。开挖初期，由于沉降影响区范围很小，建筑物墙体局部承受不均匀沉降作用；或者墙体长度很大时，位于不均匀沉降区以外的部分较长。以上两种情况可将未沉降部分作为产生沉降部分的固端支承，从而将墙体近似简化为悬臂模式。

（2）简支模式。当沉降影响区范围较大，建筑物墙体整体位于不均匀沉降区内时，可将墙体近似简化为简支模式。

2. 墙体承受不均匀沉降的等代荷载法

等代荷载法的原理是：将地表差异沉降对墙体的影响通过计算简化为荷载作用，同时必须满足在此等代荷载作用下墙体的变形与地表沉降曲线相似，最大位移相等。

（二）基坑开挖引起的邻近地下管线的位移分析

基坑开挖使土体内应力重新分布，由初始应力场状态变为第二应力状态，致使围护结构产生变形、位移，引起基坑周围地表沉降，从而给邻近建筑物和地下设施带来不利影响。不利影响主要包括：邻近建筑物的开裂、倾斜；道路开裂；地下管线的变形、开裂等。由基坑开挖造成的此类工程事故，在实际工程中屡见不鲜，给国家和人民财产造成了较大损失，越来越引起设计、施工和岩土工程科技人员的高度重视。

深基坑围护结构变形和位移及所导致的基坑地表沉降，是引起建筑物和地下管线等设施位移、变形，甚至破坏的根本原因。对于基坑开挖导致的地下管线竖向位移和水平位移，可以利用 winkler 弹性地基梁模型理论进行分析。根据管线的最大允许变形，可以求出围护结构的最大允许变形，并可依此进行围护结构的选型及强度设计；也可根据围护结构的变形，预估地下管线的变形，来预知地下管线是否安全。地下管线位移计算可按竖向和水平两

个方向的位移分别计算。

（三）建筑物破坏程度分析

1. 建筑物破坏的定义

建筑物破坏可分为三类：建筑破坏、功能破坏、结构破坏。

（1）建筑破坏：影响建筑物外观，一般表现为充填墙或装修轻微变形或开裂。石膏墙裂缝宽于 0.5 mm，砖混或素混凝土墙裂缝宽于 1 mm 被认为是建筑物破坏的上限。

（2）功能破坏：影响结构的使用及其功能的实现。表现为门窗卡住、裂缝开展、墙和楼板倾斜等。经过与结构无关的修复即可恢复结构的全部功能。

（3）结构破坏：影响结构的稳定和安全性。通常指主要承重构件如梁、柱、承重墙产生较大的裂缝或变形。

2. 差异沉降下建筑物破坏标准的制定

沉降破坏标准可分为 3 种基本方法。第一种，经验方法。通过对工程实例的汇总研究，注重破坏和易量测或易定义的工程数据之间的经验关系。第二种，基于结构工程原理的方法。对选定的结构尺寸、材料特性给出容许沉降关系，并与工程实例进行比较。第三种，在结构刚度矩阵中考虑地基模型，考虑两者共同工作。由于第三种方法计算复杂，理论上尚未完善，所以目前主要以前两种方法为主。

1）经验方法

经验方法主要通过对大量工程实例进行分析和统计，以便在建筑物的破坏程度（通常以裂缝宽度表示）与建筑物的一些易量测且能反映建筑物变形性态的量（如差异沉降和角变位等）之间建立对应关系，从而给出建筑物的容许总沉降和差异沉降。

SkemPton 和 MacDonald(1956)研究了 98 个工程实例，以得出决定基础容许总沉降量和差异沉降的基本参数。他们认为，引起开裂的沉降特性可能是曲率半径。但角变位是一个合理性仅次于曲率半径的却更易量测的一个量。它可以方便地表达为差异沉降与两点内距离 L 的比值。

Bjermm 利用 SkemPton 和 MacDonald 的数据及另一些实例数据，给出了角变位建筑表现关系的图（见图 9-34）。尽管图 9-34 得到了广泛的应用，但 Bjermm 注明他的图是基于有限量测所得到的，在最终结论得出之前还需做大量的补充研究。尽管存在这些局限和其他一些批评，角变位的应用还是坚持了下来。

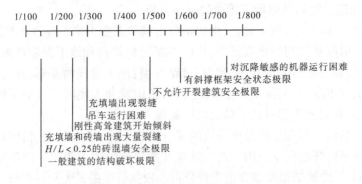

图 9-34 角变位与建筑反映（Bjermm）

2）破坏评估的结构工程方法

结构工程方法主要是通过对结构发生差异沉降后的受力和变形进行分析，以得出结构的破坏程度与其附加内力和变形的关系。在结构工程方法中，可充分考虑结构参数（如 E（弹性模量）、G（剪切模量）、UH（结构性土的剪切模量），开洞导致的刚度减弱、结构抗力损伤等）的影响。但由于影响结构受力性能的因素非常复杂、计算模型中材料的本构关系较难精确确定等，结构工程方法并不能完全替代经验方法。一种比较好的方法是将结构工程方法的结果与经验法观测的结果相结合。

以下给出将结构工程方法与经验方法相结合的破坏程度评估方法。

三、基坑施工对周边影响的控制标准

进行安全监测是控制基坑周边环境重要的工程措施。周边环境监测方案的制订和监测结果的分析，依赖于周边环境（建筑物、管线、道路）的控制标准。本单元通过收集道路、建筑物、地下管线的控制标准，加以对比分析，指出其适用性，作为基坑施工的参考。

（一）建筑物的控制标准

基坑施工对周边建筑物的影响，主要体现在建筑物对地基土沉降和水平移动的响应。这些影响包括以下几种类型：

（1）建筑基础发生整体下沉，影响其使用功能。一般来说，这种均匀沉降不会造成建筑物开裂和结构破坏。但是过量的地表下沉将带来地面排水不畅、空间减少等不利影响。

（2）地表不均匀沉降导致建筑物倾斜、开裂，甚至成为危房。建筑对地基的不均匀沉降响应比整体式沉降敏感。两类建筑对不均匀沉降异常敏感：一类是高层建筑物，重心较高，容易发生倾斜；另一类是砖混结构建筑，刚度较小，在不均匀沉降影响下容易开裂，变成危房。

（3）地表曲率改变引起的建筑开裂。当地质条件复杂时，地表变形较为复杂，跨度较大的建筑物可能由于地表曲率的变化而产生裂缝（见图9-35）。在负曲率（地表相对下凹）的作用下，建筑物的中央部分悬空，使墙体产生正八字裂缝和水平裂缝。如果建筑物长度过大，则在重力作用下，建筑物将会从底部断裂，使建筑物破坏；在正曲率（地表相对上凸）的作用下，建筑物的两端将会部分悬空，使建筑物墙体产生倒八字裂缝，严重时会出现屋架或梁的端部从墙体或柱内抽出，造成建筑物倒塌。

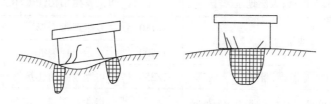

图9-35　建筑物弯曲损害示意图

（4）地层水平移动对建筑的影响。地表水平变形有拉伸和压缩两种，它对建筑物的破坏作用很大，尤其是拉伸变形的影响。拉伸区的建筑物，其基础底面受到来自地基的向外的摩擦力，基础侧面有来自地基的外向水平推力的作用，而一般建筑物抵抗拉伸作用的能力很小，不大的拉伸变形足以使建筑物开裂（见图9-36（a））。地表压缩变形对其上部建筑物作用的方式也是通过地基对基础侧面的推力与底面摩擦力施加的，但力的方向与拉伸时相反。

一般的建筑物对压缩具有较大的抗力,即建筑物对压缩作用不如拉伸作用敏感。但是如果压缩变形过大,同样可以对建筑物造成损害(墙体产生水平裂缝,并使纵墙褶曲、屋顶鼓起等),而且过量的压缩作用将使建筑物发生挤碎性破坏(见图9-36(b)),其破坏程度可能比拉伸破坏更为严重,这种破坏往往集中在结构薄弱处爆发。例如,夹在两坚固建筑物之间的附加建筑物便有可能因地基的压缩变形而导致严重破坏。

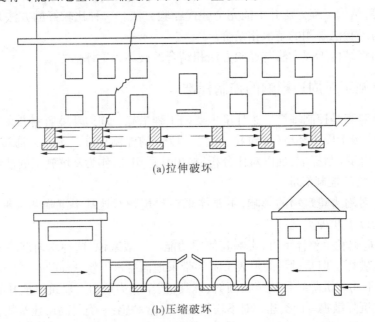

(a)拉伸破坏

(b)压缩破坏

图9-36　建筑物水平变形损害示意图

《基坑工程手册》给出了建筑物对地基不均匀沉降差的反应类型(见表9-3)。表中考虑了不同的建筑结构类型。

表9-3　建筑在不同沉降差下的反应

建筑结构类型	δ/L	建筑物反应
1.一般砖墙承重结构,包括内框架的结构,建筑物长高比小于10;有圈梁;天然地基	1/150	分隔墙及承重砖墙产生相当多的裂缝,可能发生结构性破坏
2.一般钢筋混凝土框架结构	1/150	发生严重变形
	1/500	开始出现裂缝
3.高层刚性建筑(箱型基础,桩基)	1/250	可观察到的建筑物倾斜
4.有桥式行车的单排架结构的厂房;天然地基或桩基	1/300	桥式行车运转困难,不调整轨面水平难运行,分隔墙有裂缝
5.有斜撑的框架结构	1/600	处于安全极限状态
6.一般对沉降差反应敏感的机器基础	1/850	机器使用可能会发生困难,处于运行的极限状态

注:L 为建筑物长度,δ 为差异沉降。

考虑建筑物的使用功能,《建筑地基基础设计规范》(GB 50007—2011)提出了建筑地基的变形允许值及允许的倾斜值,见表9-4。

表9-4 建筑地基变形允许值

变形特征	地基土的类别	
	中、低压缩性土	高压缩性土
砌体承重结构基础的局部倾斜	0.002	0.003
工业与民用建筑相邻柱基的沉降差:		
框架结构	$0.002l$	$0.003l$
砌体墙填充的边排桩	$0.000\ 7l$	$0.001l$
当基础不均匀沉降时不产生附加应力的结构	$0.005l$	$0.005l$
单层排架结构(柱距6 m)柱基的沉降量(mm)	(120)	200
桥式吊车轨面的倾斜(按不调轨道考虑):		
纵向	0.004	
横向	0.003	
多层和高层建筑的倾斜:		
$H_g \leqslant 24$ m	0.004	
24 m $< H_g \leqslant 60$ m	0.003	
60 m $< H_g \leqslant 100$ m	0.002 5	
$H_g > 100$ m	0.002	
体型简单的高层建筑基础的平均沉降量(mm)	200	
高耸结构基础的倾斜:		
$H_g \leqslant 20$ m	0.008	
20 m $\leqslant H_g \leqslant 50$ m	0.006	
50 m $< H_g \leqslant 100$ m	0.005	
100 m $< H_g \leqslant 150$ m	0.004	
150 m $< H_g \leqslant 200$ m	0.003	
200 m $< H_g \leqslant 250$ m	0.002	
高耸结构基础的沉降量(mm):		
$H_g \leqslant 100$ m	400	
100 m $< H_g \leqslant 200$ m	300	
200 m $< H_g \leqslant 250$ m	200	

注:1. 本表数值为建筑地基实际最终变形允许值。

2. 有括号的只使用于中压缩性土。

3. l 为相邻柱基的中心距离(mm),H_g 为自室外地面算起的建筑物高度。

4. 倾斜指基础倾斜方向两端点的沉降差与其距离之比。

5. 局部倾斜指砌体承重结构沿纵向6～10 m内基础两点的沉降差与其距离的比值。

SkemPton 和 MacDonald(1956)认为造成建筑结构产生裂缝的是地表沉降曲线的曲率半径,而不是建筑物的整体变形角,由于角变形易测,而曲率半径难测,因此建议采用角变形作

为建筑物判断损害的指标。Mcycrhof 增加了附加角变形标准,在此基础上 SkemPton 和 Mac-
Donald 又建立了最大差异沉降与总沉降的最大角变形之间的关系,见表9-5 和表9-6。

此外,也有研究者采用极限拉应变作为判断结构开裂程度的指标,见表9-7。

表9-5　扭转的极限值

结构类型	破坏类型	极限值			
		扭转值(角应变)			
		SkemPton 和 MacDonald	Meyerhof	Polish 和 Tokar	Bjermm
框架结构和加筋承重墙	结构破坏	1/150	1/250	1/200	1/150
	墙体裂缝	1/300	1/500	1/500(对于端部取 0.7/1 000 ~ 1/1 000)	1/500

表9-6　挠度的极限值

结构类型	破坏类型	挠度比 Δ/L		
		Meyerhof	Polish 和 Tokar	Burland 和 Wroth
无筋承重墙	沉降引起的裂缝	0.4×10^{-3}	$L/H = 3$, $(0.3 \sim 0.4) \times 10^{-3}$	$L/H = 1, 0.4 \times 10^{-3}$ $L/H = 5, 0.8 \times 10^{-3}$
	底鼓引起的裂缝	—	—	$L/H = 1, 0.2 \times 10^{-3}$ $L/H = 5, 0.4 \times 10^{-3}$

注:1. H 为建筑物的高度,L 为差异沉降两点之间的距离。
　　2. 沉降指中间沉降量比两边大,引起建筑物底部的张裂缝;底鼓指中间的沉降量比两边小,引起建筑物顶部的张裂缝。
　　3. Δ 为差异沉降值。

表9-7　与修补程度有关的建筑破坏标准

破坏分类	建筑的危险程度	典型破坏的描述	极限拉伸应变(%)
0	可忽略的	如头发丝般的裂缝 <0.1 mm	0 ~ 0.05
1	极轻微	普通装潢可修复的细微的裂缝。裂缝一般出现在内墙完成以后,在进一步的修建中需要对这些裂缝做进一步的监测。典型的裂缝宽度可以达到1 mm	0.05 ~ 0.075
2	轻微	裂缝比较容易填充,但是需要进一步的装潢,通过适当的衬料可以把这些裂缝给掩盖掉。有些裂缝是肉眼可见的,所以为了防潮,在这些裂缝处应该重新填灰料。由于裂缝比较大,窗户和门处可能会变得有点紧。典型的裂缝宽度可以达到 500 mm	0.075 ~ 0.15

续表 9-7

破坏分类	建筑的危险程度	典型破坏的描述	极限拉伸应变(%)
3	适用	像这样的裂缝可能需要大修,比如换掉部分的砖块,才能使裂缝被修补。由于裂缝的影响,门窗可能卡住,严重的时候可能导致附近的管线破裂。这样的裂缝一般宽 5~15 mm,也有小部分裂缝宽于 3 mm	0.15~0.3
4	严重	额外的修补比如整个墙重建,或者部分重建才能达到修补裂缝的目的。门窗可能发生变形,地板和墙会产生可见的倾斜,梁柱的抗弯能力可能会变低,严重时会发生管线的断裂。典型的裂缝宽度为 15~25 mm,但也取决于裂缝的数量	>0.3
5	非常严重	对这种裂缝需要大修,甚至是要有部分重建或者全部重建。梁柱因变形基本丧失承载能力,墙体倾斜严重,需要另加支撑,窗户可能发生扭曲变形,整个建筑有丧失稳定性的危险。典型的裂缝宽度在 25 mm 以上,但也取决于裂缝的数量	

注:裂缝的宽度仅是评价标准之一,不能独立使用作为判断的标准。

（二）地下管线的控制标准

地下水管及煤气管对其轴向的地表水平变形也非常敏感。在拉伸变形作用下,可能造成管接头漏水漏气,甚至接头脱开;压缩变形可能使接头压入而漏损,严重的可能压坏接头,甚至使管道产生裂缝。《广州地区建筑基坑支护技术规定》(GJB 02—98)规定,承插式混凝土水管两接头之间的局部倾斜不得超过8%。

（三）周边道路控制标准

地表水平拉伸与压缩变形对道路也可能产生损害,如使路面开裂等。同时,铁路轨道可因拉伸而使接头破坏,因压缩而使得轨线弯折。对于桥梁,桥梁的活动支座可能需要更多的补偿位移量,如果两端固定,则可能使支座与桥梁连接处发生破坏。

（四）周边环境沉降控制标准的分析与探讨

上述分别给出了建筑物、地下管线、道路的沉降控制标准。对现实基坑工程而言,建立兼顾所有周边环境保护的统一沉降标准,更具有使用价值,目前各地建设都以周围地表最大沉降值作为统一的控制标准。然而值得指出的是,由于建筑物、地下管线和道路性质各异,对地层变形的耐受度也不一样,若均用同一基准值控制,难免产生某些地段过于保守,造成经济损失,而某些地段又出现危害性沉降的弊端。为了使给出的沉降控制基准值既保证建筑物的安全,又使建筑成本较为经济,有必要对控制基准做较深入的分析,使其尽量适应各类建筑的需求及尽可能符合工程实际。

沉降对地面建筑的危害主要表现在地面的不均匀沉降引发的建筑物倾斜(或局部倾斜)。在《建筑地基基础设计规范》(GB 50007—2011)中对各类建筑的允许沉降值已做了明

确规定。因此,对建筑物而言,可用允许的最大差异沉降量(不均匀沉降)作为地面沉降的控制条件。

现根据建筑物在沉降曲线上有没有跨过沉降最大点将情况分为两类:①建筑物没有跨过沉降最大处,此时仅考虑建筑因倾斜或最大沉降值超过标准值造成的破坏;②建筑跨过最大沉降点,这样不仅要考虑第一种情况的要求,还要考虑建筑的受弯破坏。以下就两种情况简要介绍一下思路:

(1)第一种情况:如规范允许的倾斜坡度为 f,则由地面产生的倾斜值不大于相应建筑物允许倾斜值可知

$$\Delta S/L \leqslant f$$

而该条件下的建筑所在边的地面沉降影响最远点到地面沉降最大点的距离为 L,可以确定该条件下的地表最大允许沉降值为

$$S_{max} = Lf \tag{9-14}$$

式中　ΔS——差异沉降值;

　　　L——建筑物相邻柱基础间距;

　　　f——建筑物的允许倾斜值;

　　　S_{max}——地表最大允许沉降值。

(2)第二种情况:首先找出建筑受弯最不利位置,考虑从此点到沉降最大点间的沉降与应变的关系,因为建筑的刚度比较大,可以近似地当作直线处理。

$$S_{max} = \sqrt{(\varepsilon l + l)^2 - l^2} \tag{9-15}$$

式中　ε——$\varepsilon = \sigma/E$,σ 为基础的极限抗拉强度,E 为基础的弹性模量;

　　　l——应变最大点到沉降最大处的距离。

控制基准值的确定应根据上述公式计算得到建筑物允许沉降值,然后与管线允许沉降值、地层允许沉降值比较,取其中最小的允许沉降值作为最后的控制基准值。

根据对国内深基坑的调查和工程类比,南京河西深基坑变形控制保护等级标准可参考南京地铁初步设计技术规定(见表9-8)。按场地的地质状况、周边环境安全的重要程度和坑内永久性结构变形允许条件等因素,将基坑支护工程划分为四个级别。基坑设计时可按表中"周边环境保护要求"对基坑的不同区段确定不同的等级,作为基坑支护的变形控制标准。

表 9-8　基坑变形控制标准

保护等级	地面最大沉降量及围护结构水平位移控制要求	周边环境保护要求
特级	1. 地面最大沉降量≤0.1%H; 2. 围护结构最大水平位移≤0.1%H,或≤30 mm,两者取最小值	1. 离基坑 0.75H 周围有地铁、煤气管、大型压力总水管等重要建筑市政设施,必须确保安全; 2. 开挖深度≥18 m,且在 1.5H 范围内有重要建筑、重要管线等市政设施或在 0.75H 范围内有非嵌岩桩基础埋深≤H 的建筑物

续表9-8

保护等级	地面最大沉降量及围护结构水平位移控制要求	周边环境保护要求
一级	1. 地面最大沉降量≤0.15%H； 2. 围护结构最大水平位移≤0.2%H，或≤30 mm	1. 基坑周围H范围内设有重要干线,在使用的大型构筑物、建筑物或市政设施; 2. 开挖深度≥14 m,且在3H范围内有重要建筑、重要管线等市政设施或在1.2H范围内有非嵌岩桩基础埋深≤H的建筑物
二级	1. 地面最大沉降量≤0.3%H； 2. 围护结构最大水平位移≤0.4%H，或≤50 mm	仅基坑附近H范围外有必须保护的重要工程设施
三级	1. 地面最大沉降量≤0.6%H； 2. 围护结构最大水平位移≤0.8%H，或≤100 mm	对环境安全无特殊要求

注:表中H为基坑开挖深度。

单元四　基坑工程的环境保护措施

　　通过基坑开挖对周围建筑物和地下管线的影响分析所获得的结论,结合安全度评价准则,对基坑周围建筑物和地下管线的保护可采取如下措施:

　　(1)详细了解邻近建筑物和地下管线的分布情况、基础类型、埋深、管线材料、接头情况等,并分析确定其变形允许值。

　　(2)根据有限元模型对基坑开挖引起的墙后土体沉降进行预测,同时计算出任意点沉降的曲率半径,并与建筑物和地下管线的允许值进行对比,以判断围护体系是否满足邻近建筑物和地下管线的安全要求。若预测值大于允许值,就必须采取保护对策。通过优化支护结构和施工工况以达到改变变形值的大小,从而达到保护周围建筑物和地下管线的目的。常用的保护措施有:缩短分步开挖的时间;对坑内被动区土体进行加固处理;必要时,设置支撑并施加预加轴力;场地条件许可时,进行放坡开挖;适当增加支护墙体的刚度;设置具有一定刚度的圈梁。

　　(3)无论采取何种保护方案,都要考虑地下工程中可能存在的不明确的不利因素,必须根据保护方案对坑周土体位移的控制要求,进行必要的、严格的监测。监测项目主要有地面和地下管线沉降、土体水平位移、地下水位、邻近建筑物沉降和倾斜情况及围护结构内力等。通过监测指导工程进展、实行信息化施工。

一、控制周边地层变形的施工措施

　　周边环境(道路、管线和建筑物等)对基坑施工的响应都是通过周边地层变形来体现的。因此,任何可有效控制周边地层变形的工程措施都能控制周边环境。本单元首先对南京河西地区常用的控制坑周地层变形的措施进行系统总结,然后分别就建筑物、管线的特点

提出具有针对性的控制措施。

（一）控制基坑开挖影响的工程措施

在基坑设计与施工过程中要充分考虑"时空效应"，开挖时应遵循分层、分区、分段、对称、限时的原则。河西地区的经验如下：

（1）竖向分层的层厚不应太大；严格执行先撑后挖，每层支撑挖到支点以下 30 ~ 40 cm，即开始架设钢支撑并施加预应力，把支护桩变形减小到最低程度。

（2）横向分区应控制分区的长度，以满足在较短的时间内完成土方开挖并架设预应力支撑（坑中坑的支撑）。当开挖至基坑设计底面时，开挖完成后应立即浇筑混凝土垫层以起底支撑作用，严格控制无撑暴露时间在 24 h 以内。

（3）纵向分段不宜过大，注意临时土坡的稳定，防止出现过大变形导致工程桩与立柱桩的超量变形和断裂现象。

（4）合理安排施工工序与挖土过程，注意开挖的平衡与对称；不对称开挖往往导致支撑体系应力分布与设计工况不一致，从而使得部分构件出现剪力较大的现象。

（5）分层、分段进行开挖，可以多次暴露深层搅拌桩桩身，加快水泥土失水速度，快速提高水泥土的强度和深层搅拌桩的刚度。

（6）基坑开挖前应进行坑底被动区土体加固。加固时建议采取袖阀管注浆的方法加强基底加固部分与围护结构间的接触带，确保坑底加固体与围护结构紧密接触。

（7）严格限制基坑周边堆载的重量与距离。

（二）控制基坑降水影响的工程措施

南京河西地区基坑施工通常都需要进行基坑降水，而坑底突涌与围护结构漏水漏砂则是引起周边环境破坏的主要事故类型之一。河西地区降水经验如下：

（1）降水井抽出水必须是清水，严禁带砂抽水；提前 20 d 抽水，可以查明围护结构止水的完整性或渗漏情况。

（2）减压井的深度以不超过支护桩深度为好，这样可延长水的渗流路径、减小水力坡降。

（3）降水井应安装水表，每口井的排水量要仔细记录并登记，这样可分析水的渗流量与周围水位承压水头的降低关系。

（4）水泵功率应有足够的余量，且降水过程中应有确保降水井正常工作的措施。

（5）及时布设坑外观测井（也可按需要增设一些小口径的水位观测孔），主要是观测之用，监测坑外水位变化，但在必要时可以做回灌井使用，其井深应至下部粉砂层。

（6）对于横断面较大的基坑，可采取减小周边管井井深、加深中部管井深度的方法，或采取增加井数（减小井间距）、减小井深度的办法，以减小基坑外侧地下水位降深。在基坑开挖过程中发现流土、流砂与管涌时，应及时处理，通常采用回填、降水头及注浆止水等。

二、基坑施工过程中周边建筑物的保护措施

从预防的角度，目前有三种方法：一是进行预先注浆加固建筑基础。这种方法适用于具有独立基础或条形基础的多层建筑物。二是采用隔断法来控制地层变形。隔断法是在已有建筑物附近进行地下工程施工时，为避免或减少土体位移与沉降变形对建筑物的影响，而在建筑物与施工面之间设置隔断墙予以保护的方法。隔断法可以用钢板桩、树根桩、深层搅拌

桩、注浆加固、旋喷桩等构成墙体。墙体主要承受施工引起的侧向土压力和地基差异沉降所产生的负摩擦力。三是对已有建筑物进行基础托换。对已有建筑物基础用钻孔灌注桩、人工挖孔桩或树根桩予以加固，将建筑物荷载传至深处刚度较大的地层或隧道底部开挖影响以外的地层，以减小基础沉降量。

对于已发生沉降和倾斜的建筑物，可进行纠偏和基础托换。纠偏的方法有两种：一类是将沉降小的部位促沉，另一类是将沉降大的部位顶升。针对河西地区的地质特点和建筑物类型，可采用加载法、掏土法和顶升法对倾斜的建筑物进行纠偏。

(1)加载纠偏法适用于淤泥、淤泥质土和松散填土等软弱地基上纠偏量不大的浅基础建筑物纠偏。通常是在建筑物沉降较小的一侧施加荷载，迫使地基土变形产生沉降，以达到纠偏的目的。最常见的加载方法就是堆载，在沉降较小的一侧堆放重物。该方法适用于建筑物刚度较好、跨度不大的情况。建筑物加载纠偏也可以通过铺桩加压，在沉降小的一侧地基中设置锚柱，修建与建筑物基础相连接的钢筋混凝土悬臂桩，通过千斤顶加荷系统加载。施加一次荷载后，地基变形致使荷载变小。待一次加载变形稳定后，再施加第二次荷载，如此重复，荷载可一次次增大，地基变形也逐步加大，直至达到纠偏目的。此外，值得注意的是，使用堆载加压时应注意加载对周边邻近建筑物沉降的影响(在建筑物密集区该法的使用应当谨慎)，并同时加强建筑物沉降监测工作。

(2)掏土纠偏法是在沉降较小的一侧地基中掏土，迫使地基产生沉降，以达到纠偏的目的。根据掏土部位可分为在建筑物基础下掏土和在建筑物外侧地基中掏土两种。掏土纠偏的设计应包括以下四个方面：确定各点的沉降量；安排掏土顺序、位置和范围，制订实施计划；编制促沉操作规程及安全措施；设置建筑物沉降监控系统。掏土纠偏法对邻近建筑物的沉降影响较小。

(3)顶升纠偏法适用于建筑物的整体沉降及不均匀沉降较大，造成标高过低；倾斜建筑物基础为桩基；不适用采用促沉纠偏的倾斜建筑物。顶升纠偏的最大顶升高度不宜超过80 cm。顶升纠偏法是将建筑物基础和上部结构沿某一特定位置进行分离，在分离区设置若干个支承点，通过安装在支撑点的顶升设备，使建筑物沿某一直线做平面转动，使倾斜建筑物得到纠正。为确保上部分离体的整体性和刚度，通过分段托换，形成封闭的顶升支撑体系。

托换技术(或称为基础托换)是指解决对原有建筑物的地基需要处理和基础需要加固的问题，和解决对原有建筑物基础下需要修建地下工程及邻近需要建造新工程而影响到原有建筑物的安全等问题的技术总和。

近年来，大型、深埋的结构物和地铁的大量施工、所需托换的建筑物数量大增，而且当原有建筑物需要进行改建、加层或加大使用荷载时，都需要采取托换技术。在制订托换工程技术方案前，应进行周密的调查研究，并需要收集以下两方面资料：①现场的工程地质和水文地质条件；②被托换建筑物的结构、构造和受力特性。另外，托换过程中，也需加强施工监测工作。具体监测工作包括建筑物的沉降、倾斜和裂缝观测，地面的沉降和裂缝观测及地下水位变化等。建筑基础的托换方法有锚杆静压桩、树根桩和化学加固法等。考虑河西地区的地质特点和建筑物类型，下面介绍化学加固法基础托换技术的应用。

化学加固法是指应用化学浆液注入地基中使土硬化，可起到防渗堵漏、提高地基土的强度和变形模量及控制地基沉降与不均匀沉降的作用，适用于砂土、粉土、黏性土和人工填土等地基加固。目前，国内外已经将注浆加固作为基坑施工时建筑物基础保护的重要措施。

根据注浆方法不同,可分为压密注浆法、高压旋喷注浆法和袖阀管注浆加固法等。

三、基坑施工过程中周边地下管线的保护措施

当基坑周边地层发生变位时,将对地下埋管产生压力,进而导致管线及其接头出现过大变形或者破坏。上文分析指出,基坑周边土层的水平位移和沉降,在基坑中部的变形值大于端部。因此,对于埋深较浅的重要地埋管线,通常在基坑开挖之前先通过开挖暴露出来,除去基坑开挖时的土压力对管线的不利影响。

当管线埋深较深,不利于挖土,或者场地狭窄不允许挖土施工时,通常采用管线底部土体注浆加固的方法抑制管线的沉降,从而达到保护措施。值得指出的是,李大勇(2006)研究指出,管线底部土体注浆加固对抑制纵向沉降效果显著,但是对抑制地层水平位移作用不大,他建议采用对基坑内被动区土体进行加固的方式来控制土层水平位移。基坑内被动区土体加固有两种作用类似基坑底撑力和控制基坑隆起,这种情况对于软土中围护桩插入深度不够时效果显著,而且对于深开挖情况,挖土后及时支撑,尤其是第一、二道支撑,对于控制上部土层的水平位移更为显著。

此外,不同的地埋管线由于材质、接头方式、对不均匀沉降的耐受度的差异,在保护措施上也应有所区别:

(1)煤气管、给水管及预制钢筋混凝土管保护的重要通信电缆,有一定的刚度,对变形较敏感,除对基坑加固支撑外,还应在基坑开挖前,在管线位置人工挖出样洞摸清管线走向,管节的接口位置可预先按设计埋设注浆管,在量测监控条件下用分层注浆法将钢管底下沉降的地基控制到要求的位置,或者采用明挖隔断法将管道隔离。

(2)通信管、电力导管等,管道受力后可产生一个接近自由转动的角度。如转动角度及管节中弯曲应力均小于允许值,可不必搬迁或加固;否则,要预先压密注浆加固或开挖暴露管道,以适当调整其管底高度。

单元五　基坑工程施工环境保护案例分析

案例一　地块工程基坑支护实例

一、工程概况

中粮大道一期地块工程由天津××投资有限公司投资兴建,位于天津市河东区,总占地面积约 155 000 m^2。本工程总建筑面积 129 887 m^2,包括三层裙房商业楼和 3 座塔楼公寓。1 号公寓地上最高 42 层,2 号公寓地上最高 48 层,3 号公寓地上最高 29 层,商业建筑面积 5 700 m^2,公寓建筑面积 81 640 m^2。地下室二层,地下建筑面积 37 000 m^2,属于大型深挖基坑。本工程采用框架剪力墙结构,基础形式采用现浇钢筋混凝土钻孔灌注桩。基坑面积 13 348 m^2,其中西南角区域约 545 m^2 不需开挖,实际开挖面积约 12 803 m^2。基坑周长 542 m,近似矩形。车库区域底板埋深 −14.7 m,塔楼1、2底板埋深 −15.3 m。塔楼3底板埋深 −15.1 m。

二、周边环境

本工程周边环境比较复杂,距离基坑西侧最近的建筑为大王庄 35 kV 变电站,东侧为国

家海洋信息中心,北侧为正在建设的工地。其中南侧××路地下为天津市区至滨海新区快速轨道交通区间隧道,区间隧道结构外边线距离本工程基坑边线约 12.5 m,分为上、下两层,上层为地下车库,下层为轨道交通线路。如何在保证基坑施工稳定性的同时,把其对周边地铁运营线路安全、建筑物及道路沉降等的影响控制在安全值允许范围内,是本工程的一个施工重点及难点。变电站、轨道交通与基坑位置的关系如图9-37 所示。

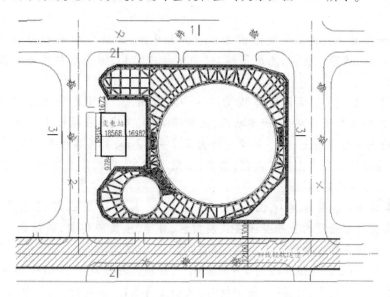

图9-37　周围建(构)筑物与基坑位置的关系

距离基坑工程最近的建筑物为西北侧的大王庄 35 kV 变电站,其与基坑边线最小距离仅为 9.6 m,且属于特殊建筑物,需要重点监测和采取相应加固措施;南侧六纬路地下为快速轨道交通区间隧道,其与基坑边线最小距离仅为 13.02 m。

三、地质条件

基坑工程所处场地为第四系松散堆积层发育,厚度较大,且地下水埋深较浅。本工程依据当地地基土层序划分技术规程划分地基土层序,按沉积时代、成因类型及工程地质特征划分为 15 个工程地质层及 33 个工程地质亚层。

(一)工程地质

本场地地基土竖向成层分布,部分层位水平方向土性有所差异,砂黏性有所变化,力学性质有所差异,顶底标高起伏变化较大。根据沉积时代、成因类型及工程地质等将土层划分归纳如下:

(1-1)杂填土:分层厚度范围为 0.7 ~ 2.7 m,其层顶板高程范围为 2.6 ~ 2.99 m,土层呈杂色、松散,以建筑垃圾为主,含碎砖、灰渣及大量混凝土块,局部地段埋有地下基础及地下构筑物,为现填垫的。

(1-2)素填土:分层厚度范围为 0.5 ~ 2.5 m,其层顶板高程范围为 0.28 ~ 2.07 m,呈灰褐色,可塑状态,土质不均,以黏性土为主,含少量灰渣及砖屑,局部含腐殖质,且大部分回填年限大于 10 年。

(3)黏土:分层厚度范围为 0.8 ~ 2.9 m,其层顶板高程范围为 -0.71 ~ 1.61 m,呈棕褐色—褐色,为可塑状态,土质不均匀,具有轻度锈染,团粒结构,并且夹带粉质黏土团块。

(4-1)粉质黏土:分层厚度范围为 1.0~2.5 m,其层顶板高程范围为 -3.11~ -0.53 m,呈褐绿及灰黄色,岩性特征表现为可塑及软塑,土质不均匀,夹带有黏土薄层,局部夹粉土团,并且含有锈斑。

(4-2)粉土夹粉质黏土:分层厚度范围为 0.8~2.3 m,其层顶板高程范围为 -3.91~ -1.51 m,土质呈灰黄色,稍密,湿,土质不均匀,其中粉质黏土与粉土互层分布,同时含有锈斑。

(6-1)粉质黏土:分层厚度范围为 1.7~2.9 m,其层顶板高程范围为 -5.21~ -3.59 m,呈灰色,流塑性状态,土质不均匀,为千层饼结构,粉土与黏性土互层,还会含有贝壳类物质。

(6-2)粉质黏土:分层厚度范围为 1.4~4.5 m,其层顶板高程范围为 -7.31~ -5.14 m,岩性特征表现为灰色,流塑状态,土质不均匀,夹软黏土及粉土条带。

(6-3)粉土夹粉质黏土:分层厚度范围为 2.7~4.2 m,其层顶板高程范围为 -9.64~ -7.73 m,岩性特征表现为土质呈灰色,稍密,土质不均匀,粉质黏土与粉土互层分布,含贝壳类物质,分布相对稳定,普遍分布。

(7)粉质黏土:分层厚度范围为 0.5~1.8 m,其层顶板高程范围为 -12.75~ -11.42 m,岩性特征表现为土质呈浅灰或灰白色,可塑,土质较均匀,顶部 0.2 m 含泥灰成分,多夹黏土,底部夹粉土薄层。

(8)粉质黏土:分层厚度范围为 2~5.5 m,其层顶板高程范围为 -14.24~ -12.22 m,其岩性特征表现为灰黄色,可塑,土质不均匀,夹黏土薄层,局部夹粉土,分布相对稳定,普遍分布。

(9-1)粉质黏土:分层厚度范围为 0.9~4.9 m,其层顶板高程范围为 -18.19~ -15.57 m,土质呈褐黄色,可塑,土质不均匀,多夹带粉土薄层,含锈斑,具有层理性。

(9-2)粉土:分层厚度范围为 1.3~4.2 m,其层顶板高程范围为 -20.47~ -16.87 m,其岩性特征表现为黄褐色,密实及中密,土质湿且不均匀,上部夹粉质黏土薄层,下部多含粉砂。

(9-3)粉砂:分层厚度范围为 2.0~6.7 m,其层顶板高程范围为 -22.81~ -19.45 m,岩性特征表现为黄褐色,密实及中密,土质湿且不均匀,多加粉土,局部夹粉质黏土薄层。

(9-4)粉质黏土:分层厚度范围为 0.5~3.2 m,其层顶板高程范围为 -26.21~ -23.81 m,岩性特征表现为灰黄及黄褐色,可塑,土质不均匀且夹粉土薄层,局部夹黏土,含锈斑。

(10)粉质黏土:分层厚度范围为 0.8~3.6 m,其层顶板高程范围为 -27.65~ -24.74 m,岩土呈灰褐及灰黄色,可塑,土质不均匀,夹黏土薄层,底部砂黏混杂,该层分布较稳定。

(11-1)粉质黏土:分层厚度范围为 0.9~3.9 m,其层顶板高程范围为 -30.51~ -27.53 m,岩性特征为灰黄色及褐黄色,可塑,土质不均匀,夹黏土及粉土薄层,含锈斑及姜石。

(11-2)黏土:分层厚度范围为 1.4~3.5 m,其层顶板高程范围为 -29.56~ -29.69 m,黄褐色,硬塑,土质不均匀,夹粉质黏土薄层,含锈斑及姜石。

(11-3)粉土:分层厚度范围为 0.6~6.6 m,其层顶板高程范围为 -31.79~

−29.69 m,黄褐色,密实,稍湿及湿,土质不均匀,夹粉质黏土及砂团,分布稳定。

(11−4)粉土:分层厚度范围为 0.9~7.9 m,其层顶板高程范围为 −37.86~−30.89 m,褐黄色,可塑及硬塑,土质不均匀,局部夹粉土及粉土薄层,含姜石,该层分布不稳定。

(二)水文地质

本工程所处区域气候类型为温带半湿润大陆季风气候。年平均气温为 13.1 ℃,冬季月平均气温为 −3.9~−5.7 ℃,7 月最热,夏季月平均气温为 25~26 ℃;多年平均降水量为 604 mm,其中平均蒸发量为 1 917 mm,风向及风速均随季节性变化,且变化较大。根据现场勘察的水文观测资料,该地区对本基坑工程有直接影响的是浅层地下水,该地下水属于孔隙潜水及微承压水。其中,孔隙潜水赋存于 15 m 以上人工填土、粉质黏土及局部粉土层中,是本书主要考虑的地下水类型;微承压水主要赋存于 20 m 以下粉土及粉砂层中观测场地地下水稳定水位埋深为 0.6~1.5 m,水位高程为 1.21~1.47 m;初见水位埋深一般为 0.9~1.7 m。该地区地下水补给主要受大气降水的控制,其排泄以大气蒸发为主。水位年平均变化幅值为 0.8~1.2 m,其中基坑围护结构止水帷幕截断了第一道微承压水层。

(三)基坑设计参数

根据上述水文地质条件和基坑开挖深度等的综合分析,将土层简化为 12 层,具体参数及分层方法见表9-9。

表9-9　基坑土设计参数

岩土标号	岩土名称	土层厚度（m）	弹性模量（MPa）	密度（kg/m³）	泊松比 0.25	黏聚力（kPa）	内摩擦角（°）	膨胀角（°）
①₁	杂填土	2.6	10	1 800	—	10	10	10
①₂	素填土	1.5	15.2	1 880	0.25	19	11	10
④₁	粉质黏土	1.2	16.8	1 970	0.25	17	13	10
④₂	粉质黏土夹粉土	1.5	51.2	1 960	0.25	15	27.5	10
⑥₁	粉质黏土	4.2	24.4	1 900	0.25	14	10.5	10
⑥₃	粉质黏土夹粉土	4	28.4	1 960	0.25	16	24	10
⑦	粉质黏土	4.2	25.6	2 010	0.25	19.5	14	10
⑨₁	粉质黏土	1.4	22.4	2 040	0.25	18	16	10
⑨₂	粉质黏土	1.9	28.4	2 040	0.25	15	28	10
⑨₃	粉土	5	76.8	2 050	0.25	0.8	31	10
⑨₄	粉砂	2.5	29.2	2 070	0.25	30.1	17.5	10
⑩	粉质黏土	1.4	29.2	2 030	0.25	30.1	17.5	10

四、基坑施工方案

(一)围护结构设计

由于本基坑工程开挖面积大,不同区域开挖深度不同,车库区域底板埋深为 −14.7 m,

塔楼 1、2 底板埋深为 -15.3 m,塔楼 3 底板埋深为 -15.1 m。地下水位埋藏较浅,基坑工程采用钻孔灌注桩和三轴搅拌止水帷幕,在不同围护位置采用不同桩长和桩径。围护桩桩径分别采用 $\phi900$、$\phi1\ 000$、$\phi1\ 100$,桩长分别为 23.05 m、24.35 m、25.55 m。桩身混凝土设计强度等级为 C30,其中位于地下水位以下的混凝土应提高一个等级。止水帷幕采用 $\phi800$ @600 三轴水泥土搅拌桩。基础桩采用钢筋混凝土钻孔灌注桩。围护灌注桩内边线与主体结构外墙外边线距离为 200 mm,同时应满足围护灌注桩内边线与基础底板外边线的距离应大于 100 mm,钻孔灌注桩外边线与水泥土搅拌桩止水帷幕在不同位置采用不同净距,分别为 100 mm、200 mm、300 mm。

基坑的支护采用钢筋混凝土结构内支撑,竖向设置两道水平支撑,支撑平面布置拟采用圆环撑结合角撑的形式,在支撑中部留设有一个较大的作业空间,方便土方开挖施工。局部因基坑深度加深,而采用三道支撑。横向支撑具体情况见表 9-10,平面形式见图 9-38。

表 9-10　钢筋混凝土水平支撑情况

支撑	中心标高	混凝土强度等级	支撑构件截面尺寸(mm)			
			腰梁	大环撑	小环撑	辐射撑
第一道支撑	-3.8	C30	1 400×800	2 200×800	1 400×800	800×700
第二道支撑	-9.8	C30	1 400×800	2 200×900	1 400×800	800×700
第三道支撑	-12.15	C30	1 400×800	—	—	800×700

基坑竖向支撑系统采用临时钢立柱及柱下钻孔灌注桩作为开挖阶段水平支撑体系的竖向支承构件。临时钢立柱采用等边角钢(4∟160×16)和缀板(460 mm×460 mm,Q235B)焊接而成的全钢构柱。立柱插入钻孔灌注桩中。计划增打桩径为 $\phi800$ 的钻孔灌注桩作为插入立柱的立柱桩,增打的钻孔灌注桩桩长拟订为 25 m,桩身混凝土设计强度等级为 C30。立柱和立柱桩定位偏差不大于 200 mm,钢立柱垂直度不大于 1/300,立柱在穿越底板的范围内需设置止水片。

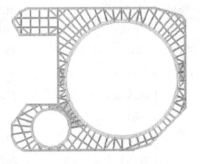

图 9-38　支撑平面布置示意图

本工程属于大深基坑,围护结构和支撑方式较为复杂,在后边的数值模拟中相应做了简化和等效。

(二)土方施工

本工程场地地面自然标高 2.44 m,建筑零点高程相对于大沽高程 2.84 m,即场地自然地面相对标高为 -0.4 m。基坑内各区域的开挖深度根据其上建筑物不同而划分了不同开挖深度,开挖深度近似取为 15 m。由于基坑支护系统为两道环撑加设局部三道支撑的形式,结合天津地区基坑开挖方式,本工程设计采用中心岛 + 出土栈桥的施工方案。基坑施工工况介绍如下:

第一步从自然地面开挖至 -4.15 m,设置第一道支撑,待首道支撑施工全部完成并达到 80% 设计强度后可进行下一步土方开挖;第二步从 -4.15 m 至 -10.15 m,设置第二道支撑;第三步从 -10.15 m 至 -14.5 m,设置局部三道支撑;最后是预留土台及局部落深收土、人工清土,具体施工工艺如图9-39所示。

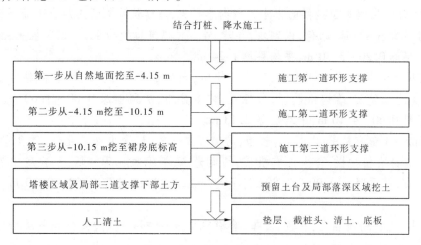

```
                    结合打桩、降水施工

第一步从自然地面挖至-4.15 m    →    施工第一道环形支撑

第二步从-4.15 m挖至-10.15 m   →    施工第二道环形支撑

第三步从-10.15 m挖至裙房底标高 →    施工第三道环形支撑

塔楼区域及局部三道支撑下部土方 →    预留土台及局部落深区域挖土

        人工清土              →    垫层、截桩头、清土、底板
```

图9-39　施工工艺流程

（三）降水设计

本工程所处地区地下水埋藏较浅,且基坑开挖深度较大,受地下水影响明显,所以基坑施工过程中要伴随着降水的进行,并做好水位监测。基坑开挖深度最大15.9 m,基坑设计时考虑在局部深坑位置设置不同降水井或者一定数量的深层疏干井。本工程采用疏干井降水管井,疏干坑内的浅层水,以达到降低坑内土体含水量的目的。同时,考虑到承压含水层已完全隔断,为了防止有可能发生的承压水渗漏,在基坑中设置备用降压井作为备用兼承压水观测井,根据观测井内的承压位置埋深对基坑内承压水位进行检测,并按需降压,保证安全。但是基坑施工过程中最好保证不扰动承压水。根据现场的抽水试验、单井涌水量等相关数据资料,本基坑工程共设计52口疏干井,井深根据不同区域取20.5～21.5 m 不等。

案例二　南京河西地区治理建筑倾斜

在实际工程中,可以将各种纠偏方法与托换技术综合使用。下面介绍南京河西地区采用综合方法治理建筑倾斜成功的案例。

某建筑位于南京河西地区江东中路与集庆门大街交叉处,为7层居民住宅楼。该建筑的基础类型为桩基础,地质条件如下:表层2 m的填土,下有约20 m厚的淤泥质粉质黏土,下部为粉砂。该建筑在邻近的地铁某车站基坑施工过程中出现了倾斜,最大倾斜率是向西倾斜16‰(2007 年 3 月 28 日测量数据),远超出了建筑使用限度,影响到居民的日常生活。综合考虑了河西地区地质和该居民楼的特点,采用了锚杆静压桩、掏土纠偏法与注浆技术成果对该大楼进行了纠偏加固处理,处理后建筑倾斜度小于4‰,不均匀沉降也得到显著缓解,效果显著(见图9-40)。

图9-40　纠偏加固

一、场地工程地质条件

根据本建筑勘察单位提供的岩土工程勘察报告,与建筑物邻近土层自上而下分述如下:

①-1 杂填土:灰黄、杂色,以砌块、碎砖、碎石等建筑垃圾为主,夹以黏性土,结构松散,局部分布,层厚 0.20～3.30 m,平均层厚 1.24 m。

①-2b 素填土:灰黄—褐黄色,可塑—软塑,含少量碎砖、碎石,主要由黏性土组成,局部为含石灰的三合土,结构松散,均匀性差,均有分布,层顶埋深 0.00～1.60 m,平均埋深 0.11 m,层厚 0.60～4.10 m,平均层厚 2.13 m。

②-1b2-3 粉质黏土:灰黄色,软塑,局部可塑—软塑,含少许氧化铁,偶含零星贝壳及少许粉土,局部有植物根,含少许有机质,切面光滑,摇振反应无—低,干强度中等,韧性中等,均有分布,层顶埋深 0.90～3.80 m,平均埋深 2.12 m,层厚 0.50～2.20 m,平均层厚 1.09 m。

③-2b4 泥质粉质黏土:灰色,流塑,含有机质及少许腐殖质,夹少许薄层粉土或粉砂,土质较为均匀,切面光滑,摇振反应无—低,干强度中等,韧性中等,均有分布,层顶埋深 1.90～4.50 m,平均埋深 3.18 m,层厚 9.00～18.00 m,平均层厚 13.42 m。

②-2d3 粉砂:灰色,稍密,局部松散,饱和,含云母,夹少许黏性土薄层。局部分布,层顶埋深 10.40～20.00 m,平均埋深 15.51 m,层厚 0.60～5.70 m,平均层厚 2.02 m。

②-3b3-4 泥质粉质黏土:灰色,流塑,局部软塑,含有机质及少许腐殖质,呈互层状,层间夹有粉土或粉砂薄层,均有分布,层顶埋深 13.00～22.20 m,平均埋深 17.45 m,层厚 3.0～15.40 m,平均层厚 8.92 m。

②-3c2-3 粉土:灰色,稍密,局部中密,湿,含有机质,夹黏性土薄层。呈交互层状,摇振反应中等—迅速,干强度低,韧性低,局部分布,层顶埋深 20.40～27.00 m,平均埋深 24.68 m,层厚 1.20～3.50 m,平均层厚 2.70 m。

②-3d2-3 粉砂:灰色,中密,局部稍密,饱和,含云母,夹少许黏性土薄层,夹细砂,偶含少许腐殖质,均有分布,层顶埋深 20.50～30.90 m,平均埋深 24.80 m,层厚 2.5～10.10 m,平均层厚 6.02 m。地层相关参数见表 9-11。

表 9-11　土层试验参数

土层	土层名称	含水量 ω （%）	液性指数 I_L	桩极限侧阻力 q_{sik} （kPa）	桩极限端阻力标准值 q_{pk} （kPa）	承载力特征值建议值 f_a（kPa）
①-2b	素填土	28.5	0.44	20		
③-2b4	淤泥质粉质黏土	38.6	1.16	16		65
②-3b3-4	泥质粉质黏土	34.9	1.15	18		75
②-3c2-3	粉土	28.6	1.14	25		120
②-3d2-3	粉砂	28.9		40	800	140

二、地基加固方案设计

(一)桩型设计

设计 $\phi165$ mm×4.5 mm 的钢管桩,桩底部向上 2.0 m 及基础下 2.0 m 打 $\phi10$ 花管,注

入纯水泥浆,设计水泥用量 75 kg/m,注装压力 0.3~0.5 MPa。

(二)单柱竖向承载力计算

钢管柱按进入②-3d2-3 粉砂层计算承载力,取某号孔计算,桩长 24.0 m,桩底进入②-3d2-3 粉砂层 2.2 m。

(三)桩数计算

单桩竖向承载力特征值:

$$R_k = 0.165 \times 3.14 \times (1.5 \times 20 + 12.2 \times 16 + 5.0 \times 18 + 3.1 \times 25 +$$
$$2.2 \times 40) + 3.14 \times (\frac{0.165}{2})^2 \times 800 = 266(kN)$$

建筑物总重量:

$$Q = 17.8(长) \times 15.9(宽) \times 7(层数) \times 18(基底反力) = 35\ 660.52(kN)$$

补偿荷载($Q_补$)的计算(取 30% 补偿率):$Q_补 = 35\ 660.52 \times 0.3 = 10\ 698.16(kN)$

桩数:$n = 10\ 698.16/266 = 41(根)$

实际布桩 55 根,满足要求。

三、施工组织部署

施工工序流程为:开挖沟槽→测放孔位→埋设锚杆→压桩→管内注浆→封桩头。其施工工序流程及质量控制见图 9-41。

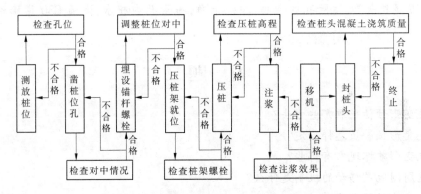

图 9-41 钢管静压桩施工工序流程及质量控制

(一)施工前的准备

(1)按设计要求施工新增基础,并预先埋置锚杆,预留压桩孔孔位。

(2)压桩施工前,应对施工场地预先加以整平,清除柱位孔下面的障碍物,做好施工防雨和施工降水工作。

(3)做好锚杆和桩段的加工制作工作。

(4)对油压千斤顶进行标定。

(二)制桩

根据设计图纸要求下料,打好注浆孔,端头应平整。

(三)埋设锚杆

(1)锚杆的埋设应根据图纸的位置,放好桩位孔。

(2)根据桩身断面尺寸钻凿出略大于桩截面的桩位孔径。

(3)根据反力架底座螺栓孔位,用凿岩机打孔后上紧螺帽母。

（四）压桩

（1）压桩采用双控指标，即千斤顶压力值和桩长双控。

（2）压桩架安装时要保持垂直，拧紧螺帽，防止压桩架晃动，垂直度控制在1%以内。

（3）桩尖就位时须保持垂直，桩段就位后必须加以校正，保持与上节桩在同一轴线上，压桩时不得偏心加压，桩顶应垫钢板或麻袋，防止压坏桩顶混凝土。

（4）压桩施工要求一次到位，严禁施工中途停顿。

（5）接桩时，应事先焊好导正筋，焊缝应饱满无虚焊现象。

（6）在压桩过程中，应详细记录桩长、压力等有关参数的变化情况，并绘制桩长与压力关系曲线。

（五）管内注浆

（1）注浆前应检查桩顶是否密封完好，压浆管有无泄漏的地方。

（2）注浆时应检查压力是否达到设计要求，桩顶有无返浆，并详细记录压浆量和压力值，若桩周大量返浆，即可终止注浆。

（六）封桩头

（1）压桩达到设计要求后，即可停止压桩，并实施注浆。

（2）封孔前须割除多余桩头时，须在注浆结束后进行。

（3）将锚杆与交叉筋及钢管焊接牢固，使其成为一体。

（4）浇灌混凝土前，清除孔内杂物，冲洗干净，排干孔内积水，浇灌 C30 微膨细石混凝土。

习　题

1. 基坑变形预估采取哪些方法？

2. 基坑变形预警值怎样确定？

3. 基坑变形破坏现象有哪些？

4. 基坑周围地层移动的机制是什么？

5. 什么是地层损失法？

6. 城市深基坑工程施工的环境影响有哪些？

7. 建筑物破坏程度如何分类？

8. 基坑工程的环境保护措施有哪些？

9. 不同的地埋管线在保护措施上有哪些区别？

10. 基坑检测的目的主要包括哪三个方面？

项目十 基坑支护工程中的监测技术

【学习目标】

通过本项目的学习，了解基坑支护工程监测技术的基本规定、基坑工程现场监测的对象、建筑基坑工程仪器监测项目、监测点布置要求，掌握基坑监测的一般方法与精度要求，能熟练编制基坑监测方案。

【导入】

20世纪80年代以来，我国城市建设发展很快。尤其是高层建筑和地下工程得到了迅猛发展，基坑工程的重要性逐渐被人们认识，基坑工程设计、施工技术水平也随着工程经验的积累不断提高。但是在基坑工程实践中，工程的实际工作状态与设计工况往往存在一定的差异，设计值还不能全面、准确地反映工程的各种变化，所以在理论分析指导下有计划地进行现场工程监测十分必要。开展基坑工程现场监测的目的主要为：

(1)为信息化施工提供依据。通过监测随时掌握岩土层和支护结构内力、变形的变化情况，以及周边环境中各种建筑、设施的变形情况，将监测数据和设计值进行对比、分析，以判断前一步施工是否符合预期要求，确定和优化下一步施工工艺和参数，以达到信息化施工的目的。

(2)为基坑周边环境中的建筑、各种设施的保护提供依据。通过对周边建筑、管线、道路等的现场监测，验证基坑工程环境保护方案的正确性，及时分析出现的问题并采取有效措施，以保证周边环境的安全。

(3)为优化设计提供依据。基坑工程监测是验证基坑工程设计的重要方法，设计计算中未曾考虑或考虑不周的各种复杂因素，可以通过对现场监测结果的分析、研究，加以局部的修改、补充和完善，因此基坑工程监测可以为动态设计和优化设计提供重要依据。此外，监测工作是发展基坑工程设计理论的重要手段。

单元一 基坑支护工程监测概述

对于开挖深度大于等于5 m或开挖深度小于5 m但现场地质情况和周围环境较复杂的基坑工程，以及其他需要监测的基坑工程应实施基坑工程监测。基坑工程设计提出的对基坑工程监测的技术要求应包括监测项目、监测频率和监测报警值等。基坑工程施工前，应由建设方委托具备相应资质的第三方对基坑工程实施现场监测。监测单位应编制监测方案，监测方案需建设方、设计方、监理方等认可，必要时还需与基坑周边环境涉及的有关管理单位协商一致后方可实施。

一、监测工作程序

(1)接受委托。

（2）现场踏勘，收集资料。

（3）制订监测方案，并报设计、监理和业主认可。

（4）展开前期准备工作，设置观测点，校验设备、仪器。

（5）观测点和设备、仪器、元件验收。

（6）现场监测。

（7）监测数据计算、整理、分析及报表反馈。

（8）提交阶段性监测结果和报告。

（9）现场监测工作结束，提交完整的基坑工程监测总结报告。

二、监测方案

基坑工程监测方案应做到安全性、技术性和经济性统一。监测方案应以保证基坑及周围环境安全为前提，以监测技术的先进性为保障，同时要考虑监测方案的经济性。在保证监测质量的前提下，降低监测成本，达到技术先进性与经济合理性的统一。监测方案应包括工程概况、建设场地岩土工程条件及基坑周边环境状况、监测目的和依据、监测内容及项目、基准点和监测点的布设与保护、监测方法与精度、监测期与监测频率、监测报警及异常情况下的监测措施、监测数据处理与信息反馈、监测人员配备、监测仪器设备和检定要求、作业安全和其他管理制度等。

三、监测项目

（一）监测对象

建筑基坑工程监测对象主要包括两部分：一是基坑及其支护结构，即围护结构（挡墙）、支撑、围檩及冠梁、立柱、坑内土体和地下水体等；二是周围环境，即邻近建筑物、构筑物、地铁、隧道、道路、地下设施、地下管线、岩土体及地下水体等。

（二）基坑工程仪器监测项目

基坑工程仪器监测项目应根据表 10-1 进行。

基坑工程现场监测应以仪器监测为主，以取得定量的数据，进行定量分析。同时，也应当重视以目测为主的巡视检查。巡视检查可以起到定性、补充的作用，可以避免片面地分析问题、处理问题。例如，观察周围建筑物和地表的裂缝分布规律、判别裂缝的新旧区别等，对分析基坑工程对邻近建筑物的影响程度有着重要作用。

四、测点布置

基坑工程监测点的布置应能反映监测对象的实际状态及其变化趋势，监测点的布置在内力及变形关键特征点上应满足监控要求。在满足监测对象结构安全控制的前提下，考虑监测工作量的大小及费用控制的要求。

（一）基本要求

（1）测点的位置应最大程度地反映监测对象的实际工作状态，且不应妨碍结构的正常受力或有损结构的变形刚度和强度特征。测点的位置应尽可能地反映监测对象的实际受力、变形状态，且测点标志不应妨碍结构的正常受力、降低结构的变形刚度和承载能力，这一点在布设围护结构、立柱、支撑、锚杆、土钉等的应力应变观测点时尤其应注意。

表 10-1 基坑工程仪器监测项目

基坑类别		检测项目		
		一级	二级	三级
围护墙(边坡)顶部水平位移		应测	应测	应测
围护墙(边坡)顶部竖向位移		应测	应测	应测
深层水平位移		应测	应测	宜测
竖向位移		应测	宜测	宜测
围护墙内力		宜测	可测	可测
支撑内力		应测	宜测	可测
立柱内力		可测	可测	可测
锚杆内力		应测	宜测	可测
土钉内力		宜测	可测	可测
坑底隆起(回弹)		宜测	可测	可测
围护墙侧向土压力		宜测	可测	可测
孔隙水压力		宜测	可测	可测
地下水位		应测	应测	应测
土体分层竖向位移		宜测	可测	可测
周边地表竖向位移		应测	应测	宜测
周边建筑	竖向位移	应测	应测	应测
	倾斜	应测	宜测	可测
	水平位移	应测	宜测	可测
周边建筑、地表裂缝		应测	应测	应测
周边管线变形		应测	应测	应测

注:基坑类别的划分按照现行国家标准《建筑地基基础工程施工质量验收规范》(GB 50202—2002)。

(2)测点的位置在满足监控要求的前提下,尽量减少对施工作业产生的不利影响。

在满足监控要求的前提下,应尽量减少在材料运输、堆放和作业密集区埋设的测点,减少对施工作业产生的不利影响,同时也可以避免测点遭到破坏,提高测点的成活率。

(3)位移观测基准点数量不应少于三点,且应设在基坑工程影响范围以外。一般距离基坑边缘不小于 5 倍的开挖深度,也不宜小于 30 ~ 50 m。位移观测基准点位置的选择尚应考虑到量测通视等便利,减小转站引点导致的误差。

位移观测基准点的质量直接影响着位移观测结果的精确性,进而影响对基坑安全状况的判断,由于基准点移动或破坏,整个项目的监测工作失败的例子不胜枚举,因此位移观测基准点的选择是极为重要的。

(4)基坑坡顶的水平位移和垂直位移观测点应沿基坑周边布置,一般在每边中部和端部均应布置观测点,且观测点间距不宜大于 20 m。观测点宜设置在钢筋混凝土护顶上。

（二）监测点布置具体规定

基坑监测布点具体要求分两个方面，即基坑及支护结构布点和基坑周边环境布点，具体要求可参考《建筑基坑工程监测技术规范》（GB 50497—2009）。

单元二　基坑支护工程监测方法

监测方法选择应根据基坑的类别、设计要求、场地条件、当地经验和方法适用性等因素综合确定，监测方法应合理易行。

一、基本要求

（一）变形监测网的基准点、工作点的布设

每个基坑工程至少应有 3 个稳定可靠的点作为基准点。工作基点应选在相对稳定和方便使用的位置，在通视条件较好、距离较近、观测项目较少的情况下，可直接将基准点作为工作基点。监测期间应定期检查工作基点和基准点的稳定性。

（二）对仪器和设备的要求

现场监测的观测仪器和设备应符合下列要求：

（1）应满足观测精度和量程的要求。

（2）应有良好的稳定性和可靠度。

（3）测前应对仪器、设备检查、调试。钢筋计、土压力计、孔隙水压力计等应在安装前进行重复标定。标定资料和稳定性资料经现场监理审核后，监测元件方可埋设安装。

（4）计量器具必须在计量检定周期的有效期内使用。

（5）加强维护、保养并定期检修。

（三）观测要求

同一观测项目每次观测时，宜符合下列要求：

（1）采用相同的观测路线和观测方法。

（2）使用同一监测仪器和设备。

（3）固定观测人员。

（4）在基本相同的环境和条件下工作。

二、监测方法

（一）水平位移监测

测定特定方向的水平位移时，可采用视准线法、小角度法、投点法等，测定监测点任意方向的水平位移时，可视监测点的分布情况，采用前方交会法、后方交会法、极坐标法等，当测点与基点无法通视或距离较远时，可采用 GPS 测量法或三角、三边、边角测量与基准线法相结合的综合测量法。

（二）竖向位移监测

竖向位移监测可采用几何水准或液体静力水准等方法。坑底隆起（回弹）宜通过设置回弹监测标，采用几何水准并配合传递高程的辅助设备进行监测，传递高程的金属杆或钢尺等应进行温度、尺长和拉力等项修正。各监测点与水准基点或工作基点应组成闭合环路或

符合水准路线。

(三)深层水平位移监测

围护墙或土体深层水平位移的监测应采用在墙体或土体中预埋测斜管、通过测斜仪观测各深度处水平位移的方法。测斜仪探头置入测斜管底后,应待探头接近管内温度时再测量,每个监测点均应进行正反两次测量。

(四)倾斜测量

建筑倾斜观测应根据现场观测条件和要求,选用投点法、前方交会法、激光铅直仪法、垂吊法、倾斜仪法和差异沉降法等。

(五)裂缝监测

裂缝监测应监测裂缝的位置、走向、长度、宽度,必要时应监测裂缝的深度。基坑开挖前应记录监测对象已有裂缝的分布位置和数量,测定其走向、长度、宽度和深度等情况,监测标志应具有可供测量的明晰端面或中心。裂缝宽度监测宜在裂缝两侧贴埋标志,用千分尺或游标卡尺等直接测量,也可用裂缝计、粘贴安装千分表量测或摄影量测等;裂缝长度监测采用直接测量法;裂缝深度监测采用超声波法、凿出法等。

(六)支护结构内力监测

支护结构内力可采用安装在结构内部或表面的应变计或应力计进行测量,混凝土构件可采用钢筋应力计或混凝土应变计等测量,钢筋构件采用轴力计或应变计等测量。

(七)土压力监测

土压力采用土压力计量测,土压力计的量程应满足被测土压力的要求。

(八)孔隙水压力监测

孔隙水压力通过埋设钢弦式或应变式孔隙水压力计测试,孔隙水压力计量程满足被测压力范围的要求。孔隙水压力计埋设可采用压入法、钻孔法等。

(九)地下水位监测

地下水位监测宜通过孔内设置水位管,采用水位计进行量测。地下水位测量精度不宜低于 10 mm。潜水水位管应在基坑施工前埋设,滤管长度应满足量测要求,承压水位监测时被测含水层与其他含水层之间应采取有效的隔水措施。

(十)锚杆及土钉内力监测

锚杆及土钉内力监测采用专用测力计、钢筋应力计或应变计,当使用钢筋束时应监测每个钢筋的受力。

(十一)土体分层竖向位移监测

土体分层竖向位移可通过埋设磁环式分层沉降标,采用分层沉降仪进行量测;或通过埋设深层沉降标,采用水准测量方法进行量测。

三、监测频率

基坑工程监测频率应以能系统地反映监测对象所监测项目的重要变化过程,而又不遗漏其变化时刻为原则。这是确定基坑工程监测频率的总的原则。基坑工程监测应能及时反映监测项目的重要发展变化情况,以便对设计与施工进行动态控制,纠正设计与施工中的偏差,保证基坑及周围环境的安全。基坑工程的监测频率还与投入的监测工作量和监测费用有关,既要注意不能遗漏重要的变化时刻,也应当注意合理调整监测人员的工作量,保证监

测质量。

基坑工程监测应从基坑开挖前的准备工作开始,直至土方回填完毕。一般情况下,基坑回填后就可以结束监测工作。对于一些临近基坑的重要建筑物及地下管线的监测,有时还需要延续至变形趋于稳定后才能结束。

各项监测的监测频率应考虑基坑开挖及地下工程的施工进程、施工工况及其他外部环境影响因素的变化。围护结构施工期间、基坑开挖期间应加强监测;当监测值相对稳定时,可适当降低监测频率。在无数据异常和事故征兆的情况下,现场监测频率的确定可参照表 10-2。

表 10-2　现场仪器监测的监测频率

基坑类别	施工进程		基坑设计深度(m)			
			≤5	5~10	10~15	>15
一级	开挖深度 (m)	≤5	1 次/1 d	1 次/2 d	1 次/2 d	1 次/2 d
		5~10	—	1 次/1 d	1 次/1 d	1 次/1 d
		>10	—	—	2 次/1 d	2 次/1 d
	底板浇筑 后时间 (d)	≤7	1 次/1 d	1 次/2 d	2 次/1 d	2 次/1 d
		7~14	1 次/3 d	1 次/2 d	1 次/1 d	1 次/1 d
		14~28	1 次/5 d	1 次/3 d	1 次/2 d	1 次/1 d
		>28	1 次/7 d	1 次/5 d	1 次/3 d	1 次/3 d
二级	开挖深度(m)	≤5	1 次/2 d	1 次/2 d	—	—
		5~10		1 次/1 d	—	—
	底板浇筑后 时间(d)	≤7	1 次/2 d	1 次/2 d	—	—
		7~14	1 次/3 d	1 次/3 d	—	—
		14~28	1 次/7 d	1 次/5 d	—	—
		>28	1 次/10 d	1 次/10 d	—	—

注:1. 有支撑的支护结构各道支撑开始拆除到拆除完后 3 d 内监测频率应为 1 次/1 d。

2. 基坑工程施工至开挖前的监测频率视具体情况确定。

3. 当基坑类别为三级时,监测频率可视具体情况适当降低。

4. 宜测、可测项目的仪器监测频率可视具体情况适当降低。

当出现下列情况之一时,应进一步加强监测,缩短监测时间间隔、加密监测次数,并及时向施工、监理和设计人员报告监测结果:

(1)监测项目的监测值达到报警标准。

(2)监测项目的监测值变化量较大或者速率加快。

(3)出现超深开挖、超长开挖、未及时加撑等不按设计工况施工的情况。

(4)基坑及周围环境中大量积水、长时间连续降雨、市政管道出现泄漏。

(5)基坑附近地面荷载突然增大。

(6)支护结构出现开裂。

（7）邻近的建（构）筑物或地面突然出现大量沉降、不均匀沉降或严重的开裂现象。

（8）基坑底部、坡体或围护结构出现管涌、流砂现象。

当有危险事故征兆时,应连续监测。

四、监控报警

基坑工程监测必须确定监测报警值,监测报警值应满足基坑工程设计、地下结构设计及周边环境中被保护对象的空置要求。监测报警值应由基坑工程设计方确定。

（1）监测项目的监控报警值应符合基坑工程设计的限值和建筑结构设计要求,以及与监测对象有关的技术规范的要求。

确定基坑工程监测项目的监控报警值是一个十分严肃、十分复杂的研究课题,建立一个定量化的报警指标体系对于基坑工程的现场监控意义重大。但是由于设计理论不完善及基坑工程的环境复杂性,对基坑工程在此方面的认知能力和经验还十分不足,实际工程中一般参照以下三方面的数据和资料确定:

①设计限值。

基坑工程设计人员对围护结构、支撑或锚杆的受力和变形、相邻土层位移、周围建筑物、地下管线等均进行过详尽的设计计算或分析,其计算结果和提出的限值可以成为确定监控报警值的依据。

②相关规范标准的规定值。

例如,确定基坑工程相邻的民用建筑监控报警值时,可以参照国家或地区有关的民用建筑可靠性鉴定标准。随着基坑工程经验的积累,各地区可以地方标准或规定的方式提出符合当地实际的基坑监控定量化指标。如上海的地方标准《基坑工程设计规程》（DBJ 08—61—97）就提出:对难以查清的煤气管、上水管及重要通信电缆,可按相对转角 1/100 作为设计和监控标准。

③经验类比值。

（2）基坑工程的设计与提出并确定本工程的监控报警值。

基坑工程工作状态一般分为正常、异常和危险三种情况。异常或危险状态时,均需要监测人员及时发出监控报警,以提醒设计和施工、监理人员注意或立即采取措施。累计变化量可以帮助监测人员及有关各方分析当前状态与危险状态的关系,而变化速率可以帮助监测人员及时发现基坑工程中出现的异常情况。例如,对围护结构变形的监测数据进行分析时,应把位移的大小和位移速率结合起来分析,考察其发展趋势,如果发展很快,说明基坑的安全正受到严重威胁。

（3）当出现下列情况之一时,应立即报警;若情况比较严重,应立即停止施工,并对基坑支护结构和周围环境中的保护对象采取应急措施:

①出现了基坑工程设计方案、监测方案确定的报警情况,监测项目实测值达到设计监控报警值。

②基坑支护结构或后面土体的最大位移已大于《建筑基坑工程监测技术规范》（GB 50497—2009）的规定,或其水平位移速率已连续 3 d 大于 3 mm/d。

③基坑支护结构的支撑或锚杆体系中有个别构件出现应力剧增、压屈、断裂、松弛或拔出的迹象。

④建筑物的不均匀沉降(差异沉降)已大于现行建筑地基基础设计规范规定的允许沉降差,或建筑物的倾斜速率已连续 3 d 大于 0.000 1H/d(H 为建筑物承重结构高度)。

⑤已有建筑物的砌体部分出现宽度大于 3 mm(1.5 mm)的变形裂缝,或其附近地面出现宽度大于 15 mm(10 mm)的裂缝,且上述裂缝尚可能发展。

⑥基坑底部或周围土体出现可能导致剪切破坏的迹象或其他可能影响安全的征兆(如少量流砂、管涌、隆起、陷落等)。

⑦根据当地经验判断认为,已出现其他必须加强监测的情况。

(4)基坑及支护结构监测报警值与建筑基坑工程周边环境监测报警值按《建筑基坑工程监测技术规范》(GB 50497—2009)表 8.0.4 与表 8.0.5 的规定。

五、数据处理与信息反馈

(一)基本要求

监测单位的现场测试人员对监测应具有岩土工程、结构工程、工程测量的综合知识和工程实践经验,具有较强的综合分析能力,能及时提供可靠的综合分析报告并对数据的真实性负责,监测分析人员对监测报告的可靠性负责,监测单位对整个项目监测质量负责。监测记录和监测技术成果均应有负责人签字,监测技术成果应加盖成果章。

(二)基坑工程监测阶段性报告与总结报告的内容

1. 阶段性报告的内容

(1)该监测阶段相应的工程、气象及周边环境概况。

(2)该监测阶段的监测项目及测点的布置图。

(3)各项监测数据的处理、统计及监测成果的过程曲线。

(4)各监测项目监测值的变化分析、评价及发展预测。

(5)相关的设计和施工建议。

2. 总结报告的内容

(1)工程概况。

(2)监测依据。

(3)监测项目。

(4)各测点的平面和立面布置图。

(5)采用仪器、设备和监测方法。

(6)监测频率。

(7)监测报警值。

(8)各监测项目全过程的发展变化分析及整体评述。

(9)监测工作结论与建议。

单元三 基坑支护工程监测案例分析

××项目基坑支护工程监测技术方案

一、工程概况

拟建场地位于宝安区沙井街道××社区,新沙路南侧,地块呈梯形,总用地面积为10 441 m²,为商业服务业用地,拟建建筑物设计高度100 m,拟建建筑物为30层,采用框架剪力墙结构或框架结构,设2层地下室,基坑总面积11 000 m²,南北方向长100 m,东西方向长80~120 m,开挖深度约14.7 m。场地已沿用地红线砌砖围墙。

二、第三方监测目的

为确保基坑自身稳定和安全,在基坑施工过程中,必须对基坑进行全面的监测监控。根据监测数据,了解基坑安全状态,判断支护设计是否合理,施工方法和工艺是否可行。同时检测周边建(构)筑区的变形安全,做到发现情况及时处理,针对基坑开挖及地下室施工过程中对基坑各支护结构及邻近建(构)筑物安放不同监测元件,对其安全指标进行监测分析。

第三方监测单位在整个施工监测系统中承担着对现场监测数据复核、汇总、整理、初步分析与数据传送的职责,在远程监控系统的监测工作中起承上启下的作用。依据文件实施第三方监测的目的具体体现在以下三个方面:①根据设计对监测的要求,有效监测和记录工程施工的变形受力状况,及时掌握工程的动态变化和趋势;②全面客观地对在建工程的监测项目进行第三方监测,确保监测数据的真实性、准确性、有效性和及时性;③第三方监测对业主负责,所测数据能让业主全面客观地掌握工程的进展和变形状况。

三、监测内容

(1)根据设计要求,监测内容见表10-3。

表10-3 监测内容

项目名称	布置位置	布置数目	监测目的	监测方法
坡顶位移	基坑顶四周位置	24点	监测坡顶位移	桩顶布点,全站仪
测斜	土体	6孔	监测土体位移	测斜管
锚索应力	锚索中的钢筋	6组	监测支撑应力	预埋钢筋计
水位监测	隧道与基坑西侧之间	13个	监测水位变化	水位计

(2)监测频率见表10-4。

表 10-4　监测频率

工程阶段	结构安全项目	周边检测项目	说　明
护坡桩施工	测初始值	测初始值	大雨季节,变形超过警戒值等非常时期,须加大监测频率
基坑开挖	1 次/1 d	1 次/2 d	
结构施工	1 次/2~3 d	1 次/5 d	
基坑回填	—	测终值	

(3)监测控制值和警戒值见表 10-5。

表 10-5　监测控制值和警戒值

项目名称	控制值	警戒值
坡顶位移	≤50 mm	≤30 mm
测斜	≤50 mm	≤30 mm
地面沉降	25 mm	20 mm
水位监测	25 mm	20 mm

四、监测点埋设

(一)观测基准网的设置

基准网的布设及测量精度直接影响各项沉降观测的测量精度;基准网的检测及对所有基准点的定期或不定期的检测,是沉降测量成果质量的重要保证。

本工程高程测量基准网(水准网)分两级布设。首级基准点直接关系到本工程高程起算基准的稳定性,拟设六个高程基准点,布设于场地四周稳固的路面,均用定制的长 10~20 cm 的钢钉打入地面并加固,以保证首级高程控制网的稳定和监测的精度。

(二)沉降监测点的埋设

地面沉降监测点设置在场地四周道路及滨河路污水泵站附近。地面沉降监测点埋设用长 5~10 cm 的钢钉打入地面,均用混凝土加固,编号为 C1~C15。

为方便水准立尺观测,保证监测点测量精度,测点顶部设置半球形水准测量专用标志。

(三)位移变形监测点

在基坑周边坡顶上埋设 24 个位移观测点(编号为 W1~W24)。点位用一金属标志埋设于坡顶顶部,监测其沉降及位移,了解基坑开挖过程中围护墙体顶部的变形。

(四)深层土体位移(测斜)

基础工程施工、基坑开挖、坑外的地下水位变化等,必将产生坑外土体的侧向位移。坑外土体测斜能精确反映这一变化,从而分析围护墙体坑外受力,并以此分析地下管线和建筑物的变形。本工程在基础施工期间,埋 6 个深层土体位移测斜孔,编号为 CX1~CX4。

(五)地下水位监测点

基础工程施工、基坑开挖等,必将产生坑外的地下水位变化。地下水位监测能精确反映这一变化,从而分析围护墙体坑外受力,并以此分析地下管线和建筑物的变形。本工程在基础施工期间,埋设 13 个水位观测井,编号为 SW1~SW13。

五、观测方法与观测精度

(一)沉降基准网(水准网)观测

按照《工程测量规范》要求,布设沉降基准点一组(3 个)、位移基准点一组(3 个),按照闭合(附合)水准线路,组成基准网。精密水准测量的主要技术指标参照表 10-6 执行。

表 10-6 精密水准测量的主要技术指标

监测点高差中误差(mm)	水准仪等级	水准尺	观测次数	往返较差、附合或环线闭合差(mm)	前后视距差(mm)	前后视距累计差(mm)	视线长(m)	两次所测高差之差(mm)
±0.5	高于 DS$_1$	因瓦尺	往返测各一次	≤0.3$\sqrt{n}$	≤0.5	≤1.5	≤30 m	≤0.4 mm

外业观测使用 WILD N3 电子水准仪(标称精度为 ±0.5 mm/km)往返实施作业。

观测措施:

本高程控制网使用一台 WILDN3 电子水准仪及配套因瓦条形码尺,外业观测按规范要求的二等水准测量的技术要求执行。为确保观测精度,观测措施制订如下:

(1)作业前编制作业计划表,以确保外业观测有序开展。

(2)观测前对电子水准仪及配套因瓦条形码尺进行全面检验。

(3)观测方法:往测奇数站"后—前—前—后",往测偶数站"前—后—后—前";返测奇数站"前—后—后—前",往测偶数站"后—前—前—后"。往测转为返测时,两根标尺互换。

(4)两次观测高差超限时自动重测。工程前期以四等以上水准点联测 3 个深层水准点(沉降基准点),确定本场地高程系统。其余观测以 3 个深层水准点为高程起算点,对观测水准网进行严密平差。

沉降基准网外业测设完成后,对外业记录进行检查,严格控制各水准环闭合差,各项参数合格后方可进行内业平差计算。内业计算采用平差软件按间接平差法进行严密平差计算,高程成果取位至 0.1 mm。

(二)沉降监测

按国家二等水准测量规范要求,历次沉降变形监测是通过选择合适且适当的点做工作基准点,工作基准点与基准点联测一条闭合二等水准,由线路的工作点测量各监测点的高程,各监测点高程初始值在监测工程前期两次测定(两次取平均),监测点本次高程减前次高程的差值为本次沉降量,本次高程减初始高程的差值为累计沉降量。监测点的高程误差相对基准点而言为 ±0.5 mm。对于有代表性的点,经多次(3 次以上)观测后,每期绘出沉降变形曲线。

沉降监测流程如图 10-1 所示。

(三)平面位移监测

采用基准线法进行,如对某条基坑边,在该条边的两端远处各选定一稳固基准点 A、B,固定基座 A 全站仪架设于 A 点,定向 B 点(固定觇标),则 A、B 连线即为一条基准线。观测时,该条边上的各监测点设置测量觇板,由全站仪在觇板上读取各监测点至 AB 基准线的垂距 E(4 次取平均数),且各监测点初始 E 值在开挖之前进行两次测定,取两次 E 值的平均值

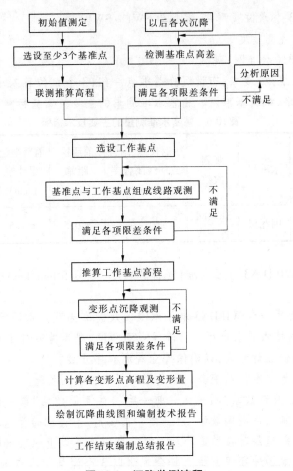

图 10-1　沉降监测流程

为其初始值。

某监测点本次 E 值与初始 E 值的差值即为该点累计位移量;本次 E 值与前次 E 值的差值为该点本次位移量。

测量精度:位移中误差 ≤ ±1.5 mm。

(四)深层土体位移监测(测斜)

各侧向位移监测孔内均埋设带测斜仪导槽的 PVC 套管,埋设时导槽垂直于基坑,测量时把测斜仪放至管底,并恒温一定时间,然后测斜仪自下而上每米测定一次(用静态应变仪)PVC 套管在垂直于基坑方向的倾斜应变值,直至管顶,并由计算机绘出各深度位移曲线。

测量精度:位移中误差 ≤ ±1.5 mm。

(五)应力监测

埋设的各应变计,出厂时厂方均提供其受力率定曲线,量测时,用配套频率仪连接各应变计导线,测出各应变计频率,通过计算换算成支撑应力。

测量精度:±1 kPa。

(六)地下水位监测

(1)地下水位监测采用孔内设置水位管、水位计等方法进行测量。

（2）地下水位监测精度不宜低于 1.0 mm。

（3）检验降水效果的水位观测井宜布置在降水区内，采用轻型井点管降水时可布置在总管的两侧，采用深井降水时应布置在两孔深井之间，水位孔深度宜在最低设计水位下 2 ~ 3 m。

（4）潜水水位管应在基坑施工前埋设，滤管长度应满足测量要求；承压水位监测时被测含水层与其他含水层之间应采取有效的隔水措施。

（5）水位管埋设后，应逐日连续观测水位并取得稳定初始值。

（七）静力水准测量监测

（1）根据设计要求，在隧道两侧分别安装一套 JS 型静力水准自动化观测系统。每套系统安装 10 台 JS 型静力水准仪（其中 1 台为参考点，9 台为观测点），每套系统配置一个机柜，内置配电板一块、MCU 一台、有线 MODEM 一台、程控电话线一条，电话避雷器一台，并接入交流电。静力水准测量系统组成如图 10-2 所示。

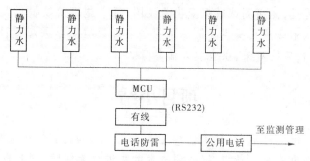

图 10-2　静力水准测量系统组成

（2）现场监测系统根据预先设定的工作方式自动完成数据采集及存储，通过有线 MODEM 和公用电话网随时接受监测管理中心微机发出的指令，传回观测数据，实现与监测管理中心微机的数据通信。

监测管理中心微机通过有线 MODEM 和公用电话网随时向现场系统的 MCU 发出命令调回观测数据自动入库，进行统计、打印、成果可视化等工作。

（3）静力水准仪技术指标：灵敏阈：0.01 mm；量程：40 mm，可扩展；测量精度：0.05 mm；时间漂移：无；电源：（AC）220 V ±10% ，50 Hz。

六、主要监测仪器设备

主要监测仪器设备包括 WILD N3 电子水准仪及配套条码尺、徕卡 TCA1800 型全站仪（1″级）及高精度照准装置。

（1）BC – 1 型应变式测斜仪，精度：±0.1 mm。

（2）YJ – 26 型静态应变仪，精度：±1 Hz。

（3）EBJ – 50 钢弦式混凝土应变计。

（4）CJJ – 10 钢弦式钢筋测力计。

（5）配套 ZXY 钢弦式频率接收仪。

（6）测量数据处理软件 CLSW。

（7）地下水位计。

（8）JS 型静力水准仪及其相关配件。

七、资料整理与监测信息反馈

(一)资料整理

在现场设立微机数据处理系统,进行实时处理。每次观察数据经检查无误后送入微机,经过专用软件处理,自动生成报表。监测成果当天提交给甲方及其他有关方面。

现场监测工程师分析当天监测数据及累计数据的变化规律,与报警值比较,接近报警值时即向建设方、总包方、监理方提出告警,提请有关部门关注,同时一起参与补救方案的制订和研究。

(二)监测信息反馈

第三方监测的目的在于为业主提供及时、可靠的监测信息,用以评定基坑施工对周边环境的影响,并对可能发生的危及环境安全的隐患或事故提供及时、准确的预报,让有关各方有时间做出反应,避免事故发生。因此,及时准确地将监测信息反馈到业主、工程监理、施工单位等相关方,是第三方监测的重要工作内容之一。

每月提交监测月报,提交测试数据变化曲线图;每个施工阶段提供监测阶段报告(含曲线图),监测工程结束后2周内提供监测总结报告。如果监测结果超过设计的警戒值,应立即紧急提示,并提出相应的对策,供有关方面参考。

项目小结

基坑工程监测应做到可靠性、技术性和经济性统一。编制有效的监测方案,监测方案应以保证基坑及周边环境安全为前提,以监测技术的先进性为保障,同时也要考虑监测方案的经济性。在保证监测质量的前提下,降低监测成本,达到技术先进性与经济合理性统一。影响基坑工程监测的因素主要有基坑工程设计与施工方案,建设地基的岩土工程条件,邻近建(构)筑物、设施、管线、道路等的现状及使用状态,施工工期及作业条件等。建筑基坑工程监测要遵循国家现行相关标准,如《建筑基坑工程监测技术规范》(GB 50497—2009)、《建筑地基基础设计规范》(GB 50007—2011),《建筑地基基础工程施工质量验收规范》(GB 50202—2002),《建筑变形测量规范》(JGJ 8—2016)等。

习　题

以下为多项选择题。

1. 下列(　　)的监测方案应进行专门论证。

　　A. 地质和环境条件复杂的基坑工程

　　B. 已发生严重事故,重新组织施工的基坑工程

　　C. 采用新技术、新工艺、新材料、新设备的一、二级基坑工程

　　D. 其他需要论证的基坑工程

2. 基坑工程现场监测的对象应包括(　　　)。

　　A. 支护结构　　　　　　　　　B. 基坑底部及周边土体

　　C. 周边建筑　　　　　　　　　D. 地下水状况

3. 建筑竖向位移监测点的布置应符合下列(　　)要求。

A. 不同地基或基础的分界处

B. 不同结构的分界处

C. 新、旧建筑或高、低建筑交界处的两侧

D. 变形缝、抗震缝或严重开裂处的两侧

4. 对同一监测项目,监测时宜符合下列(　　)要求。

A. 采用相同的观测方法和观测路线

B. 使用同一监测仪器和设备

C. 固定观测人员

D. 在基本相同的环境和条件下工作

5. 当出现下列(　　)情况时,应提高监测频率。

A. 监测数据达到报警值

B. 监测数据变化较大或速率较快

C. 存在勘察未发现的不良地基

D. 支护结构出现开裂

6. 基坑工程监测必须确定监测报警值,监测报警值应满足(　　)要求。

A. 基坑工程设计

B. 地下结构设计

C. 周边环境中被保护对象的控制

D. 地下水状况

7. 基坑内、外地层位移控制应符合下列(　　)要求。

A. 不得导致基坑失稳

B. 不得影响地下结构的尺寸、形状和地下工程的正常施工

C. 不得影响周边道路、管线、设施等的正常使用

D. 特殊环境的技术要求

8. 当出现下列(　　)情况时,必须立即进行危险报警,并应对基坑支护结构和周边环境中的保护对象采取应急措施。

A. 监测数据达到监测报警值的累计值

B. 基坑支护结构或周边土体的位移值突然明显增大或基坑出现流砂、管涌、隆起、陷落或较严重的渗漏等

C. 周边建筑的结构部分、周边地面出现较严重的突发裂缝或危害结构的变形裂缝

D. 周边管线变形突然明显增长或出现裂缝、泄漏等

9. 监测分析人员应具有(　　)的综合知识和工程实践经验,具有较强的综合分析能力,能及时提供可靠的综合分析报告。

A. 岩土工程　　　　　　　　　　　B. 结构工程

C. 工程测量　　　　　　　　　　　D. 建筑施工

10. 监测数据的处理与信息反馈宜采用专业软件,并应具备(　　)功能。

A. 数据采集　　　　　　　　　　　B. 数据处理

C. 数据分析　　　　　　　　　　　D. 数据查询

部分习题参考答案

项目二

1. 答:(1)查明用地红线与基坑开挖面直面的距离,基坑支护结构不得超越红线。

(2)查明影响范围内建(构)筑物的结构类型、层数、基础类型、埋深、基础荷载大小及上部结构现状。

(3)查明基坑周边的各类地下设施,包括上水和下水、电缆、煤气、污水、雨水、热力等管线或管道的分布、埋深及性状。

(4)查明场地周围和邻近地区地表水汇流、排泄情况,地下水管渗漏情况以及对基坑开挖的影响程度。

(5)查明基坑四周道路的距离及车辆载重情况。

(6)了解基坑周边临时性施工场地分布范围和荷重、临时施工道路的分布与车辆通行荷载。

(7)邻近地段已施工的基坑的支护资料。

2. 答:(1)按场地的工程地质条件及水文地质条件和周边环境条件等,考虑基坑设计中的对策是否全面、合理。

(2)对地下室的层数、开挖深度、基坑面积及形状、施工方法、工程总造价、工期等主要技术、经济指标进行综合性对比分析,以评价基坑工程技术方案的经济合理性。

(3)研究基坑工程的围护结构是否可以兼作主体建筑的永久性结构,对其技术、经济效果进行评估。

(4)研究基坑工程开挖方式的可行性和合理性。

(5)基坑支护临时性结构体系应与主体建筑物的永久性结构体系充分结合考虑,可使基坑支护成本降低。

3. 解:因墙背竖直光滑,填土面水平,符合朗肯土压力条件:

$$K_{a1} = \tan^2\left(45° - \frac{30°}{2}\right) = 0.333$$

$$K_{a2} = \tan^2\left(45° - \frac{32°}{2}\right) = 0.307$$

中砂底部主动土压力:

$$P_{a1} = \gamma_1 h_1 K_{a1} = 18 \times 3 \times 0.333 = 18(\text{kPa})$$

$$E_{a1} = \frac{1}{2} \times 18 \times 3 = 27(\text{kN/m})$$

粗砂顶部主动土压力:

$$P_{a21} = \gamma_2 h_2 K_{a2} = 18 \times 3 \times 0.307 = 16.58(\text{kPa})$$

$$E_{a2} = \frac{1}{2} \times (16.58 + 45.743) \times 5 = 155.8(\text{kN/m})$$

粗砂底部主动土压力:

$$P_{a22} = (\gamma_1 h_1 + \gamma_2 h_2)K_{a2} = (18 \times 3 + 19 \times 5) \times 0.307 = 45.743(\text{kPa})$$

总主动土压力值：

$$E_a = 27 + 155.8 = 182.8(kN/m)$$

以挡土墙底部为 O 点，设总主动土压力的作用点距离 O 点高度为 h，对 O 点求矩得

$$h = \left[27 \times \left(\frac{3}{3} + 5 \right) + 5 \times 16.58 \times \frac{5}{2} + (45.743 - 16.58) \times \frac{5}{2} \times \frac{5}{3} \right] \div 182.8 = 2.68(m)$$

4. 解：

$$K_a = \tan^2 \left(45° - \frac{15°}{2} \right) = 0.589$$

$$Z_0 = \frac{2c}{\gamma \sqrt{K_a}} - \frac{q}{\gamma} = \frac{2 \times 20}{19 \times \sqrt{0.589}} = 1.42(m)$$

墙底部主动土压力强度：

$$e_a = (\gamma h + q)K_a - 2c\sqrt{K_a} = (19 \times 16 + 25) \times 0.589 - 2 \times 20 \times \sqrt{0.589}$$
$$= 51.17(kPa)$$

总的主动土压力：

$$E_a = \frac{1}{2} e_a \times (h - z_0) = \frac{1}{2} \times 51.17 \times (6 - 1.43) = 116.9(kN/m)$$

作用点距离墙底的高度：

$$z = \frac{h - z_0}{3} = \frac{6 - 1.43}{3} = 1.52(m)$$

抗倾覆安全系数：

$$K = \frac{\frac{1}{2} \times 1.5 \times 6 \times 22 \times \frac{2}{3} \times 1.5 + 1 \times 6 \times 22 \times \left(1.5 + \frac{1}{2} \right)}{116.9 \times 1.52} = 2.04(m)$$

项目三

1. 答：

降水方法	降水深度(m)	渗透系数(cm/s)	适用地层
集水明排	<5		
轻型井点	<6		含薄层粉砂的粉质黏土、黏土粉土、砂质粉土、粉细砂
多级轻型井点	6~10	$1 \times 10^{-7} \sim 1 \times 10^{-4}$	
喷射井点	8~20		
砂(砾)渗井	按下卧导水层性质确定	$>5 \times 10^{-7}$	
电渗井点	根据选定的井点确定	$<1 \times 10^{-7}$	黏土、淤泥质黏土、粉质黏土
管井(深井)	>6	$<1 \times 10^{-6}$	含薄层粉砂的粉质黏土、砂质粉土、各类砂土、砾石、碎卵石等

2. 答：(1)测定降水井内稳定水位、井口标高并做好记录,检查用电线路、潜水泵及排水管道是否完好,选择典型地段进行试抽水,分析降水效果,确定降水施工参数。

(2)从降水井内抽出的地下水应排入场地周边的市政排水管道中,避免排入工程场地造成入渗形成循环。

(3)基坑降水应与土方开挖相结合,一般基坑土方开挖前应留15 d时间进行预降水施工。土方开挖后应及时进行支护处理,雨季施工还应做好地表水的疏排工作,避免地表水冲刷坡面及流入基坑底部形成积水。

(4)基坑降水量应根据场地周边对环境的要求进行,应严格控制抽水量,做到按需抽水、抽水量最小化。

(5)在基坑内及周边应设置水文观测孔,密切监测场地内地下水的变化情况,必要时采用地下水水位自动监控手段,对地下水进行全程跟踪监测。

(6)降水过程中应对潜水泵进行检测,若发现有故障或损坏的潜水泵,应及时进行更换。疏干井管长度应保持在基坑底以上0.2~0.5 m,井管可根据基坑开挖工序进行逐层割除。

(7)降水达到设计要求,后续不再需要降水的情况下,应对降水井进行回填封闭处理,回填材料可选用级配砂石、素混凝土及水泥拌制少量石料干屑等。

3. 解:降水井为潜水完整井。

$s = 10 - 2 + 0.5 = 8.5 (\text{m})$,将$H = 18 (\text{m})$、$R = 76$ m、$r_0 = 10$ m、$k = 1.0$ m/d代入公式,得

$$Q = \pi k \frac{(2H - s)s}{\ln(1 + \dfrac{R}{r_0})} = 3.14 \times 1.0 \times \frac{(2 \times 18 - 8.5) \times 8.5}{\ln(1 + 76/10)} = 341.07 (\text{m}^3/\text{d})$$

4. 解:基坑内水位降深为$s = 8.0 - 0.5 + 0.5 = 8.0 (\text{m})$

基坑等效半径$r_0 = \sqrt{\dfrac{A}{\pi}} = \sqrt{\dfrac{75 \times 75 - 20 \times 30}{3.14}} = 40 (\text{m})$

本场地为承压含水层,降水影响半径R为

$$R = 10s\sqrt{k} = 10 \times 8.0 \times \sqrt{1.5 \times 10^{-2} \times \frac{24 \times 60 \times 60}{100}} = 80 \times \sqrt{12.96} = 288 (\text{m})$$

承压水完整井基坑远离边界,基坑用水量Q为

$$Q = 2\pi k \frac{Ms}{\lg(1 + \dfrac{R}{r_0})} = 2 \times 3.14 \times 12.96 \times \frac{12 \times 8.0}{\lg(1 + \dfrac{288}{40})} = 8\,550 (\text{m}^3/\text{d})$$

单井抽水量为

$$q = 120\pi r_s l \sqrt[3]{k} = 120 \times 3.14 \times 0.15 \times 12 \times \sqrt[3]{12.96} = 1\,593 (\text{m}^3/\text{d})$$

所需降水井数量:

$$n = 1.1 \times 8\,550/1\,593 = 5.904 \approx 6 (\text{口})$$

项目四

1. D

2. B

解:主动土压力系数为 $K_a = \tan^2(45° - \dfrac{35°}{2}) = 0.27$

砂卵石应采用水土分算法计算:

$$E_w = \frac{1}{2}\gamma_w h^2 = \frac{1}{2} \times 10 \times 10^2 = 500(kN)$$

$$E_a = \frac{1}{2}\gamma' h^2 K_a = \frac{1}{2} \times 9 \times 10^2 \times 0.27 = 121.5(kN)$$

每延米墙体重:$W_1 = 2 \times 10 \times 20 = 400(kN)$

每延米墙外填土重:$W_2 = \dfrac{1}{2} \times 15 \times 10 \times 17 = 1\,275(kN)$

抗滑移稳定安全系数:$K = \dfrac{(400 + 1\,275) \times 0.4}{121.5 + 500} = 1.078$

3. C

解:饱和软黏土的不排水内摩擦角约为 0°,在饱和不排水剪切的条件下,抗滑力矩完全由黏聚力提供。

此段圆弧的圆心角为 $\arccos 0.5 + 90° = 150°$

滑弧长度:$l = \dfrac{150}{360}\pi d = \dfrac{150}{360} \times 3.14 \times 2 \times 10 = 26.17(m)$

抗滑力矩:$M_R = clR = 30 \times 26.17 \times 10 = 7851(kN \cdot m)$

项目五

1. 答:土钉墙类型:截水帷幕复合土钉墙、预应力锚杆复合土钉墙、微型桩复合土钉墙,以及以上两种及两种以上联合支护土钉墙。

使用条件:

(1)预应力复合土钉墙主要适用于地下水位以上或经降水的非软土基坑,且基坑深度不宜大于 15 m。

(2)截水帷幕复合土钉墙用于非软土基坑时,基坑深度不宜大于 12 m;用于淤泥质土基坑时,基坑深度不宜大于 6 m;不宜用在高水位的碎石土、砂土、粉土层中。

(3)桩复合土钉墙适用于地下水位以上或经降水的基坑,用于非软土基坑时,基坑深度不宜大于 12 m。

2. 答:需验算的内容包括构件及整体稳定性验算:

(1)土钉锚杆的抗拔承载力及杆体的抗拉承载力验算。

(2)微型桩、地下连续墙、槽钢围檩强度验算。

(3)面层配筋及混凝土厚度验算。

(4)坑底抗隆起稳定性验算。

(5)基坑整体稳定性验算。

(6)复合土钉墙的变形验算。

(7)基底承载力验算。

(8)截水帷幕应进行抗渗流稳定性和抗突涌稳定性验算。

3. 解:根据《建筑地基基础设计规范》(GB 50007—2011)附录 V 的表 V.0.1 规定:

$$\frac{\gamma t + c_u N_c}{\gamma(H+t)+q} \geq K_t = 1.6, c_u = 30 \text{ kPa}, N_c = 5.14, q = 0, H+t = 8 \text{ m}, \gamma = 19 \text{ kN/m}^3$$

代入公式得：

$$t \geq 4.68 \text{ m}, H = 8 - 4.68 = 3.32(\text{m})。$$

4.解:根据《建筑地基基础设计规范》(GB 50007—2011)附录 W 第 W.0.1 规定:

$$\frac{\gamma_w h_c}{P_w} \geq 1.1, h_c = 10 + 1 - H, P_w = 8 \times 10 = 80(\text{kPa})$$

代入公式得:$H \leq 6.6$ m。

项目六

6.(10 m)　7.(4 m)　8.(16 Φ 22)

项目七

一、支撑体系的组成及形式

1.答:内支撑支护由支撑结构和围护结构两大体系组成。

2.答:优点:

(1)因不占用基坑外侧地下空间资源,其不受基坑外侧场地条件的限制,也不会给基坑外侧场地后续工程造成施工障碍及引起法律上的纠纷。

(2)结构简单、受力明确,整体刚度大、稳定性好,可有效控制基坑变形。

缺点:

(1)会对基坑内的主体施工造成一定的影响。

(2)支护功能完成后拆除而需要额外的拆除费用。

3.答:支撑体系一般由围檩、支撑和竖向支承三部分组成。

4.答:(1)按支撑的材料分,支撑体系可分为钢结构、钢筋混凝土结构和组合结构三种形式。

(2)按支撑的布置形式分,支撑体系可分为平面支撑体系和竖向斜撑体系。

5.答:优点:

(1)施工方便、快捷,工期较短。

(2)不需要养护,安装后即可发挥作用。

(3)拆除方便,不会产生大量的建筑垃圾,拆除后还可重复使用,节能环保。

缺点:

节点构造和安装相对复杂,对施工质量和水平要求较高。

6.答:优点:

(1)刚度大、整体性好。

(2)布置形式灵活,可满足形状复杂的基坑。

(3)施工质量易保证。

缺点:

(1)施工速度慢、工期较长。

(2)需要养护,制作后不能立即发挥作用,需要养护达到一定的强度后方可使用。

(3)拆除麻烦,产生大量的建筑垃圾,清理工作量大,支撑材料不能重复利用,不利于绿色环保;采用爆破方法拆除时,也会对周围环境产生影响。

7.答:(1)当基坑平面尺寸较大而开挖深度不太深时,宜采用竖向斜撑的支撑体系。

(2)当基坑平面尺寸较大、深度不太深、形状不太规则时,宜采用竖向斜撑体系。

(3)当基坑平面尺寸较小、深度较深时,宜采用平面支撑体系。

(4)当基坑较深、预留土墩的土质较差时,宜采用平面支撑体系。

二、支撑体系的设计

1.答:支撑体系的设计包括支撑体系的选型(支撑材料、支撑结构布置形式)、计算(支撑结构内力和变形计算、支撑构件的强度和稳定性计算)、支撑构件及节点的设计,以及支撑结构的安装和拆除。

2.答:支撑体系的选型包括支撑材料的选择及布置形式的确定。

选型基本原则为安全可靠、经济合理、施工方便。

3.答:结构支撑体系的突出优点是施工方便快捷、时效快、节能环保,但存在刚度较小、施工要求较高等缺点,钢结构支撑体系一般适用于下列基坑:

(1)开挖深度较浅、平面形状规则的基坑。

(2)开挖平面尺寸较小、狭长形的简单基坑。

而下列几种基坑不适合采用钢结构支撑体系:

(1)形状不规则,钢结构支撑体系平面布置复杂的基坑。

(2)开挖平面尺寸大,钢支撑长、拼接节点施工偏差累计较大、传力可靠性不能保证的基坑。

(3)开挖平面尺寸大且较深,支撑体系整体刚度较小、控制基坑变形和保护周边的环境较弱的基坑。

4.答:由于钢筋混凝土结构支撑体系灵活性强,其适用范围较广,但由于拆撑麻烦及产生大量垃圾、费用较高等缺点,钢筋混凝土结构支撑体系一般应用于下列基坑:

(1)形状不规则的深基坑。

(2)开挖平面尺寸较大且深的基坑。

(3)对基坑变形控制严格的基坑。

(4)软土地区的较深基坑。

5.答:(1)形状局部规则的基坑。

(2)顶部变形要求严格的基坑。

(3)开挖深度较深的基坑。

6.答:(1)基坑规模及形状。

(2)工程地质条件。

(3)周边环境条件及保护要求。

(4)主体结构布置。

(5)土方工程的施工。

7.答:平面支撑体系。

8.答:(1)极限平衡法

极限平衡法计算简单,但其不能反映支护体系的变形情况,也无法考虑深基坑的空间效应,并且不能模拟分步开挖施工过程,所以极限平衡法在实际工程应用中有很大的局限性,一般仅用于悬臂式及单支点支护结构的计算。

(2)土抗力法。

考虑了桩与土之间的共同作用,其一定程度上反映了支护结构与土的共同作用,可模拟整个基坑工程的施工过程,还可从支护结构的水平位移初步估计基坑开挖对周围环境的影响。但弹性地基反力法在应用中不能考虑深基坑支护体系内支撑结构的支护效应和体系的共同作用,与工程实际仍存在一定的差距。

(3)数值分析法。

①二维有限元方法在水平面分析时只是将竖直面分析得到的支撑反力和支点位移作为外荷载和边界条件,并不能反映竖直面和水平面的协同工作,而且分析过程中并没有考虑竖直面与水平面与各构件刚度的匹配问题,容易出现位移不协调现象。

②三维有限元方法通过建立整体基坑的空间模型,全面模拟支护结构与周围土体的共同作用,既可以进行线性分析,又可以进行非线性分析,而且可以模拟基坑开挖过程中各种施工因素对基坑的影响,全面又精确地计算支护结构的内力和位移,更加符合工程实际情况。但由于存在着土体模型和土性参数难以准确确定、计算工作量大、成本高等问题,目前条件下与工程实际应用还有一定距离,仅用于某些重要工程的辅助设计。

9. 答:不可以。

10. 答:土抗力法。

11. 答:极限平衡法计算简单,但其不能反映支护体系的变形情况,也无法考虑深基坑的空间效应,并且不能模拟分步开挖施工过程,所以极限平衡法在实际工程应用中有很大的局限性,一般仅用于悬臂式及单支点支护结构的计算。

12. 答:计算方法有:

(1)极限地基反力法。

(2)弹性地基反力法。

(3)复合地基反力法(p—y 曲线法)。

常用的是弹性地基反力法的 m 法。

13. 答:计算方法有:

(1)二维有限元方法。

(2)三维有限元方法。

常用的是二维有限元方法。

14. 答:对支撑结构体系的设计计算一般需要与围护结构组合成整体来计算,而支撑结构体系的计算时根据围护结构传递于支撑结构体系的荷载,同时结合支撑结构体系本身的一些要求,来对支撑结构体系的承载力、变形、稳定性进行计算。

15. 答:因为钢支撑体系的破坏一般表现为节点的破坏。

16. 答:包括立柱和立柱桩两部分。

17. 答:有角钢格构柱、H 型钢柱或钢管混凝土立柱三种。

使用最广的立柱为角钢格构柱。

18. 绘图如下:

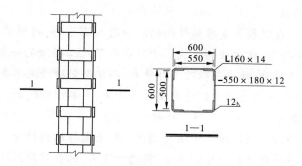

19. 答:预制桩、灌注桩、钢管桩,常用灌注桩。

20. 答:3~4 m(立柱桩直径的3~5倍)。

21. 答:需要。

22. 答:一般采用钢筋混凝土换撑板带的方式。

为了给施工人员拆除外墙模板以及外墙防水施工作业的通道以及将来围护结构与外墙之间密实回填处理的通道。

三、支撑体系的施工

1. 答:

(1)开挖阶段:应遵循"先撑后挖、及时支撑、分层开挖、严禁超挖"的原则按照设计进行施工。

(2)拆撑阶段:须遵循"先换撑、后拆除"的原则进行施工,并在拆撑前确保换撑结构达到设计要求后方可进行拆撑。

2. 答:钢支撑的施工根据流程一般可分为测量定位、钢支撑的吊装、施加预加力及支撑的拆除等步骤。

3. 答:首层钢支撑施工时,空间上无遮拦,相对有利,如支撑长度一般时,可将某一方向的支撑在基坑外按设计长度组装成一段,采用多点起吊的方式将组装的支撑段吊运至设计位置后分段安装。

首层以下的钢支撑在施工时,由于已经有首层支撑系统的影响,一般已无条件采用分段安装的方式,需采用多节钢支撑拼接,按"先中间、后两头"的原则进行吊装,并尽快将各节支撑连接起来,法兰盘的螺栓必须拧紧,快速形成支撑。

4. 答:钢支撑安放到位后,将液压千斤顶放入活动端,按设计要求施加预加力。为了确保支撑的安全性,预加力应分级施加。预加力施加到设计要求后将活动端牢固固定。

5. 答:拆除前先解除预加力。

6. 答:一般可分为施工测量、钢筋工程、模板工程以及混凝土工程。

7. 答:一般采用土模。

为避免开挖后支撑底部垫层清除困难形成安全隐患,在垫层面上铺设油毛毡进行隔离。

8. 答:目前钢筋混凝土支撑拆除方法一般有人工拆除法、静态爆破拆除法和炸药爆破拆除法。

(1)人工拆除法。

人工拆除法即采用人力的方式利用大锤和风镐等简单工具人工拆除支撑,其优点是施工简单;缺点是施工效率低、安全较差,锤击与风镐的噪声、粉尘对周围环境也有一定污染。

（2）静态爆破拆除法。

静态爆破拆除法是在混凝土支撑构件的钻孔中灌入膨胀剂，利用其膨胀力将混凝土胀裂，再结合人工的方法拆除，该方法的优点在于其替代了人工拆除的一部分工作，施工变得相对简单，无粉尘、噪声污染；缺点是钻孔工作量大，膨胀剂封堵措施不当时喷射而出会对人员造成伤害，钢筋切断和混凝土的剥离还需要人工方法，成本相对较高。

（3）炸药爆破拆除法。

炸药爆破拆除法即用炸药爆破的方法将钢筋混凝土支撑结构拆除。该方法的优点是效率高、工期短；缺点是炸药爆破时产生的声音、振动和飞石，都会对周围环境有一定程度的影响。

9. 答：位置及垂直度，立柱桩尚需要控制沉渣厚度。

10. 答：换撑结构是否达到设计要求。

四、支撑体系的质量检验

1. 答：（1）钢结构支撑体系：《钢结构工程施工质量验收规范》（GB 50205）。

（2）钢筋混凝土结构支撑体系：《混凝土结构工程施工质量验收规范》（GB 50204）。

（3）钢立柱：《钢结构工程施工质量验收规范》（GB 50205）。

（4）立柱桩：《建筑地基基础工程施工质量验收规范》（GB 50202）。

2. 答：检验项目分为主控项目和一般项目两大项。

3. 答：检验批的质量验收应通过实物检查和资料检查，符合下列要求的为合格：

（1）主控项目的质量经抽样检验应合格。

（2）一般项目的质量经抽样检验应合格；当采用计数抽样检验时，除规范有专门规定外，其合格点率应达到80%及以上，且不得有严重缺陷。

（3）应具有完整的质量检验记录，重要工序应具有完整的施工操作记录。

4. 答：（1）材料及构件：材质证明文件及复验报告。

（2）构件：重点检查构件的尺寸偏差、焊接质量等内容，电焊工应持证上岗，确保焊缝质量达到设计及国家有关规范要求，焊缝质量由专人检查。

（3）安装：平面轴线、立面标高的误差在允许的范围内，节点的焊接或螺栓连接质量等。

（4）预加力：应检查预加力的情况，允许偏差 ±50 kN；并对支撑整个过程中的预加力损失进行检验，发现预加力损失较大时应及时进行复加。

5. 答：（1）材料：钢的材质证明文件及复验报告。

（2）安设：根据设计图纸检查钢筋的型号、直径、根数是否正确，长度、间距等是否在误差范围之内，以及钢筋接头的位置及搭接长度是否符合相关规范规定。

（3）垫层及保护层：钢筋的保护层厚度按临时工程设置，一般为 30 mm。

6. 答：（1）原材料：检查原材料的复验报告。

（2）混凝土：检查混凝土入模使得坍落度和混凝土试块强度报告。

（3）构件：检查外观质量和尺寸偏差，不得有空洞、漏筋等现象，尺寸偏差在允许偏差范围之内。

7. 答：（1）材料及构件：按照上述钢结构支撑的检验要点进行检验。

（2）安设：对立柱的固定装置进行检验，以及检验位置尺寸偏差是否在允许范围之内。

（3）施工质量：立柱开挖出露后检查施工的立柱平面位置，平面允许偏差 50 mm，并随开挖检查立柱的垂直度。

8. 答:发现立柱沉降异常时,通过低应变法对立柱桩的桩身完整性进行检查。

项目八

1. ABDE   2. ABC   3. A   4. D

5. 优点:(1)可使建筑物上部结构的施工和地下基础结构施工平行立体作业,节省工时。

(2)受力良好合理,围护结构变形量小,因而对邻近建筑的影响亦小。

(3)施工可少受风雨影响,且土方开挖可较少或基本不占工期。

(4)最大限度利用地下空间,扩大地下室建筑面积。

(5)一层结构平面可作为工作平台,不必另架设开挖工作平台与内撑,减少施工费用。

(6)由于开挖和施工交错进行,逆作结构的自身荷载由立柱直接承担并传递至地基,减少了大开挖时卸载对持力层的影响,降低了基坑内地基的回弹量。

(7)节约成本。

(8)节省工期。

(9)侧向刚度强,变形小。

(10)扩大地下室建筑面积。

(11)利于文明施工。

缺点:(1)支撑受地下室层高限制,无法调整高度,如遇较大层高的地下室,有时需另设临时水平支撑或加大维护墙的断面和配筋。

(2)由于挖土在顶部封闭状态下进行,基坑中尚有一定数量中间支柱和降水用井点管,使挖土难度增大。

(3)施工难度较大。

(4)结构完成面较差。

(5)模板等材料周转率低。

(6)建筑四周的连续墙水密性较差。

(7)增加一定的安全隐患。

项目九

1. 答:采用的方法主要有物理模拟法、数值模拟法、半理论解析法、经验公式预测法以及非线性预测方法等。

2. 答:某项研究中采用的各类变形预警值如下:

(1)允许地面最大沉降量 $\delta \leqslant 0.3\% H$,H 为坑深,如按 50 m 计,则 $\delta \leqslant 15$ cm。

(2)允许围护墙体的最大水平位移值 $\Delta \leqslant 0.4\% H$,则 $\Delta \leqslant 20$ cm。

(3)允许的最大坑深高程处的基底隆起量 $\Delta \leqslant 0.7\% H$,则 $\Delta \leqslant 35$ cm。

(4)变形速率:墙体水平位移 $\leqslant 6$ mm/d,坑周地表位移 $\leqslant 4$ mm/d。

(5)对长江大堤变形控制的警戒值:最大容许变形 $\delta \leqslant 5$ cm,最大容许变形速率 $\delta \leqslant 2$ mm/d。

3. 答:设计上的过错或施工上的不慎,往往造成基坑的失稳。致使基坑失稳的原因很

多,主要可以归纳为两个方面:一是因结构(包括墙体、支撑或锚杆等)的强度或刚度不足而使基坑失稳;二是因地基土的强度不足而造成基坑失稳。

4. 答:基坑开挖的过程是基坑开挖面上卸荷的过程,由于卸荷而引起坑底土体产生以向上为主的位移,同时也引起围护墙在两侧压力差的作用下而产生水平向位移和因此而产生的墙外侧土体的位移。可以认为,基坑开挖引起周围地层移动的主要原因是坑底的土体隆起和围护墙的位移。

5. 答:由于墙前土体的挖除,破坏了原来的平衡状态,墙体向基坑方向的位移,必然导致墙后土体中应力的释放和取得新的平衡,引起墙后土体的位移。现场量测和有限元分析表明:此种位移可以分解为两个分量,即土体向基坑方向的水平位移以及土体竖向位移。土体竖向位移的总和表现为地面的沉降。

同济大学侯学渊教授在长期的科研与工程实践中,参考盾构法隧道地面沉降 Peck 和 Schmidt 公式,借鉴了三角形沉降公式的思路提出了基坑地层损失法的概念,地层损失法即利用墙体水平位移和地表沉降相关的原理,采用杆系有限元法或弹性地基梁法,然后依据墙体位移和地面沉降二者的地层移动面积相关的原理,求出地面垂直位移即地面沉降。也有用一个经验系数乘上墙体水平位移而求得地面沉降值的。我国在地下结构和地基基础设计中,较习惯于用经工程考验过的半经验半理论公式,此法已在沿海软土地区逐步普及,加上适当经验系数后,与量测结果较一致。

6. 答:深基坑工程破坏导致环境灾难;深基坑工程施工的“三废”、噪声等污染环境;深基坑施工对道路、能源等的需求增加环境压力。

7. 答:建筑物破坏可分为三类:建筑破坏、功能破坏、结构破坏。

(1)建筑破坏:影响建筑物外观,一般表现为充填墙或装修轻微变形或开裂。石膏墙裂缝大于 0.5 mm 宽,砖混或素混凝土墙裂缝大于 1 mm 宽被认为是建筑破坏的上限。

(2)功能破坏:影响结构的使用及其功能的实现。表现为:门窗卡住,裂缝开展,墙和楼板倾斜等。经过与结构无关的修复即可恢复结构的全部功能。

(3)结构破坏:影响结构的稳定性和安全性。通常指主要承重构件如梁、柱、承重墙产生较大的裂缝或变形。

8. 答:(1)详细了解邻近建筑物和地下管线的分布情况、基础类型、埋深、管线材料、接头情况等,并分析确定其变形允许值。

(2)根据有限元模型对基坑开挖引起的墙后土体沉降进行预测,同时计算出任意点沉降的曲率半径,并与建筑物和地下管线的允许值进行对比,以判断围护体系是否满足邻近建筑物和地下管线的安全要求。若预测值大于允许值,就必须采取保护对策。通过优化支护结构和施工工况以达到改变变形值的大小,从而达到保护周围建筑物和地下管线的目的。常用的保护措施有:缩短分步开挖的时间;对坑内被动区土体进行加固处理;必要时,设置支撑并施加预加力;场地条件许可时,进行放坡开挖;适当增加支护墙体的刚度;设置具有一定刚度的圈梁。

(3)无论采取何种保护方案,都要考虑地下工程中可能存在的不明确的不利因素,必须根据保护方案对坑周土体位移的控制要求,进行必要的、严格的监测。监测项目主要有:地面和地下管线沉降、土体水平位移、地下水位、邻近建筑物沉降及倾斜情况以及围护结构内力等。通过监测指导工程进展、实行信息化施工。

9. 答:(1)煤气管、给水管以及预制钢筋混凝土管保护的重要通信电缆,有一定的刚度,对变形较敏感,除对基坑加固支撑外,还应在基坑开挖前,在管线位置人工挖出样洞摸清管线走向,管节的接口位置,可预先按设计埋设注浆管,在量测监控条件下用分层注浆法将钢管底下沉降的地基控制到要求的位置,或者采用明挖隔断法将管道隔离。

(2)通信管、电力导管等,管道受力后可产生一个接近自由转动的角度。如转动角度及管节中弯曲应力均小于允许值,可不必搬迁或加固;否则,要采取预先压密注浆加固或开挖暴露管道以适当调整其管底高度。

10. 答:(1)检验设计假设和参数的正确性,判断前一步施工工艺与参数是否符合预期要求,以确定和优化下一步施工参数,指导基坑开挖和支护结构的施工。

(2)确保基坑支护结构和相邻建筑物的安全。

(3)积累工程经验,采取反分析方法导出更接近实际情况的理论共识,为提高基坑工程的设计和施工的整体水平提供依据。

项目十

1. ABCD　2. ABCD　3. ABCD　4. ABCD　5. ABCD
6. ABC　　7. ABCD　8. ABCD　9. ABC　　10. ABCD

参 考 文 献

[1] 马茜濛.深基坑施工对周围环境的影响分析[D].石家庄:石家庄铁道大学,2013.

[2] 徐中华,王卫东,王建华.逆作法深基坑对周边保护建筑影响的实测分析[J].土木工程学报,2009,42(10):88-95.

[3] 孙钧.市区基坑开挖施工的环境土工问题[J].地下空间,1999,19(4):257-266.

[4] 简艳春.软土基坑变形估算及其影响因素研究[D].南京:海河大学,2001.

[5] 张亚奎.深基坑开挖对邻近建筑物变形影响的研究[D].北京:北京工业大学建筑工程学院,2003.

[6] 中国工程建设标准化协会.建筑结构荷载规范:GB 50009—2012[S].北京:中国建筑工业出版社,2012.

[7] 中国工程建设标准化协会.建筑地基基础设计规范:GB 50007—2011[S].北京:中国建筑工业出版社,2011.

[8] 金福安,徐伟.城市深基坑工程施工环境保护与灾害防治[J].自然灾害学报,2006,15(4):117-120.

[9] 蒋建平.高层建筑深基坑开挖中的环境事故及其防治技术[J].建筑技术,2004,35(5):332-334.

[10] 刘利民.基坑工程事故的原因与对策[J].建筑安全,2001(8):9-10.

[11] 齐伟军,赵艳秋.建筑施工综合环境保护技术[J].环境科学动态,2005(2):63-65.

[12] 周建华.南京河西地区基坑施工对周边环境的影响及防治措施[D].南京:南京大学,2012.

[13] 李涛,曲军彪,周彦军.深基坑降水对周边建筑物的影响[J].北京工业大学学报,2009,5(12):156-164.

[14] 王素霞.基坑开挖对邻近建筑物影响的数值分析研究[D].南京:南京工业大学,2006.

[15] 张鸿儒,侯学渊,夏明耀.深开挖对周围工程设施的影响预测[J].北方交通大学学报,1996,20(1):205-209.

[16] 华正阳.深基坑开挖对近距离建筑的安全影响研究[D].长沙:中南大学,2014.

[17] 孙立宝.超深地下连续墙施工中若干问题探讨[J].探矿工程,2010,37(2):51-55.

[18] 申国朝,崔亚新,杨磊.郑州东风路下穿立交地下连续墙设计[J].城市道桥与防洪,2010,42(10):30-34.

[19] 左秉旭,李兆斌.支护结构在深基坑工程中的应用[J].地下空间,2008,19(3):155-157.

[20] 郭举,田野.郑州文化路—东风路下穿隧道工程地下连续墙的施工[J].河南建材,2010,84(5):95-96.

[21] 应惠清.深基坑支护结构和施工技术[J],施工技术.2013,42(13):1-5.

[22] 中国建筑科学研究院.建筑基坑支护技术规程:JGJ 120—2012[S].北京:中国建筑工业出版社,2012.

[23] 上海市建设和管理委员会.建筑地基基础工程施工质量验收规范:GB 50202—2002[S].北京:中国计划出版社,2002.

[24] 刘国彬,王卫东.基坑工程手册[M].2版.北京:中国建筑工业出版社,2009.

[25] 熊智彪.建筑基坑支护[M].2版.北京:中国建筑工业出版社,2013.

[26] 孔德森,吴燕开.基坑支护工程[M].2版.北京:冶金工业出版社,2012.

[27] 郭院成.基坑支护[M].郑州:黄河水利出版社,2012.

[28] 刘宗仁.基坑工程[M].哈尔滨:哈尔滨工业大学出版社,2011.

[29] 中华人民共和国行业标准.建筑基坑支护结构构造 11SG814[S].北京:中国计划出版社,2011.

[30] 陈忠汉,黄书秋,程丽萍,深基坑工程[M].北京:机械工业出版社,1999.